计算机基础与实训教材系列

AutoCAD 2020中文版 实例教程 (微课版)

肖静 编著

U0283353

清華大学出版社

北京

内 容 简 介

本书由浅入深、循序渐进地介绍 Autodesk 公司最新推出的 AutoCAD 2020 的操作方法和使用技巧。全书共分 13 章，分别介绍 AutoCAD 的工作界面，AutoCAD 的基础操作，二维图形的创建与编辑，图形特性和图层管理，块与设计中心，图案填充，文字与表格的创建，图形尺寸的标注，三维模型的创建与编辑，图形的打印与输出，以及综合案例的应用等内容。

本书内容丰富、结构清晰、语言简练、图文并茂，具有很强的实用性和可操作性，是一本适合于高等院校相关专业的优秀教材，也是广大初、中级计算机用户自学 AutoCAD 的参考书。

本书对应的电子课件、教学视频、实例源文件和习题答案可以通过 http://www.tupwk.com.cn/edu 网站下载，也可以扫描前言中的二维码进行下载。

图书在版编目(CIP)数据

AutoCAD 2020 中文版实例教程：微课版 / 肖静 编著. —北京：清华大学出版社，2020.5（2024.8重印）
计算机基础与实训教材系列
ISBN 978-7-302-55171-3

Ⅰ.①A… Ⅱ.①肖… Ⅲ. ①AutoCAD 软件—教材 Ⅳ. ①TP391.72

中国版本图书馆 CIP 数据核字(2020)第 049584 号

责任编辑： 胡辰浩
封面设计： 孔祥峰
版式设计： 妙思品位
责任校对： 成凤进
责任印制： 丛怀宇

出版发行： 清华大学出版社
    网 址： https://www.tup.com.cn，https://www.wqxuetang.com
    地 址： 北京清华大学学研大厦 A 座 **邮 编：** 100084
    社 总 机： 010-83470000 **邮 购：** 010-62786544
    投稿与读者服务： 010-62776969，c-service@tup.tsinghua.edu.cn
    质 量 反 馈： 010-62772015，zhiliang@tup.tsinghua.edu.cn
印 装 者： 北京鑫海金澳胶印有限公司
经 销： 全国新华书店
开 本： 190mm×260mm **印 张：** 18.75 **字 数：** 492 千字
版 次： 2020 年 5 月第 1 版 **印 次：** 2024 年 8 月第 3 次印刷
印 数： 3801～4300
定 价： 79.00 元

产品编号：085161-02

编审委员会

丛书序

计算机已经广泛应用于现代社会的各个领域，如何快速地掌握计算机知识和使用技术，并应用于现实生活和实际工作中，已成为新世纪人才迫切需要解决的问题。基于以上因素，清华大学出版社组织一线教学精英编写了这套"计算机基础与实训教材系列"丛书，以满足高等院校、职业院校及各类社会培训学校的教学需要。

一、丛书特色

◉ 选题新颖，教学结构科学合理，为计算机教学量身打造

本套丛书注重理论知识与实践操作的紧密结合，全面贯彻"理论→实例→上机→习题"4阶段教学模式，在内容选择、结构安排上更加符合读者的认知习惯，从而达到老师易教、学生易学的目的。丛书完全以高等院校、职业院校及各类社会培训学校的教学需要为出发点，紧密结合学科的教学特点，由浅入深地安排章节内容，循序渐进地完成各种复杂知识的讲解，使学生能够一学就会、即学即用。

◉ 教学视频，一扫就看，配套资源丰富，全方位扩展知识范围

本套丛书提供书中实例操作的二维码教学视频，读者使用手机微信、QQ 以及浏览器中的"扫一扫"功能，扫描前言里的二维码，即可观看本书对应的同步教学视频。此外，本书配套的素材文件、电子课件和习题答案等资源，可通过在 PC 端的浏览器中下载后使用。

◉ 在线服务，疑难解答，方便老师定制教学课件

本套丛书精心创建的技术交流 QQ 群(101617400)为读者提供便捷的在线交流服务和免费教学资源。老师也可以登录本丛书支持网站(http://www.tupwk.com.cn/edu)下载图书对应的教学课件。

二、读者定位和售后服务

本套丛书为所有从事计算机教学的老师和自学人员而编写，是一套适合于高等院校、职业院校及各类社会培训学校的优秀教材，也可作为计算机初、中级用户和计算机爱好者学习计算机知识的自学参考书。

为了方便教学，本套丛书提供精心制作的电子课件、素材、源文件、习题答案等相关内容，可在网站上免费下载，也可发送电子邮件至 22800898@qq.com 索取。

此外，如果读者在使用本系列图书的过程中遇到疑惑或困难，可以在丛书支持网站(http://www.tupwk.com.cn/edu)的互动论坛上留言，本丛书的作者或技术编辑会及时提供相应的技术支持。咨询电话：010-62796045。

本书面向 AutoCAD 的初、中级读者，合理安排知识点，运用简练流畅的语言，结合丰富实用的练习和实例，由浅入深、循序渐进地讲解 AutoCAD 2020 的基本知识和使用方法。全书共分 13 章，主要内容如下。

- 第 1 章主要讲解 AutoCAD 的基础知识和环境设置等。
- 第 2、3 章主要讲解运用 AutoCAD 绘制各类图形。
- 第 4、5 章主要讲解修改图形对象的相关知识，包括选择、删除、移动、复制、镜像、偏移、阵列、旋转、缩放、拉伸、拉长、修剪、倒角、夹点编辑和参数化编辑图形等。
- 第 6～8 章主要讲解如何运用图层、图块和图案填充等。
- 第 9、10 章主要讲解为图形添加文字注释和进行尺寸标注等。
- 第 11 章主要讲解三维绘图和编辑的方法。
- 第 12 章主要讲解图形打印和输出的方法。
- 第 13 章详细讲解如何在实际案例中灵活运用所学的知识。

本书内容丰富、结构清晰、图文并茂、通俗易懂，适合以下读者学习使用：

(1) 从事初、中级 AutoCAD 制图的工作人员；

(2) 从事室内外装修、建筑、机械和三维模型等设计工作的人员；

(3) 在电脑培训班学习 AutoCAD 制图的学员；

(4) 高等院校相关专业的学生。

本书图文并茂、条理清晰、通俗易懂、内容丰富，在讲解每个知识点时都配有相应的实例，方便读者上机实践。同时，为了方便老师教学，免费提供了本书对应的电子课件、实例源文件和习题答案下载。

我们真切希望读者在阅读本书之后，不仅能开阔视野，而且能增长实践操作技能，并且从中学习和总结操作的经验和规律，达到灵活运用的水平。鉴于编者水平有限，书中纰漏和考虑不周之处在所难免，热诚欢迎读者予以批评、指正。我们的邮箱是 huchenhao@263.net，电话是 010-62796045。

本书配套的电子课件、教学视频、实例源文件和习题答案可以通过 http://www.tupwk.com.cn/edu 网站下载，也可以扫描下方的二维码进行下载。

编 者

2019 年 12 月

推荐课时安排

章　名	重点掌握内容	教学课时
第1章　AutoCAD基础入门	1. AutoCAD文件的基本操作 2. 绘图区视图控制 3. 设置绘图环境 4. 设置绘图辅助功能 5. AutoCAD的坐标定位 6. AutoCAD的命令执行方式	4学时
第2章　绘制简单图形	1. 绘制点图形 2. 绘制简单线条 3. 绘制圆形 4. 绘制矩形	3学时
第3章　常用绘图命令	1. 绘制多段线 2. 绘制多线 3. 绘制圆弧 4. 绘制样条曲线 5. 绘制多边形 6. 绘制椭圆	4学时
第4章　编辑图形	1. 选择对象 2. 移动和旋转图形 3. 修剪和延伸图形 4. 圆角和倒角图形 5. 拉伸和缩放图形 6. 拉长图形 7. 打断与合并图形 8. 分解和删除图形	5学时
第5章　图形编辑技巧	1. 复制对象 2. 偏移对象 3. 镜像对象 4. 阵列对象 5. 编辑特定对象 6. 使用夹点编辑对象 7. 参数化编辑对象	4学时
第6章　图形特性和图层管理	1. 设置图形特性 2. 创建与设置图层 3. 控制图层状态 4. 输出与调用图层	2学时

(续表)

章　名	重点掌握内容	教学课时
第 7 章　块与设计中心	1. 创建块 2. 插入块 3. 修改块 4. 应用属性块 5. 应用设计中心	3 学时
第 8 章　图案填充	1. 面域 2. 填充图案与渐变色 3. 编辑填充图案	2 学时
第 9 章　创建文字与表格	1. 设置文字样式 2. 创建文字 3. 编辑文字 4. 创建表格	2 学时
第 10 章　尺寸标注	1. 使用标注样式 2. 标注图形 3. 图形标注技巧 4. 编辑标注 5. 创建引线标注	4 学时
第 11 章　三维建模	1. 选择三维视图 2. 设置视觉样式 3. 绘制三维实体 4. 创建网格对象 5. 编辑三维模型 6. 渲染模型	4 学时
第 12 章　图形的打印与输出	1. 打印图形 2. 输出图形	1 学时
第 13 章　综合案例	1. 创建样板图形 2. 绘制零件三视图	2 学时

注：1. 教学课时安排仅供参考，授课教师可根据实际情况进行调整。

　　2. 建议每章上机练习的时间与教学课时相同。

计算机基础与实训教材系列

V

目录

计算机基础与实训教材系列

计算机基础与实训教材系列

计算机基础与实训教材系列

计算机基础与实训教材系列

第1章

AutoCAD基础入门

AutoCAD 是一款计算机辅助设计领域的绘图软件。使用该软件不仅能将设计方案用规范的图纸表达出来，还能有效地帮助设计人员提高设计水平及工作效率，解决传统手工绘图效率低、准确度差和工作强度大等问题。为了给后面的学习打下良好的基础，本章将带领读者学习并掌握 AutoCAD 2020 的基本知识和操作。

➡ 本章重点

- ● AutoCAD 文件的基本操作
- ● 设置绘图环境
- ● AutoCAD 的坐标定位
- ● 绘图区视图控制
- ● 设置绘图辅助功能
- ● AutoCAD 的命令执行方式

➡ 二维码教学视频

【例 1-1】调整工作界面 　　　　【例 1-2】设置图形单位和精度
【例 1-3】设置图形界限 　　　　【例 1-4】设置绘图区和命令行的颜色
【例 1-5】设置文件自动保存的间隔时间和文件版本
【例 1-6】设置右键命令模式 　　【例 1-7】设置十字光标的大小
【例 1-8】设置自动捕捉标记的大小 　　【例 1-9】设置拾取框的大小
【例 1-10】设置夹点的大小 　　　【例 1-11】通过相对坐标绘制图形

1.1 初识 AutoCAD

AutoCAD 是由美国 Autodesk 公司开发的一款绘图程序软件,主要应用于建筑和机械设计领域,同时在电子、军事、医学、交通等领域也被广泛应用。经过逐步地完善和更新后,Autodesk 公司推出了目前最新版本的绘图程序软件——AutoCAD 2020。

1.1.1 启动 AutoCAD

安装好 AutoCAD 2020 以后,可以通过以下 3 种常用方法启动 AutoCAD 2020 应用程序。

▽ 单击【开始】菜单,然后在【程序】列表中选择相应的命令来启动 AutoCAD 2020 应用程序,如图 1-1 所示。

▽ 双击桌面上的 AutoCAD 2020 快捷图标,快速启动 AutoCAD 应用程序,如图 1-2 所示。

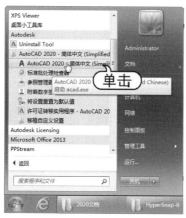

图 1-1　选择命令

图 1-2　双击快捷图标

▽ 双击 AutoCAD 文件即可启动 AutoCAD 应用程序,如图 1-3 所示。

使用前面介绍的方法第一次启动 AutoCAD 2020 应用程序后,将出现如图 1-4 所示的工作界面,用户可以在此工作界面中新建或打开图形文件。

图 1-3　双击文件

图 1-4　第一次启动时的工作界面

1.1.2　退出 AutoCAD

在完成 AutoCAD 2020 应用程序的使用后，用户可以使用以下两种常用方法退出 AutoCAD 2020 应用程序。

▽ 单击程序图标▲，然后在弹出的菜单中选择【退出 Autodesk AutoCAD 2020】命令，即可退出 AutoCAD 应用程序，如图 1-5 所示。

▽ 单击 AutoCAD 应用程序窗口右上角的【关闭】按钮×，退出 AutoCAD 应用程序，如图 1-6 所示。

图 1-5　选择退出命令

图 1-6　单击【关闭】按钮

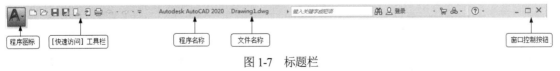

提示

按 Alt+F4 组合键，或者输入 EXIT 命令并按 Enter 键确定，也可以退出 AutoCAD 应用程序。

1.1.3　AutoCAD 2020 的工作界面

在【草图与注释】工作空间中可以进行各种绘图操作。因此，在本节中将以【草图与注释】工作空间为例，介绍 AutoCAD 的工作界面。主要包括标题栏、菜单栏、功能区、绘图区、命令行和状态栏 6 部分。

1. 标题栏

标题栏位于 AutoCAD 程序窗口的顶端，用于显示当前正在执行的程序的名称以及文件名等信息。在程序默认的图形文件下显示的是 AutoCAD 2020 Drawing1.dwg，如图 1-7 所示。如果打开的是一张保存过的图形文件，显示的则是所打开文件的文件名。

程序图标　　[快速访问] 工具栏　　　程序名称　　文件名称　　　　　　　　　　　　　　　窗口控制按钮
图 1-7　标题栏

▽ 程序图标：标题栏的最左侧是程序图标。单击该图标，可以展开 AutoCAD 用于管理图形文件的命令，如新建、打开、保存、打印和输出等。

计算机基础与实训教材系列

▽ 【快速访问】工具栏：用于存储经常访问的命令。单击【快速访问】工具栏右侧的【自定义快速访问工具栏】下拉按钮▼，将弹出工具按钮选项菜单供用户选择。例如，在弹出的工具选项菜单中选择【显示菜单栏】命令，即可显示菜单栏。

▽ 程序名称：即程序的名称及版本号。AutoCAD 表示程序名称，而 2020 则表示程序版本号。

▽ 文件名称：图形文件名称用于表示当前图形文件的名称。例如，Drawing1 为当前图形文件的名称，.dwg 表示文件的扩展名。

▽ 窗口控制按钮：标题栏右侧为窗口控制按钮，单击【最小化】按钮可以将程序窗口最小化显示；单击【最大化/还原】按钮可以将程序窗口充满整个屏幕或以窗口方式显示；单击【关闭】按钮可以关闭 AutoCAD 程序。

2. 菜单栏

在默认状态下，AutoCAD 2020 的工作界面中没有显示菜单栏，可以单击【快速访问】工具栏右侧的【自定义快速访问工具栏】下拉按钮▼，在弹出的选项菜单中选择【显示菜单栏】命令，将菜单栏显示出来，效果如图 1-8 所示。

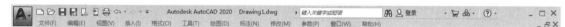

图 1-8　显示菜单栏

3. 功能区

AutoCAD 的功能区位于菜单栏的下方，在功能区上的每一个图标都形象地代表一个命令，用户只需单击图标按钮，即可执行该命令。功能区主要包括【默认】【插入】【注释】【参数化】【视图】【管理】和【输出】等部分。

4. 绘图区

AutoCAD 的绘图区位于工作界面中央的空白区域，是绘制和编辑图形以及创建文字和表格的地方，也被称为绘图窗口。绘图区包括控制视图按钮、坐标系图标、十字光标等元素，如图 1-9 所示。

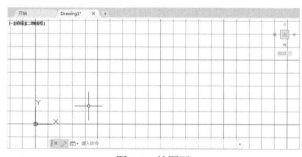

图 1-9　绘图区

提示

默认状态下，绘图区呈深蓝色显示，为了便于观察图形，本书将绘图区设置成了白色。

5. 命令行

在命令行中输入各种操作的英文命令或它们的简化命令，然后按下 Enter 键或空格键即可执行该命令。AutoCAD 的命令行显示在绘图区的下方，拖动命令行的标题，可以将其紧贴在绘图区的下方，如图 1-10 所示。

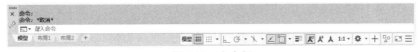

图 1-10 命令行

6. 状态栏

状态栏位于整个窗口最底端，在状态栏的左边显示了【模型】和【布局】选项卡，右边显示了对象捕捉、正交模式、栅格等辅助绘图功能的工具按钮，如图 1-11 所示。这些按钮均属于开/关型按钮，即单击该按钮一次，则启用该功能，再次单击则禁用该功能。

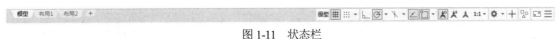

图 1-11 状态栏

状态栏中主要工具按钮的作用如下。

▽ 模型：单击该按钮，可以控制绘图空间的转换。当前图形处于模型空间时单击该按钮就会切换至图纸空间。

▽ 栅格显示⊞：单击该按钮，可以打开或关闭栅格显示功能，打开栅格显示功能后，将在屏幕上显示出均匀的栅格点。

▽ 捕捉模式⠿：单击该按钮，可以打开捕捉功能，光标只能在设置的【捕捉间距】上进行移动。

▽ 正交模式L：单击该按钮，可以打开或关闭【正交】功能。打开【正交】功能后，光标只能在水平和垂直方向上进行移动，这样可以方便地绘制水平和垂直线条。

▽ 极轴追踪☪：单击该按钮，可以启用【极轴追踪】功能。绘制图形时，移动光标可以捕捉设置的极轴角度上的追踪线，从而绘制具有一定角度的线条。

▽ 对象捕捉▯：单击该按钮，可以打开【对象捕捉】功能，在绘图过程中可以自动捕捉图形的中点、端点和垂点等特征点。

▽ 对象捕捉追踪∠：单击该按钮，可以启用【对象捕捉追踪】功能。打开对象捕捉追踪功能后，当自动捕捉到图形中的某个特征点时，以这个点为基准点沿正交或极轴方向捕捉其追踪线。

▽ 自定义☰：单击该按钮，可以弹出用于设置状态栏工具按钮的菜单，其中带打钩标记的选项表示该工具按钮已经在状态栏中打开。

【例 1-1】 调整工作界面 📹 视频

(1) 在【快速访问】工具栏中单击【自定义快速访问工具栏】下拉按钮▾，在弹出的菜单中选择【显示菜单栏】命令，如图 1-12 所示，即可显示菜单栏。

(2) 在功能区标签栏中右击，在弹出的快捷菜单中选择【显示选项卡】命令，在子菜单中取消选中【附加模块】【协作】【精选应用】等不常用的命令选项，即可将对应的功能区隐藏，如图 1-13 所示。

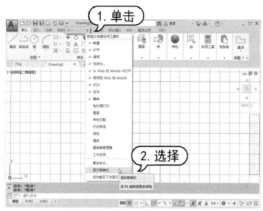

图 1-12　选择【显示菜单栏】命令　　　　　图 1-13　取消要显示的功能区选项

提示

　　在子命令的前方，如果有打钩的符号标记，则表示相对应的功能选项卡处于打开状态，单击该命令选项，则将对应的功能选项卡隐藏；如果没有打钩的符号标记，则表示相对应的功能选项卡处于关闭状态，单击该命令选项，则打开对应的功能选项卡。

　　(3) 在【默认】功能区中右击，在弹出的快捷菜单中选择【显示面板】命令，在子菜单中取消选中【组】【实用工具】【剪贴板】和【视图】命令选项，即可隐藏对应的功能面板，如图 1-14 所示。

　　(4) 单击功能区标签右方的最小化按钮，可以将功能区分别最小化为选项卡、面板按钮、面板标题等，从而增加绘图区的区域，如图 1-15 所示。

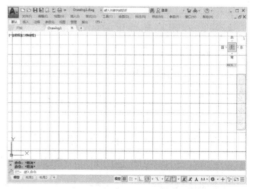

图 1-14　取消要显示的面板选项　　　　　图 1-15　最小化功能区

提示

　　在任意打开的功能面板上右击，在打开的快捷菜单中可以打开或关闭功能面板。在快捷菜单中带√的为已经打开的功能面板，再次选择该选项，则可以将该功能面板关闭。

　　(5) 拖动命令行左端的标题按钮，然后将命令行置于窗口下方，可以调整命令行的位置，如图 1-16 所示。

　　(6) 单击状态栏中的【自定义】按钮，在弹出的菜单列表中选择【线宽】选项，对应的

【线宽】工具按钮 将在状态栏中出现，如图 1-17 所示。

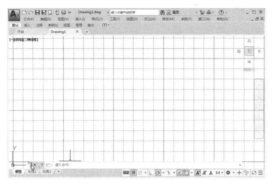

图 1-16　设置命令行

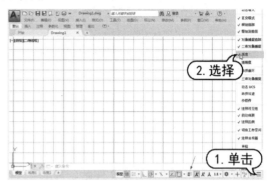

图 1-17　在状态栏中显示其他工具按钮

1.1.4　AutoCAD 2020 的工作空间

AutoCAD 2020 提供了【草图与注释】【三维基础】和【三维建模】这 3 种工作空间模式，以便不同的用户根据需要进行选择。

1.【草图与注释】空间

在默认状态下，初次启动 AutoCAD 时显示为【草图与注释】空间。其界面主要由标题栏、【快速访问】工具栏、功能区、绘图区、命令行和状态栏等元素组成。在该空间中，可以方便地使用【绘图】【修改】【图层】和【注释】等面板进行图形的绘制。

2.【三维基础】空间

在【三维基础】空间中可以更加方便地绘制基础的三维图形，并且可以通过其中的【编辑】面板对图形进行快速修改。

3.【三维建模】空间

在【三维建模】空间中可以方便地绘制出更多、更复杂的三维图形，在该工作空间中同样可以对三维图形进行修改等操作。

通过单击状态栏中的【切换工作空间】按钮 可以进行工作空间的切换。在状态栏右下方单击【切换工作空间】按钮 ，在弹出的【工作空间】下拉列表中选择【三维建模】选项，如图 1-18 所示，即可切换到【三维建模】工作空间，如图 1-19 所示。

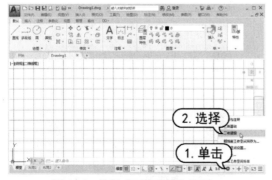

图 1-18　选择【三维建模】选项

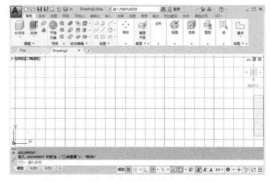

图 1-19　进入【三维建模】工作空间

计算机基础与实训教材系列

1.2 AutoCAD 文件的基本操作

掌握 AutoCAD 的文件操作是学习该软件的基础。本节将学习如何使用 AutoCAD 新建文件、打开文件、保存文件等基本操作。

1.2.1 新建图形文件

在AutoCAD中新建图形文件时可以在【选择样板】对话框中选择一个样板文件，作为新图形文件的基础。执行新建文件命令有以下5种常用方法。

▽ 单击【快速访问】工具栏中的【新建】按钮 □，如图 1-20 所示。

▽ 在图形窗口的图形名称选项卡的右方单击【新图形】按钮 ✛，如图 1-21 所示。

▽ 显示菜单栏，然后选择【文件】|【新建】命令。

▽ 输入 NEW 命令并按 Enter 键或空格键进行确定。

▽ 按 Ctrl+N 组合键。

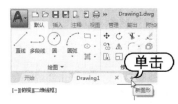

图 1-20　单击【新建】按钮　　　图 1-21　单击【新图形】按钮

> **提示**
>
> 在 AutoCAD 中，输入命令语句时，不必区分字母大小写。

【动手练】新建 AutoCAD 图形文件。

(1) 选择【文件】|【新建】命令，打开【选择样板】对话框，如图 1-22 所示。

(2) 在【选择样板】对话框中选择 acad.dwt 或 acadiso.dwt 文件，然后单击【打开】按钮，可以新建一个空白图形文件。

(3) 如果在【选择样板】对话框中选择 Tutorial-iMfg 文件，可以新建 Tutorial-iMfg 样板的图形文件，如图 1-23 所示。

图 1-22　【选择样板】对话框　　　图 1-23　新建 Tutorial-iMfg 样板文件

1.2.2　打开文件

要查看或编辑 AutoCAD 文件，首先要使用【打开】命令将指定文件打开。打开文件有以下 4 种常用方法。

▽ 单击【快速访问】工具栏中的【打开】按钮 📂 。

▽ 选择【文件】|【打开】命令。

▽ 在命令行中输入 OPEN 命令并按 Enter 键或空格键进行确定。

▽ 按 Ctrl+O 组合键。

【动手练】打开 AutoCAD 图形文件。

(1) 在【快速访问】工具栏中单击【打开】按钮 📂 ，打开【选择文件】对话框，如图 1-24 所示。在【查找范围】下拉列表中可以选择查找文件所在的位置，在文件列表中可以选择要打开的文件，单击【打开】按钮即可将选择的文件打开。

(2) 在【选择文件】对话框中单击【打开】按钮右侧的下拉按钮，在弹出的列表中可以选择打开文件的方式，如图 1-25 所示。

图 1-24　【选择文件】对话框

图 1-25　选择打开方式

【选择文件】对话框中 4 种文件打开方式的含义如下。

▽ 打开：直接打开所选的图形文件。

▽ 以只读方式打开：所选的 AutoCAD 文件将以只读方式打开，打开后的 AutoCAD 文件不能直接以原文件名存盘。

▽ 局部打开：选择该选项后，系统将打开【局部打开】对话框，如果 AutoCAD 图形中含有不同的内容，并分别属于不同的图层，可以选择其中某些图层打开文件。在 AutoCAD 文件较大的情况下采用该打开方式，可以提高工作效率。

▽ 以只读方式局部打开：以只读方式打开 AutoCAD 文件的部分图层中的图形。

1.2.3　保存文件

在绘图工作中，及时对文件进行保存，可以避免因死机或停电等意外状况而造成的数据丢失。常用的保存文件的方法有如下 4 种。

▽ 单击【快速访问】工具栏中的【保存】按钮 💾 。

▽ 选择【文件】|【保存】命令。

▽ 在命令行中输入 SAVE 命令并按 Enter 键或空格键进行确定。

▽ 按 Ctrl+S 组合键。

【动手练】保存 AutoCAD 图形文件。

(1) 在【快速访问】工具栏中单击【保存】按钮🖫，如图 1-26 所示。

(2) 打开【图形另存为】对话框，在【文件名】文本框中输入文件的名称，在【保存于】下拉列表中设置文件的保存路径，如图 1-27 所示。

(3) 单击【保存】按钮即可对当前文件进行保存。

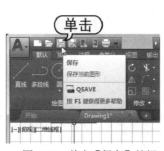

图 1-26　单击【保存】按钮

图 1-27　设置文件保存路径

> **提示**
>
> 　　使用【保存】命令保存已经保存过的文档时，会直接以原路径和原文件名对已有文档进行保存。如果需要对修改后的文档进行重命名，或修改文档的保存位置，则需要选择【文件】|【另存为】命令，在打开的【图形另存为】对话框中重新设置文件的保存位置、文件名或保存类型，之后再单击【保存】按钮。

1.3　绘图区视图控制

在 AutoCAD 中，用户可以对视图进行缩放和平移操作，以便观看图形的效果。另外，也可以进行全屏显示视图、重画与重生成图形等操作。

1.3.1　缩放视图

使用视图中的【缩放】命令可以对视图进行放大或缩小操作，以改变图形的显示大小，方便用户观察图形。

常用的缩放视图的方法有以下两种。

▽ 选择【视图】|【缩放】命令，然后在子菜单中选择需要的命令。

▽ 输入 ZOOM 命令(简化命令 Z)，然后按空格键进行确定。

执行 ZOOM 命令，系统将显示【[全部(A)/中心(C)/动态(D)/范围(E)/上一个(P)/比例(S)/窗口(W)/对象(O)] <实时>:】提示信息。然后只需在该提示后输入相应的字母后按下空格键，即可进行相应的操作。缩放视图命令中各选项的含义和用法如下。

▽ 全部(A)：输入 A 后按下空格键，将在视图中显示整个文件中的所有图形。

▽ 中心(C)：输入 C 后按下空格键，然后在图形中单击指定一个基点，再输入一个缩放比例或高度值来显示一个新视图，基点将作为缩放的中心点。

▽ 动态(D)：就是用一个可以调整大小的矩形框去框选要放大的图形。

▽ 范围(E)：用于以最大的方式显示整个文件中的所有图形，与【全部(A)】的功能相同。

▽ 上一个(P)：执行该命令后可以直接返回上一次缩放的状态。

▽ 比例(S)：用于输入一定的比例来缩放视图。输入的数值大于 1 时将放大视图，小于 1 并大于 0 时将缩小视图。

▽ 窗口(W)：用于通过在屏幕上拾取两个对角点来确定一个矩形窗口。执行该命令后，该矩形框内的全部图形将放大至整个屏幕。

▽ 对象(O)：执行该命令后，选择要最大化显示的图形对象，即可将该图形放大至整个绘图窗口。

▽ <实时>：执行该命令后，鼠标指针将变为，拖动它即可放大或缩小视图。

1.3.2　平移视图

平移视图是指对视图中图形的显示位置进行相应的移动。平移过程中，移动前后视图只会改变图形在视图中的位置，而不会发生大小变化。如图 1-28 和图 1-29 所示分别是对图形进行上、下平移前后的对比效果。

图 1-28　平移视图前

图 1-29　平移视图后

常用的平移视图的方法包括以下两种。

▽ 选择【视图】|【平移】命令，然后在子菜单中选择需要的命令。

▽ 输入 PAN 命令(简化命令 P)并按空格键进行确定。

1.3.3　全屏显示视图

选择【视图】|【全屏显示】命令，或单击状态栏右下角的【全屏显示】按钮，屏幕上将清除功能区面板和可固定窗口(命令行除外)屏幕，仅显示标题栏、【模型】选项卡、【布局】选项卡、状态栏和命令行，如图 1-30 所示。再次执行该命令，又将返回原来的窗口状态。全屏显示通常适合在绘制复杂图形并需要足够的屏幕空间时使用。

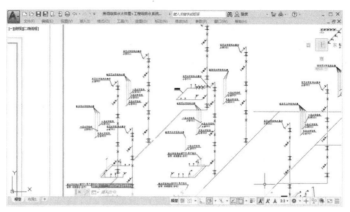

图 1-30　全屏显示视图

1.3.4　重画与重生成

下面将学习重画和重生成视图的方法，读者可以使用重画和重生成命令，对视图中的图形进行更新操作。

1. 重画视图

图形中某一图层被打开或关闭，或者栅格被关闭后，系统自动对图形刷新并重新显示，栅格的密度会影响刷新的速度。使用【重画】命令可以重新显示当前视图中的图形，消除残留的标记点痕迹，使图形变得清晰。

重画视图的方法包括以下两种。

▽ 选择【视图】|【重画】命令。

▽ 输入 REDRAWALL 命令(简化命令 REDRAW)，然后按 Enter 键或空格键进行确定。

2. 重生成视图

使用【重生成】命令能将当前活动视图中所有对象的有关几何数据及几何特性重新计算一次(即重生成)。此外，使用 OPEN 命令打开图形时，系统将自动重生成视图，ZOOM 命令的【全部】【范围】选项也可自动重生成视图。被冻结的图层上的实体不参与计算。因此，为了缩短重生成时间，可将一些图层冻结。

重生成视图的方法包括以下两种。

▽ 选择【视图】|【全部重生成】命令。

▽ 输入 REGEN 命令(简化命令 RE)，然后按空格键进行确定。

提示

在视图重生成计算过程中，用户可按 Esc 键将操作中断，使用 REGENALL 命令可对所有视图中的图形进行重新计算。与 REDRAW 命令相比，REGEN 命令刷新显示较慢。

1.4　设置绘图环境

为了提高个人的工作效率，在使用 AutoCAD 进行绘图之前，可以先对 AutoCAD 的绘图环境进行设置，设置适合用户个人习惯的操作环境。设置绘图环境包括对图形单位和图形界限的设置，以及设置图形窗口颜色、文件自动保存的时间和右键功能模式等。

1.4.1　设置图形单位

AutoCAD 使用的图形单位包括毫米、厘米、英尺、英寸等十几种单位，可满足不同行业的绘图需要。在使用 AutoCAD 绘图前应该进行绘图单位的设置。用户可以根据具体的工作需要来设置单位类型和数据精度。

设置绘图单位的方法有以下两种。

▽ 选择【格式】|【单位】命令。

▽ 在命令行中输入 UNITS(简化命令 UN)命令并按 Enter 键或空格键进行确定。

【例 1-2】 设置图形单位和精度 ◎视频

(1) 执行 UNITS 命令，打开【图形单位】对话框，单击【用于缩放插入内容的单位】选项的下拉按钮，在弹出的下拉列表中选择【毫米】选项，如图 1-31 所示。

(2) 单击【精度】选项的下拉按钮，在弹出的下拉列表中选择 0.0 选项，如图 1-32 所示。

图 1-31　选择【毫米】选项

图 1-32　选择 0.0 选项

【图形单位】对话框中主要选项的含义如下。

▽ 长度：用于设置长度单位的类型和精度。在【类型】下拉列表中，可以选择当前长度单位的格式；在【精度】下拉列表中，可以选择当前长度单位的精度。

▽ 角度：用于设置角度单位的类型和精度。在【类型】下拉列表中，可以选择当前角度单位的格式类型；在【精度】下拉列表中，可以选择当前角度单位的精度；【顺时针】复选框用于控制角度增量角的正负方向。

▽ 光源：用于指定光源强度的单位。

▽ 【方向】按钮：单击该按钮，将打开【方向控制】对话框，用于确定角度及方向。

1.4.2 设置图形界限

用来绘制工程图的图纸通常有 A0~A5 这 6 种规格，一般称为 0~5 号图纸。在 AutoCAD 中与图纸大小相关的设置就是图形界限，图形界限的大小应与选定的图纸相等。

设置图形界限的方法有以下两种。

▽ 选择【格式】|【图形界限】命令。

▽ 输入 LIMITS 命令并按 Enter 键或空格键进行确定。

【例 1-3】 设置图形界限 视频

(1) 选择【格式】|【图形界限】命令，当系统提示【指定左下角点或 [开(ON)/关(OFF)]: 】时，输入绘图区域左下角的坐标为(0,0)并按 Enter 键或空格键进行确定，如图 1-33 所示。

(2) 当系统提示【指定右上角点: 】时，设置绘图区域右上角的坐标为(297,210)并按 Enter 键或空格键进行确定，即可将图形界限的大小设置为 297×210，如图 1-34 所示。

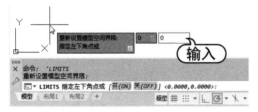

图 1-33 设置左下角坐标

图 1-34 设置右上角坐标

(3) 按下空格键重复执行【图形界限(LIMITS)】命令，然后输入命令参数 ON 并按空格键进行确定，打开图形界限，如图 1-35 所示。

(4) 执行绘图命令，可以在图形界限内绘制图形，如果在图形界限以外的区域绘制图形，系统将给出【超出图形界限】的提示，如图 1-36 所示。

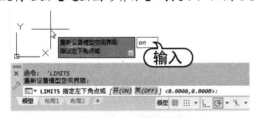

图 1-35 打开图形界限

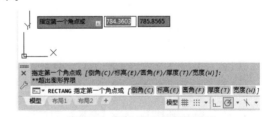

图 1-36 超出图形界限的提示

提示

如果将绘图界限检查功能设置为【关闭(OFF)】状态，绘制图形时则不受绘图界限的限制；如果将绘图界限检查功能设置为【开启(ON)】状态，绘制图形时在绘图界限之外将受到限制。

1.4.3 设置图形窗口颜色

在 AutoCAD 的【图形窗口颜色】对话框中，用户可以根据个人习惯设置图形窗口的颜色，如命令行颜色、绘图区颜色、栅格线颜色等。

【例 1-4】 设置绘图区和命令行的颜色 视频

(1) 选择【工具】|【选项】命令，或输入 OPTIONS(或 OP)命令并确定，打开【选项】对话框，在【显示】选项卡中单击【窗口元素】选项组中的【颜色】按钮，如图 1-37 所示。

(2) 在打开的【图形窗口颜色】对话框中依次选择【二维模型空间】和【统一背景】选项。然后单击【颜色】下拉按钮，在弹出的列表中选择【白】选项，如图 1-38 所示。

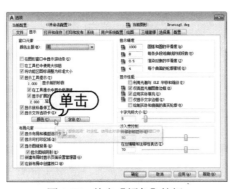

图 1-37　单击【颜色】按钮

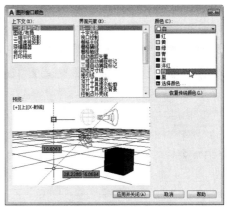

图 1-38　设置背景颜色

(3) 在【图形窗口颜色】对话框中依次选择【命令行】和【活动提示文本】选项，然后在【颜色】下拉列表中选择【黑】选项，如图 1-39 所示。

(4) 在【图形窗口颜色】对话框中依次选择【命令行】和【活动提示背景】选项，然后在【颜色】下拉列表中选择【洋红】选项，如图 1-40 所示。

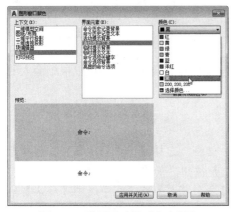

图 1-39　设置活动提示文本颜色

图 1-40　设置活动提示背景颜色

(5) 单击【应用并关闭】按钮，返回【选项】对话框，单击【确定】按钮，即可修改绘图区和命令行的颜色。

1.4.4　设置自动保存

在 AutoCAD 中，可以设置文件保存的默认版本和自动保存的间隔时间。在绘制图形的过程中，通过开启自动保存文件的功能，可以避免在绘图时因意外而造成文件丢失的问题，将损失降低到最小。

【例 1-5】 设置文件自动保存的间隔时间和文件版本 🎬视频

(1) 执行 OPTIONS(或 OP)命令，打开【选项】对话框，在打开的【选项】对话框中选择【打开和保存】选项卡，选中【文件安全措施】选项组中的【自动保存】复选框，在【保存间隔分钟数】文本框中设置自动保存的时间间隔为 15 分钟，如图 1-41 所示。

(2) 在【文件保存】选项组中单击【另存为】下拉按钮，在弹出的下拉列表中选择【AutoCAD 2000/LT2000 图形(*.dwg)】选项，如图 1-42 所示，然后单击【确定】按钮。

图 1-41　设置自动保存的间隔时间　　　　　图 1-42　设置文件保存的默认版本

提示

默认情况下，AutoCAD 低版本软件不能打开高版本软件创建的图形，如果将高版本软件创建的图形以低版本格式保存，即可在低版本软件中打开。自动保存后的备份文件的扩展名为.ac$，将该文件的扩展名.ac$修改为.dwg后，可以将其打开，此文件的默认保存位置在系统盘\Documents and Settings\Default User\Local Settings\Temp 目录下。

1.4.5　设置右键功能模式

AutoCAD 的右键功能模式包括默认模式、编辑模式和命令模式，用户可以根据个人的习惯设置右键的功能模式。

【例 1-6】 设置右键命令模式 🎬视频

(1) 执行 OPTIONS(或 OP)命令，打开【选项】对话框，选择【用户系统配置】选项卡，在【Windows 标准操作】选项组中单击【自定义右键单击】按钮，如图 1-43 所示。

(2) 在弹出的【自定义右键单击】对话框下方的【命令模式】选项组中选中【确认】单选按钮，如图 1-44 所示，单击【应用并关闭】按钮。

提示

设置右键命令模式的功能为【确认】后，在输入某个命令时，右击将执行所输入的命令，在执行命令的过程中，右击将确认当前的选择。

图 1-43　单击【自定义右键单击】按钮

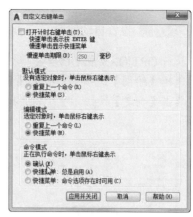

图 1-44　选中【确认】单选按钮

1.4.6　设置光标样式

在 AutoCAD 中，用户可以根据自己的习惯设置光标的样式，包括控制十字光标的大小、捕捉标记的大小、拾取框和夹点的大小。

1. 设置十字光标

十字光标是鼠标指针在绘图区中常见的显示效果。默认情况下，十字光标的尺寸为 5，其大小的取值范围为 1 到 100，数值越大，十字光标越大，100 表示全屏幕显示。

【例 1-7】　设置十字光标的大小　视频

(1) 执行 OPTIONS(或 OP)命令，打开【选项】对话框。

(2) 选择【显示】选项卡，在【十字光标大小】选项组中拖动滑块，或在文本框中直接输入数值，如图 1-45 所示。

(3) 单击【确定】按钮，即可调整光标的大小，效果如图 1-46 所示。

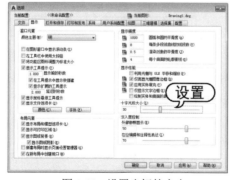

图 1-45　设置光标的大小

图 1-46　较大的十字光标

2. 设置自动捕捉标记

自动捕捉标记是捕捉图形特殊点时所显示的图标，合理设置自动捕捉标记的大小，有利于对特殊点进行自动捕捉。

计算机基础与实训教材系列

【例 1-8】 设置自动捕捉标记的大小 ◎视频

(1) 执行 OPTIONS(或 OP)命令,打开【选项】对话框。

(2) 选择【绘图】选项卡,拖动【自动捕捉标记大小】选项组中的滑块▉,如图 1-47 所示。

(3) 单击【确定】按钮,即可调整捕捉标记的大小,如图 1-48 所示为使用较大的中点捕捉标记的效果。

图 1-47　拖动滑块

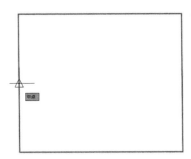

图 1-48　较大的中点捕捉标记

3. 设置拾取框

拾取框是指在执行编辑命令时,光标所变成的一个小正方形框。合理地设置拾取框的大小,对于快速、高效地选取图形非常重要。

【例 1-9】 设置拾取框的大小 ◎视频

(1) 执行 OPTIONS(或 OP)命令,打开【选项】对话框。

(2) 选择【选择集】选项卡,然后在【拾取框大小】选项组中拖动滑块▉,如图 1-49 所示。

(3) 单击【确定】按钮,即可调整拾取框的大小,效果如图 1-50 所示。

图 1-49　拖动滑块

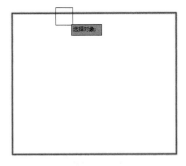

图 1-50　较大的拾取框

4. 设置夹点

在 AutoCAD 中,夹点是选择图形后在图形的节点上所显示的图标。用户通过拖动夹点的方式,可以改变图形的形状和大小。

【例 1-10】设置夹点的大小  视频

(1) 执行 OPTIONS(或 OP)命令，打开【选项】对话框。

(2) 选择【选择集】选项卡，在【夹点尺寸】选项组中拖动滑块，如图 1-51 所示。

(3) 单击【确定】按钮，即可调整夹点的大小，效果如图 1-52 所示。

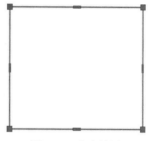

图 1-51　拖动滑块

图 1-52　夹点效果

1.5　设置绘图辅助功能

本节将介绍 AutoCAD 绘图辅助功能的设置。对绘图辅助功能进行适当的设置，可以提高用户制图的效率和绘图的准确性。

1.5.1　应用正交功能

在绘图过程中，使用正交功能可以将光标限制在水平轴或垂直轴向上，同时也限制在当前的栅格旋转角度内。使用正交功能就如同使用了直尺绘图，使绘制的线条自动处于水平和垂直方向，在绘制水平和垂直方向的直线段时十分有用，如图 1-53 所示。

单击状态栏上的【正交限制光标】按钮，或直接按下 F8 键就可以激活正交功能，开启正交功能后，状态栏上的【正交限制光标】按钮将处于高亮状态，如图 1-54 所示。

图 1-53　使用正交功能

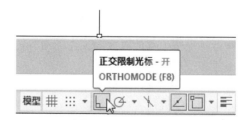

图 1-54　开启正交功能

提示

在 AutoCAD 中绘制水平或垂直线条时，利用正交功能可以有效地提高绘图速度。如果要绘制非水平、垂直的线条，可以通过按 F8 键，关闭正交功能。

计算机基础与实训教材系列

1.5.2 设置对象捕捉

AutoCAD 提供了精确的对象捕捉特殊点功能。运用该功能可以精确绘制出所需要的图形。用户可以在【草图设置】对话框中的【对象捕捉】选项卡中进行对象捕捉的设置，或者在【对象捕捉】工具中进行设置。

1. 在【草图设置】对话框中设置对象捕捉

在【草图设置】对话框的【对象捕捉】选项卡中，可以根据实际需要选择相应的捕捉选项，进行对象特殊点的捕捉设置，如图 1-55 所示。

打开【草图设置】对话框的方法有以下几种。

▽ 选择【工具】|【绘图设置】命令。

▽ 右击状态栏中的【对象捕捉】按钮 ，在弹出的菜单中选择【对象捕捉设置】命令，如图 1-56 所示。

▽ 输入 DSETTINGS(或 SE)命令并按 Enter 键或空格键进行确定。

图 1-55　对象捕捉设置

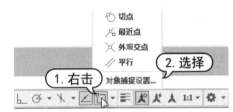

图 1-56　选择命令

启用对象捕捉设置后，在绘图过程中，当鼠标靠近这些被启用的捕捉特殊点时，将自动对其进行捕捉。【对象捕捉】选项卡中主要选项的含义如下。

▽ 启用对象捕捉：打开或关闭对象捕捉功能。当对象捕捉功能打开时，在【对象捕捉模式】下选定的对象捕捉处于活动状态。

▽ 启用对象捕捉追踪：打开或关闭对象捕捉追踪。使用对象捕捉追踪，在命令中指定点时，光标可以沿基于其他对象捕捉点的对齐路径进行追踪。要使用对象捕捉追踪，必须打开一个或多个对象捕捉。

▽ 对象捕捉模式：列出可以在执行对象捕捉时打开的对象捕捉模式。

▽ 全部选择：打开所有对象捕捉模式。

▽ 全部清除：关闭所有对象捕捉模式。

2. 应用【对象捕捉】工具

右击任务栏中的【对象捕捉】按钮 ，将弹出对象捕捉的各个工具选项，如图 1-57 所示。选中或取消选中其中的工具选项，对应的捕捉功能将被打开或关闭。

1.5.3　对象捕捉追踪

在绘图过程中，使用对象捕捉追踪也可以提高绘图的效率。启用对象捕捉追踪功能后，在命令中指定点时，光标可以沿基于其他对象捕捉点的对齐路径进行追踪。

1. 在【草图设置】对话框中设置对象捕捉追踪

执行 DSETTINGS(或 SE)命令，打开【草图设置】对话框，选择【对象捕捉】选项卡，然后选中【启用对象捕捉追踪】复选框，即可启用对象捕捉追踪功能。如图 1-58 所示为圆心捕捉追踪效果，如图 1-59 所示为中点捕捉追踪效果。

 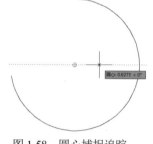 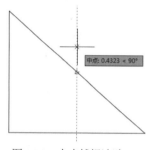

图 1-57　对象捕捉工具选项　　　　图 1-58　圆心捕捉追踪　　　　图 1-59　中点捕捉追踪

2. 使用临时追踪点

使用对象捕捉追踪还可以设置临时追踪点，在提示输入点时，输入 tt，如图 1-60 所示，然后指定一个临时追踪点。该点上将出现一个小的加号+，如图 1-61 所示。移动光标时，将相对于这个临时点显示自动追踪对齐路径。

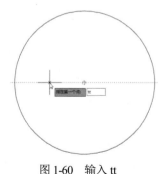 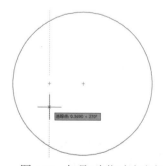

图 1-60　输入 tt　　　　　　　　　图 1-61　加号+为临时追踪点

计算机基础与实训教材系列

1.5.4 捕捉和栅格模式

执行 DSETTINGS(或 SE)命令，打开【草图设置】对话框，选择【捕捉和栅格】选项卡，可以进行捕捉设置。选中【启用捕捉】复选框，将启用捕捉功能，如图 1-62 所示。选中【启用栅格】复选框，将启用栅格功能，在图形窗口中将显示栅格对象，如图 1-63 所示。

图 1-62　启用捕捉功能

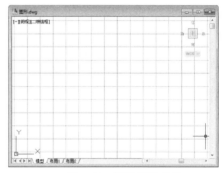

图 1-63　显示栅格对象

【捕捉和栅格】选项卡中主要选项的含义如下。

▽ 【捕捉间距】选项组用于控制捕捉位置不可见的矩形栅格，以限制光标仅在指定的 X 轴和 Y 轴间距内移动。

▽ 【极轴间距】选项组用于控制 PolarSnap(极轴捕捉)的增量距离。当选中【捕捉类型】选项组中的 PolarSnap 单选按钮时，可以进行捕捉增量距离的设置。如果该值为 0，则 PolarSnap 距离采用【捕捉 X 轴间距】的值。【极轴间距】设置应与极坐标追踪和对象捕捉追踪结合使用。如果两个追踪功能都未启用，则【极轴间距】设置无效。

▽ 栅格捕捉：该选项用于设置栅格捕捉类型，如果指定了点，光标将沿垂直或水平栅格点进行捕捉。

▽ 矩形捕捉：选中该单选按钮，可以将捕捉样式设置为标准的【矩形】捕捉模式。当捕捉类型设置为【栅格】并且打开【捕捉】模式时，鼠标指针将成为矩形栅格捕捉。

▽ 等轴测捕捉：选中该单选按钮，可以将捕捉样式设置为【等轴测】捕捉模式。

▽ PolarSnap(极轴捕捉)：选中该单选按钮，可以将捕捉类型设置为【极轴捕捉】。

1.5.5 极轴追踪

执行 DSETTINGS(或 SE)命令，在打开的【草图设置】对话框中选择【极轴追踪】选项卡，在该选项卡中可以启用极轴追踪功能，如图 1-64 所示。

在使用极轴追踪时，需要按照一定的角度增量和极轴距离进行追踪。极轴追踪是以极轴坐标为基础，显示由指定的极轴角度所定义的临时对齐路径，然后按照指定的距离进行捕捉，如图 1-65 所示。

提示

单击状态栏上的【极轴追踪】按钮，或按下 F10 键，也可以打开或关闭极轴追踪功能。另外，【正交】模式和极轴追踪功能不能同时打开，打开【正交】模式将关闭极轴追踪功能。

图 1-64　【极轴追踪】选项卡

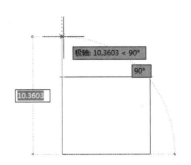

图 1-65　启用极轴追踪功能

在【极轴追踪】选项卡中，主要选项的含义如下。

▽ 启用极轴追踪：用于打开或关闭极轴追踪。也可以通过按 F10 键来打开或关闭极轴追踪。

▽ 极轴角设置：设置极轴追踪的对齐角度。

▽ 增量角：设置用来显示极轴追踪对齐路径的极轴角增量。可以输入任何角度，也可以从列表中选择 90、45、30、22.5、18、15、10 或 5 这些常用角度。

▽ 附加角：对极轴追踪使用角度列表中的任何一种附加角度。注意附加角度是绝对的，而非增量的。

▽ 角度列表：如果选中【附加角】复选框，将列出可用的附加角度。要添加新的角度，单击【新建】按钮即可。要删除现有的角度，则单击【删除】按钮。

▽ 新建：最多可以添加 10 个附加极轴追踪对齐角度。

▽ 删除：删除选定的附加角度。

▽ 对象捕捉追踪设置：设置对象捕捉追踪选项。

▽ 仅正交追踪：当对象捕捉追踪功能打开时，仅显示已获得的对象捕捉点的正交(水平/垂直)对象捕捉追踪路径。

1.6　AutoCAD 的坐标定位

AutoCAD 的对象定位主要由坐标系进行确定。使用 AutoCAD 的坐标系，首先要了解 AutoCAD 坐标系的概念和坐标的输入方法。

计算机基础与实训教材系列

1.6.1 认识 AutoCAD 坐标系

在 AutoCAD 中，坐标系由 X 轴、Y 轴、Z 轴和原点构成。其中包括笛卡儿坐标系统、世界坐标系统和用户坐标系统。

▽ 笛卡儿坐标系统：AutoCAD 采用笛卡儿坐标系来确定位置，该坐标系也称绝对坐标系。在进入 AutoCAD 绘图区时，系统会自动进入笛卡儿坐标系第一象限，其原点在绘图区内的左下角点，如图 1-66 所示。

▽ 世界坐标系统：世界坐标系统(World Coordinate System，WCS)是 AutoCAD 的基础坐标系统，它由 3 个相互垂直相交的坐标轴 X、Y 和 Z 组成。在绘制和编辑图形的过程中，WCS 是预设的坐标系统，其坐标原点和坐标轴都不会改变。在默认情况下，X 轴以水平向右为正方向，Y 轴以垂直向上为正方向，Z 轴以垂直屏幕向外为正方向，坐标原点在绘图区左下角，如图 1-67 所示。

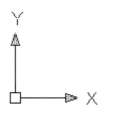

图 1-66 笛卡儿坐标系统

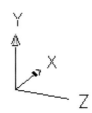

图 1-67 世界坐标系统

▽ 用户坐标系统：为了方便用户绘制图形，AutoCAD 提供了可变的用户坐标系统(User Coordinate System，UCS)。在通常情况下，用户坐标系统与世界坐标系统相重合，而在绘制一些复杂的实体造型时，用户可根据具体需要，通过 UCS 命令设置适合当前图形应用的坐标系统。

> 🖱 **提示**
>
> 在二维平面中绘制和编辑图形时，只需输入 X 轴和 Y 轴坐标值，而 Z 轴的坐标值可以不输入，由 AutoCAD 自动赋值为 0。

1.6.2 AutoCAD 坐标输入法

在 AutoCAD 中使用各种命令时，通常需要提供该命令相应的指示与参数，以便指引该命令所要完成的工作或动作执行的方式、位置等。虽然直接使用鼠标制图很方便，但不能进行精确的定位，而要进行精确的定位则需要采用键盘输入坐标值的方式来实现。常用的坐标输入方式包括：绝对坐标、相对坐标、绝对极坐标和相对极坐标。其中，相对坐标与相对极坐标的原理一样，只是格式不同。

1. 绝对坐标

绝对坐标分为绝对直角坐标和绝对极轴坐标两种。其中，绝对直角坐标以笛卡儿坐标系的原点(0,0,0)为基点定位，用户可以通过输入(X,Y,Z)坐标的方式来定义一个点的位置。

例如，在图 1-68 所示的图形中，O 点绝对坐标为(0,0,0)，A 点绝对坐标为(10,10,0)，B 点绝对坐标为(30,10,0)，C 点绝对坐标为(30,30,0)，D 点绝对坐标为(10,30,0)。

2. 相对坐标

相对坐标是以上一点为坐标原点确定下一点的位置。输入相对于上一点坐标(X,Y,Z)增量为($\triangle$X,$\triangle$Y,$\triangle$Z)的坐标时，格式为(@$\triangle$X,$\triangle$Y,$\triangle$Z)。其中@字符是指定与上一个点的偏移量(即相对偏移量)。

例如，在图 1-68 所示的图形中，对于 O 点而言，A 点的相对坐标为(@10,10)，如果以 A 点为基点，那么 B 点的相对坐标为(@20,0)，C 点的相对坐标为(@20,20)，D 点的相对坐标为(@0,20)。

3. 绝对极坐标

绝对极坐标是以坐标原点(0,0,0)为极点来定位所有的点，通过输入距离和角度的方式来定义一个点的位置，绝对极坐标的输入格式为(距离<角度)。如图 1-69 所示，C 点距离 O 点的长度为 25mm，角度为 30°，则输入 C 点的绝对极坐标为(25<30)。

4. 相对极坐标

相对极坐标是以上一点为参考极点，通过输入极距增量和角度值，来定义下一个点的位置。其输入格式为(@距离<角度)。例如，输入如图 1-69 所示 B 点相对于 C 点的极坐标为(@50<0)。

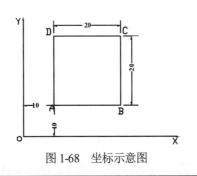

图 1-68　坐标示意图

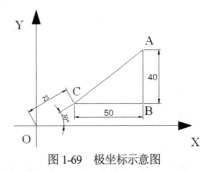

图 1-69　极坐标示意图

计算机基础与实训教材系列

提示

在 AutoCAD 2020 的默认状态下绘制图形时，输入图形的第一个点为绝对坐标，输入的其他点为相对坐标。用户可以在坐标前通过加"#"将其转换为绝对坐标；在坐标前通过加"@"将其转换为相对坐标。

【例 1-11】 通过相对坐标绘制图形　📹 视频

(1) 在命令行中输入矩形的简化命令REC，如图 1-70所示，然后按Enter键或空格键进行确定。

(2) 在系统提示下输入绘制矩形的第一个角点坐标，如(10,10)，然后按 Enter 键或空格键进行确定，如图 1-71 所示。

(3) 输入矩形另一个角点的相对坐标为(@100,100)，如图 1-72 所示，按 Enter 键或空格键进行确定，即可绘制出指定位置和大小的矩形，效果如图 1-73 所示。

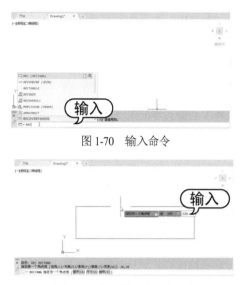

图 1-70　输入命令

图 1-71　指定第一个角点坐标

图 1-72　指定另一个角点坐标

图 1-73　绘制的矩形

1.7　AutoCAD 命令的执行方式

执行 AutoCAD 命令是绘制图形的重要环节。本节将学习在 AutoCAD 中执行命令的方法，以及取消已执行的命令或重复执行上一次命令的方法。

1.7.1　调用 AutoCAD 命令

在 AutoCAD 中，执行命令有多种方法，其中主要包括通过菜单方式执行命令、单击工具按钮执行命令，以及在命令行中输入命令的方法执行命令等。

▽ 以菜单方式执行命令：即通过选择菜单命令的方式来执行命令。例如，执行【直线】命令，其操作方法是选择【绘图】|【直线】命令。

▽ 单击工具按钮执行命令：即通过单击相应工具按钮来执行命令。例如，执行【矩形】命令，其操作方法是在【绘图】面板中单击【矩形】按钮 ▭，即可执行【矩形】命令。

▽ 在命令行中执行命令：即通过在命令行中输入命令的方式执行命令，其操作方法是在命令行中输入命令语句或简化命令语句，然后按 Enter 键或空格键进行确定，即可执行该命令。例如，执行【圆】命令，只需在命令行中输入 Circle 或 C，然后按 Enter 键，即可执行【圆】命令。

提示

在命令行处于等待状态下，可以直接输入需要的命令(即不必将光标定位在命令行中)，然后按 Enter 键或空格键即可执行相应的命令。在命令行中执行命令的方法是 AutoCAD 的特别之处，使用该方法比较快捷、简便，也是 AutoCAD 用户最常用的方法。

1.7.2　重复执行前一个命令

在完成一个命令的操作后，要再次执行该命令，可以通过以下方法快速实现。

▽ 按 Enter 键：在一个命令执行完成后，紧接着按 Enter 键，即可再次执行上一次执行的命令。

▽ 按方向键↑：按下键盘上的↑方向键，可依次向上翻阅前面在命令行中所输入的数值或命令，当出现用户所需执行的命令后，按 Enter 键即可执行该命令。

1.7.3　退出正在执行的命令

在使用 AutoCAD 绘制图形的过程中，可以随时退出正在执行的命令。在执行某个命令时，按 Esc 键、Enter 键或空格键可以随时退出正在执行的命令。当按 Esc 键时，可取消并结束命令；当按 Enter 键或空格键时，则确定执行当前命令并结束命令。

> **提示**
>
> 在 AutoCAD 中，除创建文字内容外，为了方便操作，可以使用空格键替换 Enter 键来表示确认当前操作。

1.7.4　放弃上一次执行的操作

使用 AutoCAD 进行图形的绘制及编辑时难免会出现错误。在出现错误时，可以不必重新对图形进行绘制或编辑，只需要取消错误的操作即可。取消已执行的操作主要有以下几种方法。

▽ 单击【放弃】按钮：单击【快速访问】工具栏中的【放弃】按钮，可以取消前一次执行的命令。连续单击该按钮，可以取消多次执行的操作。

▽ 选择【编辑】|【放弃】命令。

▽ 执行 U 或 UNDO 命令：输入 U(或 UNDO)命令并按 Enter 键或空格键可以取消前一次或前几次执行的命令。

▽ 按 Ctrl+Z 组合键。

> **提示**
>
> 在命令行中执行 U 命令，只可以一次性取消一次误操作；执行 Undo 命令，可以一次性取消多次执行的错误操作。

1.7.5　重做上一次放弃的操作

取消了已执行的操作之后，如果又想恢复上一个已撤销的操作，可以通过以下方法来完成。

▽ 单击【重做】按钮：单击【快速访问】工具栏中的【重做】按钮，可以恢复已撤销的上一步操作。

▽ 选择【编辑】|【重做】命令。

▽ 执行 REDO 命令：输入 REDO 命令并按 Enter 键或空格键即可恢复已撤销的上一步操作。

▽ 按 Ctrl+Y 组合键。

提示

本书虽然是以最新版本 AutoCAD 2020 进行讲解，但是其中的知识点和操作同样适用于 AutoCAD 2016、AutoCAD 2017、AutoCAD 2018 和 AutoCAD 2019 等多个早期版本的软件。

1.8 习题

1. 如何在绘图区中放大或缩小显示图形？
2. 要绘制垂直和水平直线，应开启什么功能？
3. 如何退出正在执行的命令？
4. 在 AutoCAD 中放弃上一次执行的操作，对应的组合键是什么？
5. 在 AutoCAD 中重做上一次放弃的操作，对应的组合键是什么？
6. (@10，20)表示的是什么类型的坐标？

第2章

绘制简单图形

AutoCAD 提供了大量绘制二维图形和三维模型的绘图命令。在学习绘图的操作时，我们首先要学习一些简单图形的绘制方法，其中包括点、直线、构造线、圆和矩形等图形的绘制。

本章重点

- 绘制点图形
- 绘制简单线条
- 绘制圆形
- 绘制矩形

二维码教学视频

【例 2-1】绘制吊灯
【例 2-2】绘制灯光
【实例演练】绘制主动轴右视图
【实例演练】绘制法兰盘俯视图

2.1 绘制点图形

在 AutoCAD 中，绘制点的命令包括【点(POINT)】【定数等分(DIVIDE)】和【定距等分(MEASURE)】命令。在学习绘制点的操作之前，通常需要设置点的样式。

2.1.1 设置点样式

选择【格式】|【点样式】命令，或输入 DDPTYPE 命令并按空格键，打开【点样式】对话框，可以设置多种不同的点样式，包括点的大小和形状，如图 2-1 所示。对点样式进行更改后，在绘图区中的点对象也将发生相应的变化。

【点样式】对话框中主要选项的含义如下。

▽ 点大小：用于设置点的显示大小，可以相对于屏幕来设置点的大小，也可以设置点的绝对大小。

▽ 相对于屏幕设置大小：用于按屏幕尺寸的百分比设置点的显示大小。当进行显示比例的缩放时，点的显示大小并不改变。

▽ 按绝对单位设置大小：使用实际单位设置点的大小。当进行显示比例的缩放时，AutoCAD 显示的点的大小也随之改变。

2.1.2 绘制点

在 AutoCAD 中，绘制点对象的命令包括单点和多点命令。绘制单点和绘制多点的操作方法如下。

1. 绘制单点

在 AutoCAD 中，执行【单点】命令通常有以下两种方法。

▽ 选择【绘图】|【点】|【单点】命令。

▽ 在命令行中输入 POINT(或 PO)命令并按空格键进行确定。

执行【单点】命令后，系统将出现【指定点:】的提示，当在绘图区内单击时，即可创建一个点。

2. 绘制多点

在 AutoCAD 中，执行【多点】命令通常有以下两种方法。

▽ 选择【绘图】|【点】|【多点】命令。

▽ 在【绘图】面板中单击【绘图】下拉按钮，如图 2-2 所示，在展开的面板中单击【多点】按钮 ⁙，如图 2-3 所示。

执行【多点】命令后，系统将出现【指定点:】的提示，多次单击即可在绘图区连续绘制多个点，直到按下 Esc 键才能终止操作。

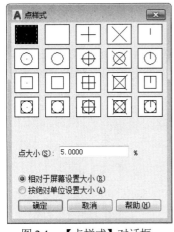

图 2-1　【点样式】对话框

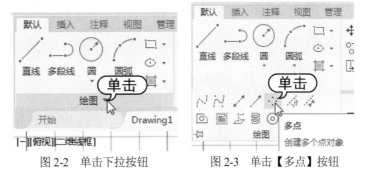

图 2-2　单击下拉按钮　　　图 2-3　单击【多点】按钮

2.1.3　绘制定数等分点

使用【定数等分】命令能够在某一图形上以等分数目创建点或插入图块，被等分的对象可以是直线、圆、圆弧、多段线等。在绘制定数等分点的过程中，用户可以指定等分数目。执行【定数等分】命令通常有以下两种方法。

▽　选择【绘图】|【点】|【定数等分】命令。

▽　在命令行中输入 DIVIDE(或 DIV)命令并按 Enter 键进行确定。

执行 DIVIDE 命令创建定数等分点时，当系统提示【选择要定数等分的对象:】时，用户需选择要等分的对象，之后系统将继续提示【输入线段数目或[块(B)]:】，此时输入等分的数目，然后按空格键结束操作。

【例 2-1】　绘制吊灯 视频

(1) 打开【图形 1.dwg】素材图形，如图 2-4 所示。

(2) 执行 DDPTYPE 命令，打开【点样式】对话框，选择⊕点样式，在【点大小】文本框中输入 35，并选中【按绝对单位设置大小】单选按钮，然后单击【确定】按钮，如图 2-5 所示。

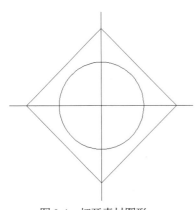

图 2-4　打开素材图形

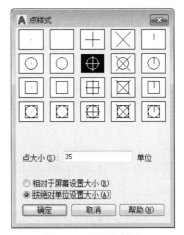

图 2-5　设置点样式

计算机基础与实训教材系列

31

(3) 执行 DIVIDE(或 DIV)命令，当系统提示【选择要定数等分的对象:】时，在素材图形中选择菱形对象，如图 2-6 所示。

(4) 当系统提示【输入线段数目或[块(B)]:】时，输入等分的数目为 8，然后按 Enter 键进行确定，完成定数等分点的创建，效果如图 2-7 所示。

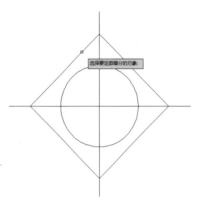
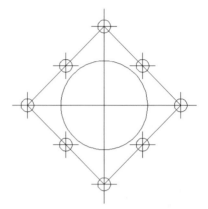

图 2-6　选择要定数等分的对象　　　　　图 2-7　定数等分效果

提示

使用 DIVIDE 命令创建的点对象，主要用作其他图形的捕捉点，生成的点标记只是起到等分测量的作用，而非将图形断开。

2.1.4　绘制定距等分点

除了可以在图形上绘制定数等分点外，还可以绘制定距等分点，即将一个对象以一定的距离进行划分。使用【定距等分】命令可以在选择对象上创建指定距离的点或图块，将图形以指定的长度进行分段。

执行【定距等分】命令有以下两种方法。

▽ 选择【绘图】|【点】|【定距等分】命令。

▽ 在命令行中输入 MEASURE(或 ME)命令并按空格键进行确定。

【动手练】 在直线上绘制定距等分点。

(1) 执行【直线(L)】命令，绘制两条长度为 150 的线段，如图 2-8 所示。

(2) 执行 MEASURE(或 ME)命令，当系统提示【选择要定距等分的对象:】时，单击选择上方线段作为要定距等分的对象，如图 2-9 所示。

图 2-8　绘制线段　　　　　图 2-9　选择上方线段

(3) 当系统提示【指定线段长度或[块(B)]:】时，输入指定长度为 50，如图 2-10 所示，然后按空格键结束操作，效果如图 2-11 所示。

图 2-10 设置等分的距离　　　　　图 2-11 定距等分线段

2.2 绘制简单线条

在 AutoCAD 制图操作中，可以绘制直线、构造线、射线等简单线条图形。下面介绍这些对象的具体绘制方法。

2.2.1 绘制直线

使用【直线】命令可以在两点之间进行线段的绘制。用户可以通过鼠标或者键盘两种方式来指定线段的起点和终点。当使用 LINE 命令绘制连续线段时，上一条线段的终点将直接作为下一条线段的起点，如此循环直到按下空格键进行确定，或者按下 Esc 键撤销命令为止。

执行【直线】命令的常用方法有以下 3 种。

▽ 选择【绘图】|【直线】命令。

▽ 单击【绘图】面板中的【直线】按钮 。

▽ 执行 LINE(或 L)命令。

在使用 LINE(或 L)命令的绘图过程中，如果绘制了多条线段，系统将提示【指定下一点或[关闭(C) /退出(E) /放弃(U)]:】，该提示中各选项的含义如下。

▽ 指定下一点：要求用户指定线段的下一个端点。

▽ 关闭(C)：在绘制多条线段后，如果输入 C 并按空格键进行确定，则最后一个端点将与第一条线段的起点重合，从而组成一个封闭图形。

▽ 退出(E)：输入 E 并按下空格键进行确定，则退出命令，结束直线的绘制。

▽ 放弃(U)：输入 U 并按下空格键进行确定，则最后绘制的线段将被撤销。

【例 2-2】 绘制灯光 视频

(1) 执行 LINE(或 L)命令，在系统提示【指定第一个点:】时，在需要创建线段的起点位置单击，如图 2-12 所示。

(2) 当系统提示【指定下一点或[放弃(U)]:】时,向右侧移动光标并单击指定线段的下一点,如图 2-13 所示。

图 2-12　指定起点　　　　　　　　　图 2-13　指定下一点

(3) 应用对象捕捉追踪功能,捕捉线段左下方的端点,并向上移动光标,单击捕捉追踪线上的一个点,指定直线的下一个点,如图 2-14 所示。

(4) 在系统提示【指定下一点或[关闭(C)/退出(X)/放弃(U)]:】时,输入参数 c 并按空格键进行确定,以执行【关闭(C)】命令,如图 2-15 所示,绘制的闭合图形如图 2-16 所示。

图 2-14　指定直线下一点　　　　　　图 2-15　输入参数 c 并按空格键进行确定

(5) 按空格键重复执行【直线】命令,然后依次绘制表示光线的直线,如图 2-17 所示。

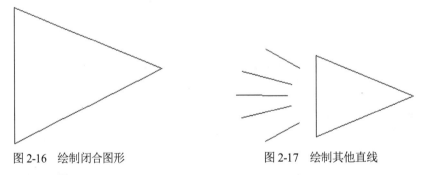

图 2-16　绘制闭合图形　　　　　　　图 2-17　绘制其他直线

2.2.2　绘制构造线

在建筑或机械制图中,构造线通常作为绘制图形过程中的辅助线,如基准坐标轴。执行【构造线】命令可以绘制向两边无限延伸的直线(即构造线)。

执行【构造线】命令主要有以下几种常用方法。

▽ 选择【绘图】|【构造线】命令。

▽ 展开【绘图】面板,然后单击其中的【构造线】按钮 。

▽ 执行 XLINE(或 XL)命令。

1. 绘制水平或垂直构造线

执行 XLINE(或 XL)命令，通过选择【水平(H)】或【垂直(V)】命令选项可以绘制水平或垂直构造线。

【动手练】绘制一条通过指定点的水平或垂直构造线。

(1) 执行 XLINE(或 XL)命令，系统将提示【指定点或[水平(H)/垂直(V)/角度(A)/二等分(B)/偏移(O)]：】，输入 H 或 V 并按空格键进行确定，选择【水平】或【垂直】选项。

(2) 当系统提示【指定通过点：】时，在绘图区中单击一点作为通过点。

(3) 按空格键结束命令，绘制的水平和垂直构造线如图 2-18 所示。

2. 绘制倾斜构造线

执行 XLINE (或 XL)命令，通过选择【角度(A)】命令选项可以绘制指定倾斜角度的构造线。

【动手练】绘制倾斜角度为 45°的构造线。

(1) 执行 XLINE (或 XL)命令，系统将提示【指定点或[水平(H)/垂直(V)/角度(A)/二等分(B)/偏移(O)]：】，输入 A 并按空格键进行确定，选择【角度】选项。

(2) 当系统提示【输入构造线的角度(0)或[参照(R)]：】时，输入构造线的倾斜角度为 45°并按空格键进行确定。

(3) 根据系统提示指定构造线的通过点，然后按空格键结束命令，绘制的倾斜构造线如图 2-19 所示。

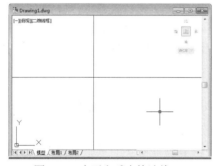
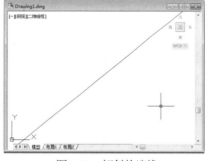

图 2-18　水平和垂直构造线　　　　　　图 2-19　倾斜构造线

3. 绘制角平分构造线

执行 XLINE(或 XL)命令，通过选择【二等分(B)】命令选项可以绘制角平分构造线。

【动手练】绘制矩形的顶角平分构造线。

(1) 执行【矩形(REC)】命令，绘制一个矩形。

(2) 执行 XLINE 命令，根据系统提示【指定点或[水平(H)/垂直(V)/角度(A)/二等分(B)/偏移(O)]：】，输入 B 并按空格键进行确定，选择【二等分】命令选项。

(3) 根据系统提示【指定角的顶点：】，在矩形左上角捕捉角顶点，如图 2-20 所示。

(4) 根据系统提示【指定角的起点：】，在矩形左下角捕捉角起点，如图 2-21 所示。

(5) 根据系统提示【指定角的端点：】，在矩形右上角捕捉角端点，如图 2-22 所示，按空格键结束命令。所绘制的矩形顶角平分构造线如图 2-23 所示。

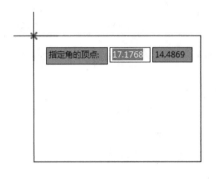

图 2-20　捕捉角顶点(左上)

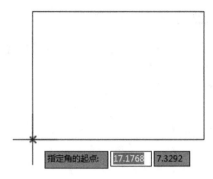

图 2-21　捕捉角起点(左下)

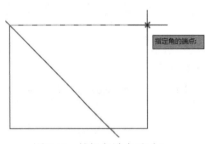

图 2-22　捕捉角端点(右上)

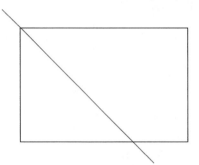

图 2-23　绘制矩形的顶角平分构造线

4. 绘制偏移构造线

执行 XLINE(或 XL)命令，通过选择【偏移(O)】命令选项可以绘制指定对象的偏移构造线。

【动手练】绘制偏移指定倾斜直线的构造线。

(1) 执行【直线(L)】命令，绘制一个三角形。

(2) 执行 XLINE 命令，根据系统提示【指定点或[水平(H)/垂直(V)/角度(A)/二等分(B)/偏移(O)]:】，输入 O 并按空格键进行确定，选择【偏移】命令选项。

(3) 根据系统提示【指定偏移距离或[通过(T)]】，输入 20 并按空格键进行确定，指定构造线与参考线的偏移距离，如图 2-24 所示。

(4) 根据系统提示【选择直线对象:】，选择作为参考的直线对象，如图 2-25 所示。

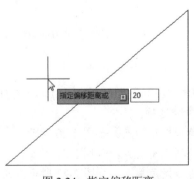

图 2-24　指定偏移距离

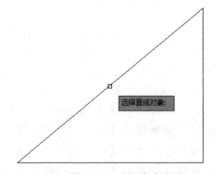

图 2-25　选择参考直线

(5) 根据系统提示【指定向哪侧偏移:】，在需要偏移到的方向单击，如图 2-26 所示，按空格键结束命令。所绘制的偏移构造线如图 2-27 所示。

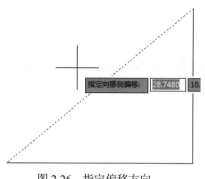

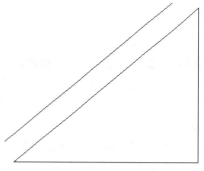

图 2-26　指定偏移方向　　　　　　　　图 2-27　绘制偏移构造线

2.2.3　绘制射线

使用【射线】命令可以绘制朝一个方向无限延伸的线段。在 AutoCAD 制图操作中，射线被用作辅助线。

执行【射线】命令的常用方法有以下两种。

▽　选择【绘图】|【射线】命令。

▽　执行 RAY 命令。

【动手练】使用【射线】命令绘制两条射线。

(1) 执行【射线(RAY)】命令，然后在绘图区随便单击指定一个点，如图 2-28 所示。移动鼠标即可出现一条射线，如图 2-29 所示，单击进行确定，即可绘制出指定的射线。

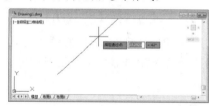

图 2-28　指定起点　　　　　　　　　图 2-29　指定通过点

(2) 移动鼠标，将显示绘制的下一条射线，如图 2-30 所示，单击即可绘制当前显示的射线，按空格键结束【射线】命令，效果如图 2-31 所示。

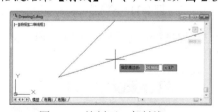

图 2-30　绘制下一条射线　　　　　　　图 2-31　绘制射线

2.3　绘制矩形和圆形

矩形和圆形是十分常见的图形，在 AutoCAD 中可以通过多种方法绘制指定的矩形和圆形。

计算机基础与实训教材系列

2.3.1　绘制矩形

使用【矩形】命令可以通过单击指定两个对角点的方式绘制矩形，也可以通过输入坐标指定两个对角点的方式绘制矩形。当矩形的两个对角点形成的边长相同时，则生成正方形。

执行【矩形】命令的常用方法有以下 3 种。

▽ 选择【绘图】|【矩形】命令。

▽ 单击【绘图】面板中的【矩形】按钮□。

▽ 执行 RECTANG(或 REC)命令。

执行 RECTANG(或 REC)命令后，系统将提示【指定第一个角点或[倒角(C)/标高(E)/圆角(F)/厚度(T)/宽度(W)]:】，其中各选项的含义如下。

▽ 倒角(C)：用于设置矩形的倒角距离。

▽ 标高(E)：用于设置矩形在三维空间中的基面高度。

▽ 圆角(F)：用于设置矩形的圆角半径。

▽ 厚度(T)：用于设置矩形的厚度，即三维空间 Z 轴方向的高度。

▽ 宽度(W)：用于设置矩形的线条粗细。

1. 通过指定矩形长宽绘制矩形

执行 RECTANG(或 REC)命令，可以在确定矩形的第一个角点后，通过选择【尺寸(D)】命令选项绘制指定大小的矩形。

【动手练】通过选择【尺寸(D)】命令选项绘制长度为 200，宽度为 150 的直角矩形。

(1) 执行 RECTANG(或 REC)命令，单击指定矩形的第一个角点，如图 2-32 所示。

(2) 输入参数 d 并按空格键进行确定，选择【尺寸(D)】命令选项，如图 2-33 所示。

图 2-32　指定第一个角点坐标　　　　　　　　图 2-33　输入参数 d

(3) 根据系统提示依次输入矩形的长度和宽度并按空格键进行确定，如图 2-34 和图 2-35 所示。

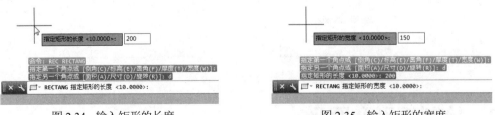

图 2-34　输入矩形的长度　　　　　　　　　　图 2-35　输入矩形的宽度

(4) 根据系统提示指定矩形另一个角点的位置，如图 2-36 所示，即可创建一个指定大小的矩形，如图 2-37 所示。

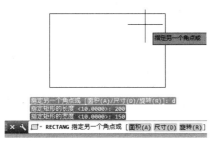

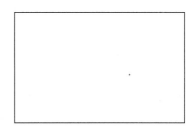

图 2-36 指定另一个角点的位置　　　　　图 2-37 创建指定大小的矩形

2. 通过指定矩形对角线角点坐标绘制矩形

执行 RECTANG(或 REC)命令，可以在确定矩形的第一个角点后，直接单击鼠标确定矩形的另一个角点，绘制一个任意大小的直角矩形；也可以在确定矩形的第一个角点后，通过指定矩形另一个角点的坐标来绘制指定大小的矩形。

【动手练】通过指定矩形角点坐标绘制长度为 200，宽度为 150 的直角矩形。

(1) 执行 RECTANG(或 REC)命令，单击指定矩形的第一个角点，然后根据系统提示输入矩形另一个角点的相对坐标值(如@200,150)，如图 2-38 所示。

(2) 按空格键进行确定，即可创建一个指定大小的矩形，如图 2-39 所示。

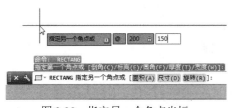

图 2-38 指定另一个角点坐标　　　　　图 2-39 创建指定大小的矩形

3. 绘制圆角矩形

在绘制矩形的操作中，除了可以绘制指定大小的直角矩形外，还可以通过执行【圆角(F)】命令选项绘制带圆角的矩形，并且可以指定矩形的大小和圆角大小。

【动手练】绘制长度为 60、宽度为 50、圆角半径为 5 的圆角矩形。

(1) 执行 RECTANG(或 REC)命令,根据系统提示【指定第一个角点或[倒角(C)/标高(E)/圆角(F)/厚度(T)/宽度(W)]:】，输入参数 F 并按空格键进行确定，以选择【圆角(F)】选项，如图 2-40 所示。

(2) 根据系统提示输入矩形圆角半径的大小为 5 并按空格键进行确定，如图 2-41 所示。

图 2-40 输入参数 F 并确定　　　　　图 2-41 输入圆角半径

(3) 单击指定矩形的第一个角点，再输入矩形另一个角点的相对坐标(@60,50)，如图 2-42 所示，按空格键进行确定，即可绘制指定大小的圆角矩形，如图 2-43 所示。

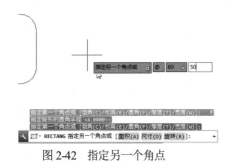

图 2-42　指定另一个角点 | 图 2-43　绘制圆角矩形

4. 绘制倒角矩形

除了可以绘制圆角矩形外，还可以通过选择【倒角(C)】命令选项绘制带倒角的矩形，并且可以指定矩形的大小和倒角大小。

【动手练】绘制长度为 50、宽度为 40、倒角距离 1 为 4、倒角距离 2 为 5 的倒角矩形。

(1) 执行 RECTANG(或 REC)命令，根据系统提示【指定第一个角点或[倒角(C)/标高(E)/圆角(F)/厚度(T)/宽度(W)]:】，输入参数 C 并按空格键进行确定，以选择【倒角(C)】选项，如图 2-44 所示。

(2) 根据系统提示输入矩形的第一个倒角距离为 4 并按空格键进行确定，如图 2-45 所示。

图 2-44　输入参数 C 并确定 | 图 2-45　输入第一个倒角距离

(3) 继续输入矩形的第二个倒角距离为 5 并按空格键进行确定，如图 2-46 所示。

(4) 根据系统提示单击指定矩形的第一个角点，如图 2-47 所示。

图 2-46　输入第二个倒角距离 | 图 2-47　指定第一个角点

(5) 输入矩形另一个角点的相对坐标值(@50,40)，如图 2-48 所示。按空格键即可创建指定大小的倒角矩形，如图 2-49 所示。

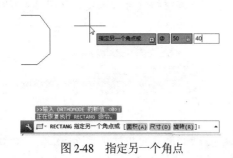

图 2-48　指定另一个角点 | 图 2-49　创建倒角矩形

5. 绘制旋转矩形

在 AutoCAD 中，创建旋转矩形的方法有两种，一种是绘制好水平方向的矩形后，使用【旋转】命令将其旋转；另一种是选择【矩形】命令中的【旋转(R)】选项直接绘制旋转矩形。

【动手练】绘制旋转角度为 35、长度为 80、宽度为 50 的矩形。

(1) 执行 RECTANG(或 REC)命令，指定矩形的第一个角点，然后根据系统提示输入旋转参数 R 并按空格键进行确定，以选择【旋转(R)】命令选项，如图 2-50 所示。

(2) 根据系统提示输入旋转矩形的角度为 35 并按空格键进行确定，如图 2-51 所示。

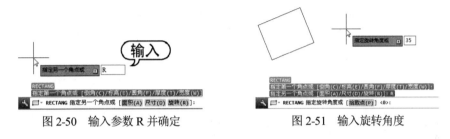

图 2-50 输入参数 R 并确定   图 2-51 输入旋转角度

(3) 根据系统提示输入尺寸参数 d 并按空格键进行确定，以选择【尺寸(D)】命令选项，如图 2-52 所示。

(4) 根据系统提示输入矩形的长度为 80 并按空格键进行确定，如图 2-53 所示。

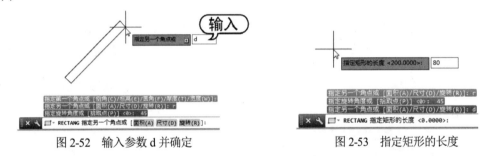

图 2-52 输入参数 d 并确定   图 2-53 指定矩形的长度

(5) 根据系统提示输入矩形的宽度为 50 并按空格键进行确定，如图 2-54 所示。所绘制的指定大小的旋转矩形如图 2-55 所示(为了方便查看矩形尺寸，这里添加了尺寸标注)。

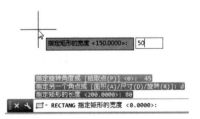

图 2-54 指定矩形的宽度   图 2-55 所绘制的旋转矩形

2.3.2 绘制圆形

在默认状态下，圆形的绘制方式是先确定圆心，再确定半径。用户也可以通过指定两点确定圆的直径或是通过指定三点确定圆形等方式绘制圆形。

执行【圆】命令的常用方法有以下 3 种。

▽ 选择【绘图】|【圆】命令，再选择其中的子命令。

▽ 单击【绘图】面板中的【圆】按钮◉。

▽ 执行 CIRCLE(或 C)命令。

执行 CIRCLE(或 C)命令，系统将提示【指定圆的圆心或[三点(3P)/两点(2P)/切点、切点、半径(T)]:】，用户可以指定圆的圆心或选择某种绘制圆的方式。

▽ 三点(3P)：通过在绘图区内确定三个点来确定圆的位置与大小。输入 3P 后，系统将分别提示指定圆上的第一点、第二点、第三点。

▽ 两点(2P)：通过确定圆的直径的两个端点来绘制圆。输入 2P 后，命令行分别提示指定圆的直径的第一端点和第二端点。

▽ 切点、切点、半径(T)：通过确定两条切线和半径绘制圆，输入 T 后，系统分别提示指定圆的第一切线和第二切线上的点以及圆的半径。

1. 以指定圆心和半径绘制圆

执行 CIRCLE(或 C)命令，用户可以直接通过单击依次指定圆的圆心和半径，从而绘制出一个圆，也可以在指定圆心后，通过输入圆的半径，绘制一个指定圆心和半径的圆。

【动手练】以指定的圆心，绘制半径为 20 的圆。

(1) 执行 CIRCLE(或 C)命令，在指定位置单击指定圆的圆心，如图 2-56 所示。

(2) 输入圆的半径 20 并按空格键进行确定，如图 2-57 所示，即可创建半径为 20 的圆。

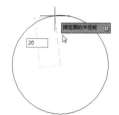

图 2-56　指定圆心　　　　　　　　　　图 2-57　指定圆的半径

2. 以指定两点绘制圆

选择【绘图】|【圆】|【两点】命令，或执行 CIRCLE(或 C)命令后，输入参数 2P 并按空格键进行确定，可以通过指定两个点确定圆的直径，从而绘制出指定直径的圆。

【动手练】通过指定的两个点，绘制指定直径的圆。

(1) 使用【直线】命令绘制一条长为 20 的线段。

(2) 执行 CIRCLE(或 C)命令，在系统提示下输入参数 2p 并按空格键进行确定，如图 2-58 所示。

(3) 根据系统提示在线段的左端点单击，指定圆直径的第一个端点，如图 2-59 所示。

图 2-58　输入参数 2p 并确定　　　　　　图 2-59　指定直径的第一个端点

计算机基础与实训教材系列

(4) 根据系统提示在线段的右端点单击，指定圆直径的第二个端点，如图 2-60 所示，即可绘制一个通过指定两点的圆，效果如图 2-61 所示。

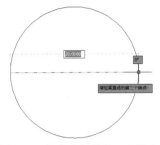

图 2-60　指定直径的第二个端点

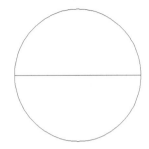

图 2-61　绘制圆形

3. 以指定三点绘制圆

由于指定三点可以确定一个圆的形状，因此，选择【绘图】|【圆】|【三点】命令，或执行 CIRCLE(或 C)命令，输入参数 3p 并按空格键进行确定，通过指定圆所经过的三个点即可绘制圆。

【动手练】通过三角形的三个顶点，绘制指定的圆。

(1) 使用【直线】命令绘制一个三角形，如图 2-62 所示。

(2) 执行【圆(C)】命令，然后输入参数 3p 并按空格键进行确定，如图 2-63 所示。

图 2-62　绘制三角形

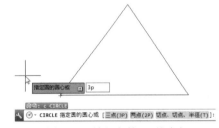

图 2-63　输入参数 3p 并确定

(3) 在三角形的任意一个角点处单击，指定圆通过的第一个点，如图 2-64 所示。

(4) 在三角形的下一个角点处单击，指定圆通过的第二个点，如图 2-65 所示。

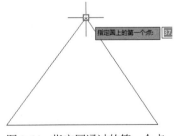

图 2-64　指定圆通过的第一个点

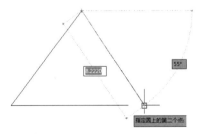

图 2-65　指定圆通过的第二个点

(5) 在三角形的另一个角点处单击，指定圆通过的第三个点，如图 2-66 所示，即可绘制出通过指定三个点的圆，如图 2-67 所示。

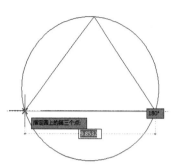

图 2-66　指定圆通过的第三个点

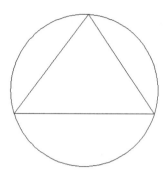

图 2-67　所绘制的圆形

4. 以指定切点和半径绘制圆

选择【绘图】|【圆】|【切点、切点、半径】命令，或执行 CIRCLE(或 C)命令，输入参数 t 并按空格键进行确定，然后指定圆通过的切点和圆的半径即可绘制相应的圆。

【动手练】通过指定切点和半径的方式绘制圆。

(1) 绘制两条互相垂直的线段，以线段的边作为绘制圆的切边，如图 2-68 所示。

(2) 执行【圆(C)】命令，然后输入参数 t 并按空格键进行确定，如图 2-69 所示。

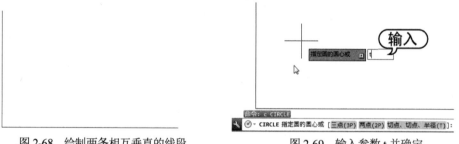

图 2-68　绘制两条相互垂直的线段

图 2-69　输入参数 t 并确定

(3) 根据系统提示指定对象与圆的第一条切边，如图 2-70 所示。

(4) 根据系统提示指定对象与圆的第二条切边，如图 2-71 所示。

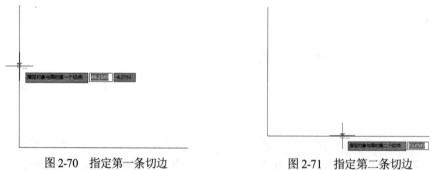

图 2-70　指定第一条切边

图 2-71　指定第二条切边

(5) 根据系统提示输入圆的半径(如 6)并按空格键进行确定，如图 2-72 所示，所绘制的通过指定切边和半径的圆如图 2-73 所示。

图 2-72　指定圆的半径

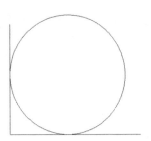

图 2-73　所绘制的圆形

2.4　实例演练

本小节练习绘制主动轴右视图和法兰盘俯视图，巩固本章所学的绘图知识，主要包括直线、构造线、圆、矩形等对象的绘制与应用。

2.4.1　绘制主动轴右视图

本例将使用【直线】和【矩形】命令绘制主动轴右视图，完成后的效果如图 2-74 所示。在绘图过程中可以使用 From(捕捉自)功能对图形进行准确定位。

图 2-74　主动轴右视图

绘制本例图形的具体操作步骤如下。

(1) 执行【矩形(REC)】命令，绘制一个长度为 80、宽度为 20 的矩形。

(2) 执行【矩形(REC)】命令，设置圆角半径为 2，然后输入 From 并确定。捕捉刚绘制矩形的左上方端点为基点，如图 2-75 所示。输入偏移基点的坐标为(@30,-8)，再指定矩形另一个角点的坐标为(@20,-4)，绘制一个圆角半径为 2、长度为 20、宽度为 4 的矩形，如图 2-76 所示。

图 2-75　指定基点

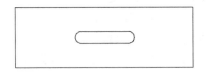

图 2-76　绘制圆角矩形

(3) 执行【直线(L)】命令，输入 From 并确定。捕捉直角矩形的左上方端点为基点，输入偏移基点的坐标为(@0,-5)。再依次指定直线的其他点的坐标为(@-17,0)、(@0,-10)、(@17,0)，绘制出左方的矩形框，如图 2-77 所示。

(4) 执行【直线(L)】命令，通过捕捉左方矩形框的对角线端点，绘制一条对角线，如图 2-78 所示。

图 2-77　绘制左方矩形框

图 2-78　绘制对角线

提示

From(捕捉自)是用于偏移基点的命令,在执行各种绘图命令时,可以通过该命令偏移绘图的基点位置。用户可以通过使用 From(捕捉自)功能指定绘制图形的起点坐标位置,在绘制直线、矩形、圆和多段线等对象时,均可以使用 From(捕捉自)功能来指定对象的起点坐标位置。

(5) 执行【直线(L)】命令,通过捕捉左方矩形框的另外两个对角线端点,绘制另一条对角线,如图 2-79 所示。

(6) 执行【直线(L)】命令,输入 From 并确定。捕捉直角矩形的右上方端点为基点,输入偏移基点的坐标为(@0,-5)。再依次指定直线的其他点的坐标为(@17,0)、(@0,-10)、(@-17,0),绘制出右方的矩形框,如图 2-80 所示,完成本例图形的绘制。

图 2-79 绘制另一条对角线

图 2-80 绘制右方矩形框

2.4.2 绘制法兰盘俯视图

本例将使用【构造线】和【圆】命令绘制法兰盘俯视图,完成后的效果如图 2-81 所示。绘制该图形对象的关键是使用【圆】命令通过捕捉辅助线的交点绘制各个圆。

绘制本例图形的具体操作如下。

(1) 打开【法兰盘.dwg】素材文件,该文件中已经设置好图层对象。

(2) 执行【构造线(XL)】命令,通过选择【水平(H)】和【垂直(V)】命令选项,绘制一条水平构造线和垂直构造线,如图 2-82 所示。

(3) 执行【图层(LY)】命令,打开【图层特性管理器】选项板,选择【轮廓线】图层,单击【置为当前】按钮 ,将【轮廓线】图层设置为当前图层,如图 2-83 所示。

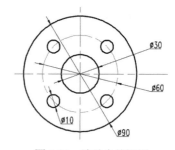

图 2-81 法兰盘俯视图

图 2-82 绘制构造线

图 2-83 设置当前图层

(4) 执行【圆(C)】命令,在两条构造线的交点处指定圆心,分别绘制半径为 15 和 45 的同心圆,如图 2-84 所示。

(5) 参照步骤 3 的方法,将【隐藏线】图层设置为当前图层。

(6) 执行【圆(C)】命令，在两条构造线的交点处指定圆心，绘制一个半径为 30 的圆，如图 2-85 所示。

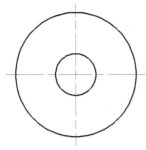

图 2-84　绘制两个同心圆

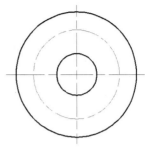

图 2-85　绘制圆

(7) 执行【构造线(XL)】命令，通过选择【二等分(B)】命令选项，在原有两条构造线的基础上绘制一条角平分构造线，如图 2-86 所示。

(8) 重复执行【构造线(XL)】命令，通过选择【二等分(B)】命令选项，绘制另一条角平分构造线，如图 2-87 所示。

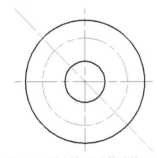

图 2-86　绘制角平分构造线

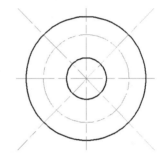

图 2-87　绘制另一条角平分构造线

(9) 将【轮廓线】图层设置为当前图层，然后执行【圆(C)】命令，在角平分构造线与【隐藏线】图层中的圆的交点处单击，指定圆的圆心，如图 2-88 所示。

(10) 根据系统提示指定圆的半径为 5 并确定，所绘制的圆如图 2-89 所示。

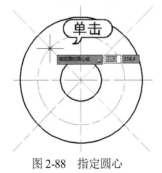

图 2-88　指定圆心

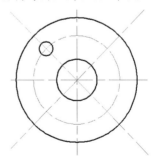

图 2-89　绘制半径为 5 的圆

(11) 继续执行【圆(C)】命令，在角平分构造线与【隐藏线】图层中的圆的其他交点处指定圆的圆心，分别绘制半径为 5 的圆，如图 2-90 所示。

(12) 单击两条角平分构造线，将其选中，然后按 Delete 键将其删除，完成本例的绘制，效果如图 2-91 所示。

图 2-90 绘制其他圆

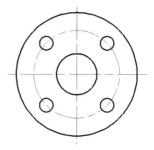

图 2-91 删除角平分构造线

2.5 习题

1. 如何准确地绘制垂直或水平构造线?
2. 如何绘制带有圆角的矩形?
3. 在绘图的过程中,使用 From 命令的作用是什么?
4. 如何将图形对象按照指定数量进行平分?
5. 应用所学的绘图知识,参照图 2-92 所示的底座主视图尺寸和效果,使用【直线】【矩形】和【圆】命令绘制该图形。

> **提示**
>
> (1) 使用【矩形】命令绘制一个长为 415、宽为 45 的矩形和一个长为 220、宽为 180 的矩形。
> (2) 以矩形各边中点为端点,绘制两条正交辅助线。
> (3) 以辅助线中点为圆心,分别绘制半径为 25 和 45 的圆。

6. 应用所学的绘图知识,参照图 2-93 所示的法兰盘尺寸和效果,使用【直线】和【圆】命令绘制该图形。

> **提示**
>
> (1) 使用【直线】命令绘制两条正交线作为辅助线。
> (2) 以构造线交点为圆心,绘制半径为 15 和 45 的圆,再绘制一个半径为 30 的圆为辅助圆。
> (3) 以构造线和圆的交点为基点,使用【构造线】命令中的【二等分(B)】命令绘制两条角平分构造线作为辅助线。
> (4) 以辅助圆和构造线交点为圆心,绘制半径为 4.5 的圆,然后选中构造线并将其删除。

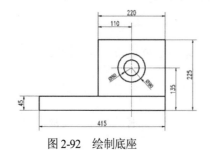

图 2-92 绘制底座

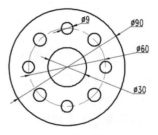

图 2-93 绘制法兰盘

第 3 章

常用绘图命令

除了前面所学的绘制简单图形的命令外，AutoCAD 还提供了多段线、多线、圆弧、样条曲线、多边形、椭圆、圆环、修订云线等常用绘图命令，本章将对这些绘图命令进行详细讲解。

 本章重点

- 绘制圆弧
- 绘制多线
- 绘制椭圆
- 绘制圆环

- 绘制多段线
- 绘制多边形
- 绘制样条曲线
- 绘制修订云线

 二维码教学视频

【例 3-1】绘制平开门
【例 3-3】绘制墙线
【实例演练】绘制洗手盆

【例 3-2】绘制箭头
【实例演练】绘制零件剖切图

3.1 绘制圆弧

绘制圆弧的方法很多，可以通过起点、方向、中心点、终点、弦长等参数进行确定。执行【圆弧】命令的常用方法有以下 3 种。

▽ 选择【绘图】|【圆弧】命令，再选择其中的子命令。

▽ 单击【绘图】面板中的【圆弧】按钮 。

▽ 执行 ARC(或 A)命令。

3.1.1 通过指定点绘制圆弧

选择【绘图】|【圆弧】|【三点】命令，或者执行 ARC(或 A)命令，当系统提示【指定圆弧的起点或[圆心(C)]:】时，依次指定圆弧的起点、第二点和端点即可绘制圆弧。

执行 ARC(或 A)命令后，系统将提示信息【指定圆弧的起点或 [圆心(C)]:】，指定起点或圆心后，系统接着提示信息【指定圆弧的第二点或[圆心(C)/端点(E)]:】，其中各项的含义如下。

▽ 圆心(C)：用于确定圆弧的中心点。

▽ 端点(E)：用于确定圆弧的终点。

【动手练】通过三点绘制圆弧。

(1) 使用【直线】命令绘制一个三角形。

(2) 执行 ARC(或 A)命令，在三角形左下角的端点处单击以指定圆弧的起点，如图 3-1 所示。

(3) 在三角形上方的端点处指定圆弧的第二个点，如图 3-2 所示。

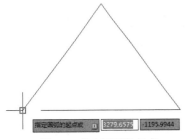

图 3-1　指定圆弧的起点

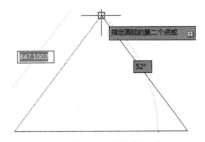

图 3-2　指定圆弧的第二个点

(4) 在三角形右下方的端点处指定圆弧的端点，如图 3-3 所示，即可创建一条圆弧，效果如图 3-4 所示。

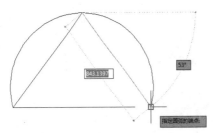

图 3-3　指定圆弧的端点

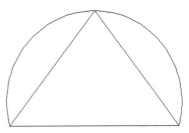

图 3-4　创建圆弧

3.1.2 通过圆心绘制圆弧

在绘制圆弧的过程中，用户可以输入参数命令 C(圆心)并按 Enter 键进行确定，然后根据提示先确定圆弧的圆心，再确定圆弧的端点，绘制一段圆心通过指定点的圆弧。

【例 3-1】 绘制平开门 📹视频

(1) 使用【矩形】命令绘制一个长为 40、宽为 800 的矩形。

(2) 执行 ARC(或 A)命令，当系统提示【指定圆弧的起点或[圆心(C)]:】时，输入 C 并按空格键进行确定，选择【圆心】选项。

(3) 在矩形的左下方端点处指定圆弧的圆心，如图 3-5 所示。

(4) 在矩形的左上方端点处指定圆弧的起点，如图 3-6 所示。

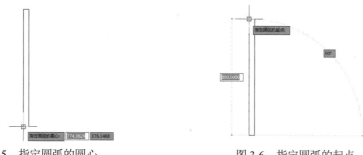

图 3-5 指定圆弧的圆心   图 3-6 指定圆弧的起点

(5) 输入 A 并按空格键进行确定，选择【角度】选项，然后根据提示输入圆弧的夹角为-90，如图 3-7 所示，即可创建一段圆弧，效果如图 3-8 所示。

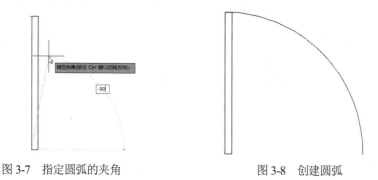

图 3-7 指定圆弧的夹角   图 3-8 创建圆弧

3.1.3 绘制指定角度的圆弧

执行 ARC(或 A)命令，输入 C(圆心)并按空格键进行确定，在指定圆心的位置后，系统将提示【指定圆弧的端点或[角度(A)/弦长(L)]:】。此时，用户可以通过输入圆弧的角度或弦长来绘制圆弧线。

【动手练】绘制弧度为 140 的圆弧。

(1) 使用【直线】命令绘制一条线段。

(2) 执行 ARC(或 A)命令，输入 C 并按空格键进行确定，选择【圆心】选项，如图 3-9 所示。

(3) 在线段的中点处指定圆弧的圆心，如图 3-10 所示。

计算机基础与实训教材系列

图 3-9　输入 C 并确定

图 3-10　指定圆弧的圆心

(4) 在线段的右端点处指定圆弧的起点，如图 3-11 所示。

(5) 当系统提示【指定圆弧的端点或[角度(A)/弦长(L)]:】时，输入 A 并按空格键进行确定，选择【角度】选项，如图 3-12 所示。

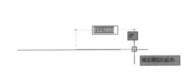

图 3-11　指定圆弧的起点

图 3-12　输入 A

(6) 输入圆弧所包含的角为 140，如图 3-13 所示，按空格键进行确定即可创建一个包含角度为 140 的圆弧，效果如图 3-14 所示。

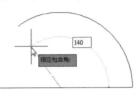

图 3-13　输入圆弧包含的角度

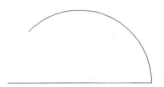

图 3-14　创建指定角度的圆弧

3.2　绘制多段线

执行【多段线】命令，可以创建相互连接的序列线段，创建的多段线可以是直线段、弧线段或两者的组合线段。

执行【多段线】命令有以下 3 种常用方法。

▽ 选择【绘图】|【多段线】命令。

▽ 单击【绘图】面板中的【多段线】按钮⌐⌐。

▽ 执行 PLINE(或 PL)命令。

执行 PLINE(或 PL)命令，指定多段线的起点，系统将提示【指定下一点或[圆弧(A)/闭合(C)/半宽(H)/长度(L)/放弃(U)/宽度(W)]:】。该提示中主要选项的含义如下。

▽ 圆弧(A)：输入 A，以绘制圆弧的方式绘制多段线。

▽ 半宽(H)：用于指定多段线的半宽值，AutoCAD 将提示用户输入多段线的起点半宽值与
　　终点半宽值。

▽ 长度(L)：指定下一段多段线的长度。

▽ 放弃(U)：输入该命令将取消刚刚绘制的一段多段线。

▽ 宽度(W)：输入该命令将设置多段线的宽度值。

3.2.1　设置多段线为直线或圆弧

在绘制多段线的过程中，可以通过输入 L 并按 Enter 键进行确定，绘制直线对象；通过输入 A 并按 Enter 键进行确定，绘制圆弧对象。

【动手练】绘制直线与弧线结合的多段线。

(1) 执行 PLINE(或 PL)命令，单击以指定多段线的起点。根据系统提示【指定下一个点或[圆弧(A)/半宽(H)/长度(L)/放弃(U)/宽度(W)]:】，向右指定多段线的下一个点，如图 3-15 所示。

(2) 根据系统提示继续向上指定多段线的下一个点，如图 3-16 所示。

图 3-15　指定下一个点　　　　　　　　　图 3-16　指定下一个点

(3) 当系统再次提示【指定下一点或[圆弧(A)/闭合(C)/半宽(H)/长度(L)/放弃(U)/宽度(W)]:】时，输入 A 并按 Enter 键进行确定。选择【圆弧(A)】选项，如图 3-17 所示。

(4) 向右移动并单击以指定圆弧的端点，如图 3-18 所示。

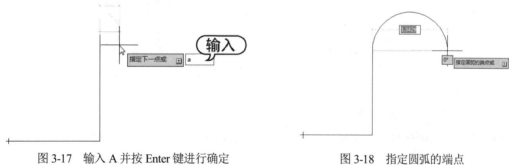

图 3-17　输入 A 并按 Enter 键进行确定　　　图 3-18　指定圆弧的端点

(5) 当系统提示【指定圆弧的端点或[角度(A)/圆心(CE)/闭合(CL)/方向(D)/半宽(H)/直线(L)/半径(R)/第二个点(S)/放弃(U)/宽度(W)]:】信息时，输入 L 并按 Enter 键进行确定。选择【直线(L)】选项，如图 3-19 所示。

(6) 根据系统提示指定多段线的下一个点和端点，然后按空格键进行确定，完成多段线的创建，效果如图 3-20 所示。

图 3-19　输入 L 并按 Enter 键进行确定　　　图 3-20　所创建的多段线

3.2.2 设置多段线的线宽

在绘制多段线的过程中，可以通过输入 W 或 H 并按 Enter 键进行确定，指定多段线的宽度。通过设置线段起点和端点的宽度，即可绘制带箭头的多段线。

【例 3-2】 绘制箭头 🎬视频

(1) 执行 PLINE(或 PL)命令，单击以指定多段线的起点，然后依次向右和向上指定多段线的下一个点，如图 3-21 所示。

(2) 根据系统提示【指定下一点或[圆弧(A)/闭合(C)/半宽(H)/长度(L)/放弃(U)/宽度(W)]:】，输入 W 并按空格键进行确定，选择【宽度(W)】选项，如图 3-22 所示。

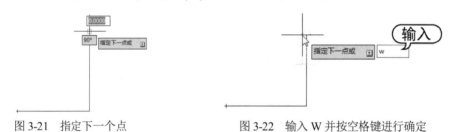

图 3-21　指定下一个点　　　　　　　图 3-22　输入 W 并按空格键进行确定

(3) 当系统提示【指定起点宽度<0.0000>:】时，输入起点宽度0.5并按空格键进行确定，如图3-23所示。

(4) 当系统提示【指定端点宽度<0.5000>:】时，输入端点宽度0并按空格键进行确定，如图3-24所示。

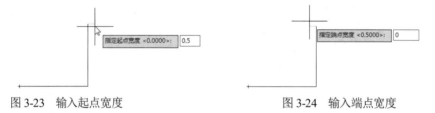

图 3-23　输入起点宽度　　　　　　　图 3-24　输入端点宽度

(5) 根据系统提示指定多段线的下一个点，如图 3-25 所示，然后按空格键进行确定，即可绘制带箭头的多段线，效果如图 3-26 所示。

图 3-25　指定下一个点　　　　　　　图 3-26　绘制带箭头的多段线

> 💡 **提示**
>
> 执行 PLINE(或 PL)命令，默认状态下绘制的线条为直线，输入参数 A(圆弧)并按空格键进行确定，可以创建圆弧线条。如果要重新切换到直线的绘制中，则需要输入参数 L 并按空格键进行确定。在绘制多段线时，AutoCAD 将按照上一条线段的方向绘制新的一段多段线。若上一段是圆弧，将绘制出与此圆弧相切的线段。

3.3　绘制多线

执行【多线】命令可以绘制多条相互平行的线，该命令通常用于绘制建筑图中的墙线。在绘制多线的操作中，可以将每条线的颜色和线型设置为相同，也可以将其设置为不同。其线宽、偏移、比例和样式等可以使用 MLSTYLE 命令控制。

3.3.1　设置多线样式

选择【多线样式(MLSTYLE)】命令，在打开的【多线样式】对话框中可以控制多线的线型、颜色、线宽、偏移等特性。

【动手练】 新建多线样式，并设置多线为不同的颜色。

(1) 选择【格式】|【多线样式】命令，或在命令行中输入 MLSTYLE 命令并按 Enter 键进行确定，打开【多线样式】对话框。

(2) 在【多线样式】对话框中的【样式】区域列出了目前存在的样式，在预览区域中显示了所选样式的多线效果，单击【新建】按钮，如图 3-27 所示。

(3) 在打开的【创建新的多线样式】对话框中输入新的多线样式名称，如图 3-28 所示。

图 3-27　单击【新建】按钮

图 3-28　输入新样式名

(4) 单击【继续】按钮，打开【新建多线样式】对话框，在【图元】选项组中选择多线中的一个对象，然后单击【颜色】下拉按钮，在下拉列表中选择该对象的颜色为【蓝】，如图 3-29 所示。

(5) 在【图元】选项组中选择多线中的另一个对象，然后在【颜色】下拉列表中选择该对象的颜色为【红】，如图 3-30 所示。

(6) 单击【新建多线样式】对话框中的【确定】按钮，完成多线样式的创建和设置。

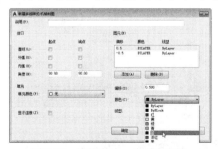

图 3-29　设置其中一条线的颜色

图 3-30　设置另一条线的颜色

提示

在【新建多线样式】对话框中选中【封口】选项组中的【直线】选项的【起点】和【端点】复选框,绘制的多线两端将呈封闭状态;在【新建多线样式】对话框中取消选中【封口】区域中的【直线】选项的【起点】和【端点】复选框,绘制的多线两端将呈打开状态。

3.3.2 创建多线

使用【多线】命令可以绘制由直线段组成的平行多线,但不能绘制弧形的平行线。绘制的平行线可以用【分解(EXPLODE)】命令将其分解成单个独立的线段。

执行【多线】命令有以下两种常用方法。

▽ 选择【绘图】|【多线】命令。

▽ 执行 MLINE(或 ML)命令。

执行 MLINE(或 ML)命令后,系统将提示【指定起点或[对正(J)/比例(S)/样式(ST)]:】,其中各选各项的含义如下。

▽ 对正(J):用于控制多线相对于用户输入端点的偏移位置。

▽ 比例(S):该选项用于控制多线比例。用不同的比例进行绘制,多线的宽度不一样。

▽ 样式(ST):该选项用于定义平行多线的线型。在【输入多线样式名或[?]】提示后输入已定义的线型名。输入?,则可在列表中显示当前图中已有的平行多线样式。

在绘制多线的过程中,选择【对正(J)】选项后,系统将继续提示【输入对正类型［上(T)/无(Z)/下(B)］<>:】,其中各选项的含义如下。

▽ 上(T):多线顶端的线将随着光标进行移动。

▽ 无(Z):多线的中心线将随着光标点移动。

▽ 下(B):多线底端的线将随着光标点移动。

【例 3-3】 绘制墙线 视频

(1) 打开【建筑轴线.dwg】素材图形,如图 3-31 所示。

(2) 执行 MLINE 命令并确定,当系统提示【指定起点或[对正(J)/比例(S)/样式(ST)]:】时,输入 s 并按空格键进行确定,启用【比例(S)】选项,如图 3-32 所示。

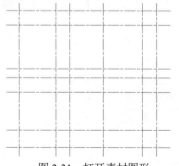

图 3-31 打开素材图形

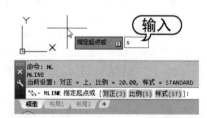

图 3-32 输入 s 并按空格键进行确定

(3) 输入多线的比例值为 240 并按空格键进行确定,如图 3-33 所示。

(4) 输入 j 并按空格键进行确定,启用【对正(J)】选项,如图 3-34 所示。

计算机基础与实训教材系列

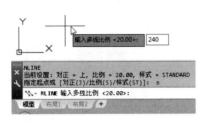

图 3-33　输入多线的比例

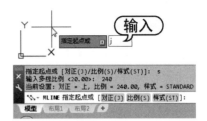

图 3-34　输入 j 并按空格键进行确定

(5) 在弹出的菜单中选择【无(Z)】选项，如图 3-35 所示。

(6) 根据系统提示指定多线的起点，如图 3-36 所示。

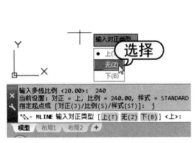

图 3-35　选择【无(Z)】选项

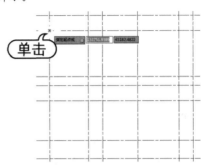

图 3-36　指定多线的起点

(7) 依次指定多线的下一点，绘制如图 3-37 所示的多线。

(8) 继续使用【多线】命令绘制其他的多线，如图 3-38 所示。

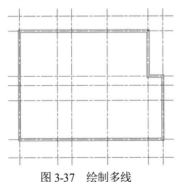

图 3-37　绘制多线

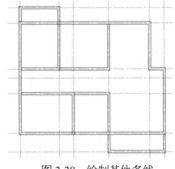

图 3-38　绘制其他多线

3.3.3　修改多线

除了可以通过【多线样式】命令设置多线的样式外，还可以使用 MLEDIT 命令修改多线的形状。执行【修改】|【对象】|【多线】命令，或者输入 MLEDIT 命令并按 Enter 键进行确定，打开【多线编辑工具】对话框，该对话框中提供了多线的编辑工具。

【动手练】打开多线的接头。

(1) 使用【多线】命令绘制如图 3-39 所示的两条多线。

(2) 执行 MLEDIT 命令，打开【多线编辑工具】对话框，选择【T 形打开】选项，如图 3-40 所示。

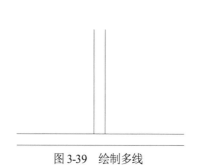

图 3-39 绘制多线   图 3-40 选择【T 形打开】选项

(3) 进入绘图区选择垂直多线作为第一条多线，如图 3-41 所示。

(4) 选择水平多线作为第二条多线，即可将其在接头处打开，效果如图 3-42 所示。

图 3-41 选择第一条多线   图 3-42 T 形打开多线

3.4 绘制多边形

使用【多边形】命令，可以绘制由 3~1024 条边所组成的内接于圆或外切于圆的多边形。执行【多边形】命令有以下 3 种常用方法。

▽ 选择【绘图】|【多边形】命令。

▽ 单击【绘图】面板中的【多边形】按钮。

▽ 执行 POLYGON(或 POL)命令。

【动手练】绘制外切于半径为 20 的圆的五边形。

(1) 执行 POLYGON(或 POL)命令，然后输入多边形的侧面数(即边数)为 5 并按空格键进行确定，如图 3-43 所示。

(2) 指定多边形的中心点，在弹出的菜单中选择【外切于圆(C)】选项，如图 3-44 所示。

图 3-43 设置边数   图 3-44 选择【外切于圆(C)】选项

(3) 当系统提示【指定圆的半径:】时，输入多边形外切圆的半径为 20 并按空格键进行确定，如图 3-45 所示。所绘制的指定多边形如图 3-46 所示。

图 3-45　指定半径

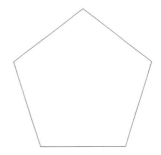

图 3-46　所绘制的多边形

提示

使用【多边形】命令绘制的外切于圆的五边形与内接于圆的五边形，尽管它们具有相同的边数和半径，但是其大小却不同。外切于圆的多边形和内接于圆的多边形与指定圆之间的关系如图 3-47 所示。

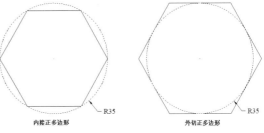

内接正多边形　　　　　外切正多边形

图 3-47　多边形与圆的示意图

3.5　绘制椭圆

在 AutoCAD 中，椭圆是由定义其长度和宽度的两条轴决定的，当两条轴的长度不相等时，形成的对象为椭圆；当两条轴的长度相等时，则形成的对象为圆。

执行【椭圆】命令可以使用以下 3 种常用方法。

▽ 选择【绘图】|【椭圆】命令，然后选择其中的子命令。

▽ 单击【绘图】面板中的【椭圆】按钮 ⬬。

▽ 执行 ELLIPSE(或 EL)命令。

执行 ELLIPSE(或 EL)命令后，系统将提示信息【指定椭圆的轴端点或[圆弧(A)/中心点(C)]:】，其中各选项的含义如下。

▽ 轴端点：以椭圆轴端点绘制椭圆。

▽ 圆弧(A)：用于创建椭圆弧。

▽ 中心点(C)：以椭圆圆心和两轴端点绘制椭圆。

3.5.1　通过指定轴端点绘制椭圆

通过轴端点绘制椭圆时，要先以两个固定点确定椭圆的一条轴长，再指定椭圆的另一条半轴长。

【动手练】通过指定轴端点绘制椭圆。

(1) 执行 ELLIPSE(或 EL)命令，系统将提示信息【指定椭圆的轴端点或[圆弧(A)/中心点(C)]: 】，单击以指定椭圆的第一个轴端点，如图 3-48 所示。

(2) 移动鼠标,指定椭圆轴的另一个端点,如图 3-49 所示。

图 3-48　指定椭圆的第一个轴端点　　　　图 3-49　指定轴的另一个端点

(3) 移动鼠标,指定椭圆另一条半轴的长度,如图 3-50 所示。所绘制的指定椭圆如图 3-51 所示。

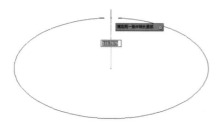
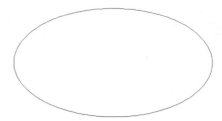

图 3-50　指定另一条半轴的长度　　　　　　图 3-51　绘制的椭圆

3.5.2　通过指定中心点绘制椭圆

通过中心点绘制椭圆时,要先确定椭圆的中心点,再指定椭圆的两条轴的长度。

【动手练】通过指定椭圆的中心点绘制椭圆。

(1) 执行 ELLIPSE(或 EL)命令,系统将提示信息【指定椭圆的轴端点或[圆弧(A)/中心点(C)]:】,输入 C 并按空格键进行确定,以执行【中心点(C):】命令,如图 3-52 所示。

(2) 单击指定椭圆的中心点,再移动鼠标并单击指定椭圆的轴端点,如图 3-53 所示。

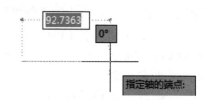

图 3-52　输入 c 并确定　　　　　　　　　图 3-53　指定椭圆的轴端点

(3) 移动鼠标,指定椭圆另一条半轴的长度,如图 3-54 所示。单击进行确定,即可绘制指定的椭圆,如图 3-55 所示。

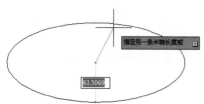
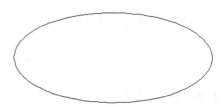

图 3-54　指定另一条半轴长度　　　　　　　图 3-55　绘制的椭圆

3.5.3　绘制椭圆弧

执行 ELLIPSE(或 EL)命令，然后输入参数 A 并按空格键进行确定，选择【圆弧(A)】选项，或者单击【绘图】面板中的【椭圆弧】按钮 ⌒，即可绘制椭圆弧。

【动手练】绘制弧度为 225 的椭圆弧。

(1) 执行 ELLIPSE(或 EL)命令，系统将提示信息【指定椭圆的轴端点或[圆弧(A)/中心点(C)]:】，输入 A 并按空格键进行确定，选择【圆弧】选项，如图 3-56 所示。

(2) 依次指定椭圆的第一个轴端点、另一个轴端点和另一条半轴的长度，在系统提示【指定起点角度或[参数(P)]:】时，指定椭圆弧的起点角度为 0，如图 3-57 所示。

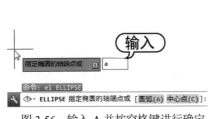

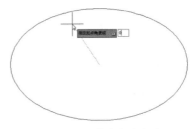

图 3-56　输入 A 并按空格键进行确定　　　　图 3-57　指定起点角度

(3) 输入椭圆弧的端点角度为 225，如图 3-58 所示，按空格键进行确定，完成椭圆弧的绘制，如图 3-59 所示。

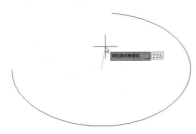

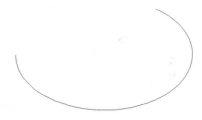

图 3-58　指定端点角度　　　　　　　　　　图 3-59　绘制的椭圆弧

3.6　绘制样条曲线

使用【样条曲线】命令可以绘制各类光滑的曲线图元，这种曲线是由起点、终点、控制点及偏差来控制的。

执行【样条曲线】命令有以下 3 种常用方法。

▽　选择【绘图】|【样条曲线】命令，再选择其中的子命令。

▽　单击【绘图】面板中的【样条曲线拟合】按钮 ∿ 或【样条曲线控制点】按钮 ∿。

▽　执行 SPLINE(或 SPL)命令。

【动手练】绘制波浪线。

(1) 执行 SPLINE(或 SPL)命令，根据系统提示，依次指定样条曲线的第一个点和下一个点，如图 3-60 所示。

(2) 根据系统提示，继续指定样条曲线的其他点，然后按空格键结束命令，所绘制的波浪线效果如图 3-61 所示。

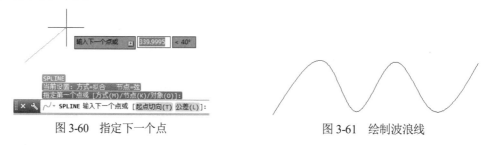

图 3-60　指定下一个点　　　　　　　　　　图 3-61　绘制波浪线

3.7　绘制圆环

使用【圆环】命令可以绘制一定宽度的空心圆环或实心圆环。使用【圆环】命令绘制的圆环实际上是多段线，因此可以使用【编辑多段线(PEDIT)】命令中的【宽度(W)】选项来修改圆环的宽度。

执行【圆环】命令有以下两种常用方法。

▽ 选择【绘图】|【圆环】命令。

▽ 执行 DONUT(或 DO)命令。

【动手练】绘制内半径为 10、外半径为 20 的圆环。

(1) 执行 DONUT(或 DO)命令，系统将提示信息【指定圆环的内径<>:】，输入 10 并按空格键进行确定，指定圆环内径。

(2) 系统继续提示【指定圆环的外径<>:】，输入 20 并按空格键进行确定，指定圆环外径。

(3) 根据系统提示【指定圆环的中心点或<退出>:】，单击指定圆环的中心点，如图 3-62 所示，即可绘制一个圆环。

(4) 再次单击可以继续绘制圆环，如图 3-63 所示，直到按空格键结束命令。

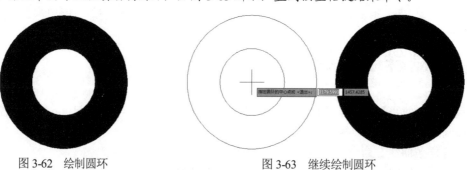

图 3-62　绘制圆环　　　　　　　　　图 3-63　继续绘制圆环

3.8　修订云线

执行【修订云线】命令，可以自动沿被跟踪的形状绘制一系列圆弧。修订云线用于在红线圈阅或检查图形时作标记。

执行【修订云线】命令通常有以下 3 种方法。

▽ 选择【绘图】|【修订云线】命令。

▽ 执行 REVCLOUD 命令。

▽ 展开【绘图】面板，单击【矩形修订云线】按钮▭。

执行 REVCLOUD 命令，系统将提示【指定第一个点或 [弧长(A)/对象(O)/矩形(R)/多边形(P)/徒手画(F)/样式(S)/修改(M)] <对象>:】。该提示中各选项的含义如下。

▽ 弧长(A)：用于设置修订云线中圆弧的最大长度和最小长度。

▽ 对象(O)：用于将闭合对象(圆、椭圆、闭合的多段线或样条曲线)转换为修订云线。

▽ 矩形(R)：使用矩形形状绘制云线。

▽ 多边形(P)：使用多边形形状绘制云线。

▽ 徒手画(F)：使用手绘方式绘制云线。

▽ 样式(S)：设置绘制云线的方式为普通样式或手绘样式。

▽ 修改(M)：用于对已有云线进行修改。

3.8.1 绘制修订云线

执行 REVCLOUD 命令，根据系统提示输入 A 并按 Enter 键进行确定，设置最小弧长和最大弧长，然后单击鼠标并拖动即可绘制出修订云线图形，如图 3-64 所示。

执行 REVCLOUD 命令，在绘制修订云线的过程中按空格键，可以终止执行 REVCLOUD 命令，并生成开放的修订云线，如图 3-65 所示。

图 3-64 封闭的修订云线   图 3-65 开放的修订云线

3.8.2 将对象转换为修订云线

执行 REVCLOUD 命令，也可以将多段线、样条曲线、矩形、圆等对象转换为修订云线。

【动手练】将矩形转换为修订云线。

(1) 执行【矩形】命令绘制一个矩形。

(2) 执行 REVCLOUD 命令，根据系统提示【指定第一个点或[弧长(A)/对象(O)/矩形(R)/多边形(P)/徒手画(F)/样式(S)/修改(M)] <对象>:】，输入 O 并按空格键进行确定，执行【对象(O)】命令选项。

(3) 根据系统提示【选择对象:】，选择矩形对象，如图 3-66 所示，即可将选择的矩形转换为

计算机基础与实训教材系列

修订云线图形，效果如图 3-67 所示。

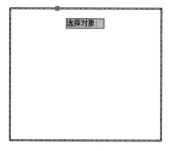

图 3-66　选择对象

图 3-67　将矩形转换为修订云线

3.9　实例演练

本小节练习绘制零件剖切图和洗手盆图形，巩固本章所学的绘图知识，主要包括多段线、样条曲线、圆弧、椭圆和椭圆弧等对象的绘制与应用。

3.9.1　绘制零件剖切图

本例将在如图 3-68 所示的阶梯轴素材图形的基础上，使用【多段线】【样条曲线】和【圆弧】等命令完成阶梯轴剖切图的绘制，效果如图 3-69 所示。制作该图形对象的关键步骤是使用【多段线】命令绘制剖切符号；使用【圆弧】命令绘制剖切图轮廓。

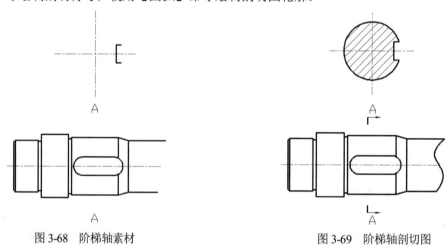

图 3-68　阶梯轴素材　　　　　　　　　　　图 3-69　阶梯轴剖切图

绘制本例阶梯轴剖切图的具体操作步骤如下。

(1) 打开【阶梯轴.dwg】素材图形文件。

(2) 执行【样条曲线(SPL)】命令，通过捕捉阶梯轴图形右方的端点，绘制一条曲线作为阶梯轴的折断线，如图 3-70 所示。

(3) 执行【多段线(PL)】命令，在阶梯轴图形左上方指定多段线的起点，如图 3-71 所示。

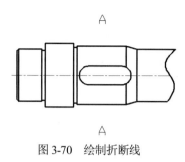

图 3-70　绘制折断线

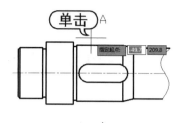

图 3-71　指定多段线的起点

(4) 在动态文本框中输入 w，然后按 Enter 键进行确定，选择【宽度】选项，如图 3-72 所示。

(5) 在动态文本框中输入 0.5，然后按 Enter 键进行确定，多段线的起点宽度为 0.5，如图 3-73 所示。

(6) 当系统提示【指定端点宽度 <0.5>】时，直接按 Enter 键进行确定，多段线的端点宽度为 0.5。

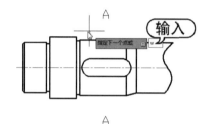

图 3-72　在动态文本框中输入 w

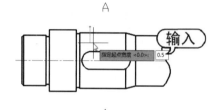

图 3-73　指定多段线起点的宽度

(7) 参照图 3-74 所示的效果，绘制一条垂直线段和一条水平线段，并在动态文本框中输入 w 并按 Enter 键进行确定，选择【宽度】选项。

(8) 在动态文本框中输入 2，按 Enter 键进行确定，该处线段的起点宽度为 2，如图 3-75 所示。

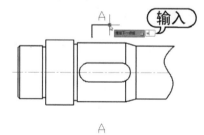

图 3-74　绘制多段线

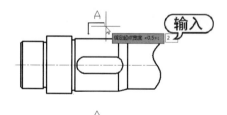

图 3-75　指定线段起点的宽度

(9) 在动态文本框中输入 0，按 Enter 键进行确定，该处线段的端点宽度为 0，如图 3-76 所示。

(10) 向右移动光标，并指定多段线的端点，然后按空格键结束命令，所绘制的多段线如图 3-77 所示。

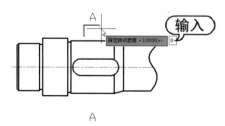

图 3-76　指定线段端点的宽度

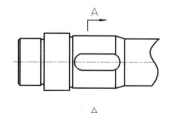

图 3-77　所绘制的剖切符号

计算机基础与实训教材系列

(11) 重复执行【多段线(PL)】命令，使用相同的方法绘制阶梯轴下方的剖切符号，如图 3-78 所示。

(12) 执行【圆弧(A)】命令，在如图 3-79 所示的端点位置指定圆弧的起点。

图 3-78　绘制下方剖切符号　　　　　　图 3-79　指定圆弧的起点

(13) 在动态文本框中输入 c 并按 Enter 键进行确定，选择【圆心】选项，如图 3-80 所示。然后在中心点的交点处单击指定圆弧的圆心，如图 3-81 所示。

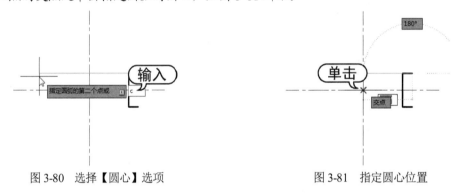

图 3-80　选择【圆心】选项　　　　　　图 3-81　指定圆心位置

(14) 根据系统提示在下方线段的右方端点处指定圆弧的端点，即可完成圆弧的绘制，如图 3-82 所示。

(15) 执行【图案填充(H)】命令，对上方图形进行图案填充，效果如图 3-83 所示。

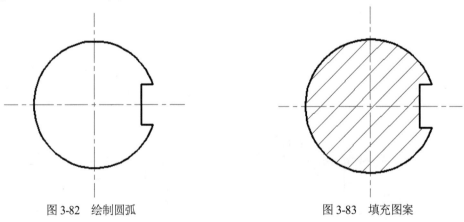

图 3-82　绘制圆弧　　　　　　　　　　图 3-83　填充图案

3.9.2 绘制洗手盆

本例将使用【多段线】【矩形】和【圆】命令完成洗手盆图形的绘制，效果如图 3-84 所示。制作该图形对象的关键步骤是使用【多段线】命令绘制洗手盆的轮廓图。

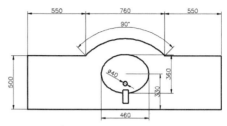

图 3-84 洗手盆图形

绘制本例洗手盆图形的具体操作步骤如下。

(1) 执行【多段线(PL)】命令，参照本例图形的最终尺寸，依次绘制多段线的各条直线段，然后输入 a 并按 Enter 键进行确定，选择【圆弧】选项，如图 3-85 所示。继续输入 a 并按 Enter 键进行确定，选择【角度】选项。设置圆弧的角度为 90，再指定圆弧的端点，所绘制的多段线如图 3-86 所示。

图 3-85 输入 a

图 3-86 绘制多段线

(2) 执行【直线(L)】命令，捕捉多段线下方的中点作为直线的第一点，然后向上绘制一条长为 330 的垂直线段作为辅助线，如图 3-87 所示。

(3) 执行【椭圆(EL)】命令，捕捉辅助线上方的端点作为椭圆的中心点，然后绘制一个水平轴长为 460、另一条半轴长为 180 的椭圆，如图 3-88 所示。

图 3-87 绘制辅助线

图 3-88 绘制椭圆

(4) 选中辅助线，然后按 Delete 键将其删除。

(5) 执行【圆(C)】命令，参照如图 3-89 所示的效果绘制一个半径为 20 的圆。

(6) 执行【矩形(REC)】命令，参照如图 3-90 所示的效果绘制一个圆角半径为 5、长度为 45、宽度为 120 的圆角矩形。

图 3-89 绘制圆

图 3-90 绘制圆角矩形

(7) 执行【修剪(TR)】命令，选择圆角矩形作为修剪边界，如图 3-91 所示，然后在矩形内单击椭圆，对其进行修剪，效果如图 3-92 所示。至此，已完成本例的制作。

图 3-91　选择修剪边界

图 3-92　修剪椭圆

3.10　习题

1. 在绘制多段线的过程中，如何确定多段线的宽度？

2. 执行【圆弧(A)】命令只能绘制圆弧图形，如果要绘制椭圆弧图形，该如何操作？

3. 在绘制圆弧的过程中，怎样才能依次确定圆弧的圆心、起点和端点，从而绘制出指定的圆弧？

4. 使用所学的绘图知识，参照图 3-93 所示的螺母尺寸和效果，使用【多边形】【圆】 和【圆弧】命令绘制该图形。

> 🖱 **提示**
>
> 首先绘制圆和圆弧，然后使用【多边形】命令以圆的圆心为中心点，绘制一个半径为 10 的外切于圆的正六边形。

5. 使用所学的绘图知识，使用【圆】和【多段线】命令绘制如图 3-94 所示的支架轮廓图。

> 🖱 **提示**
>
> 可以使用【多段线】命令绘制本图中的支架轮廓线，然后使用【圆】命令分别绘制半径为 12 和 18 的同心圆，在绘图过程中可以绘制一条线段作为辅助线，以其中点作为圆的圆心。

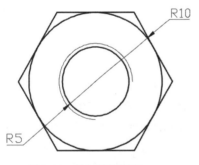

图 3-93　绘制螺母图形

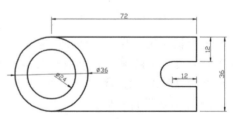

图 3-94　支架轮廓图

第4章

编辑图形

仅仅使用 AutoCAD 提供的绘图命令还无法完成制图的需要，用户还需要结合图形编辑命令对图形进行编辑，以创建出更多、更复杂的图形。本章将介绍一些基本的图形编辑命令，主要包括移动、旋转、修剪、延伸、圆角、倒角、拉长、拉伸、缩放、打断、合并、分解和删除图形等。

本章重点

- 选择对象
- 修剪和延伸图形
- 拉长图形
- 打断与合并图形

- 移动和旋转图形
- 圆角和倒角图形
- 拉伸和缩放图形
- 分解和删除图形

二维码教学视频

【例 4-1】创建椅子

【例 4-3】绘制灯具图形

【实例演练】绘制螺栓

【例 4-2】修改窗户长度

【例 4-4】绘制楼梯间的连接线

【实例演练】绘制沙发

4.1 选择对象

AutoCAD 提供的选择方式包括使用直接选择、窗口选择、窗交选择、栏选对象和快速选择等多种方式，不同的情况需要使用不同的选择方法，以便快速选择需要的对象。

4.1.1 直接选择

在处于等待命令的情况下，单击选择对象，即可将其选中。使用单击对象的选择方法，一次只能选择一个实体。

在编辑对象的过程中，当用户选择要编辑的对象时，十字光标将变成一个小正方形框，这个小正方形框叫作拾取框。将拾取框移至要编辑的目标上并单击，即可选中目标。

4.1.2 框选对象

框选对象包括两种方式，即窗口选择和窗交选择。其方法是将鼠标移动到绘图区中并单击，先指定框选的第一个角点，然后将鼠标移动到另一个位置并单击，确定选框的对角点，从而指定框选的范围。

1. 窗口选择对象

窗口选择对象的方法是自左向右进行拖动拉出一个矩形，拉出的矩形方框为实线，如图 4-1 所示。使用窗口选择对象时，只有完全框选的对象才能被选中；如果只框选对象的一部分，则无法将其选中，图 4-2 所示显示了已选择的对象，右方的两个圆形未被选中。

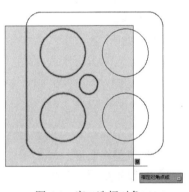

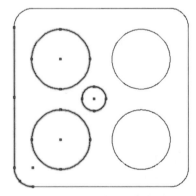

图 4-1　窗口选择对象　　　　　　　　　　图 4-2　已选择对象的效果

2. 窗交选择对象

窗交选择与窗口选择的操作方法相反，即在绘图区内自右向左进行拖动拉出一个矩形，拉出的矩形方框呈虚线显示，如图 4-3 所示。使用窗交选择方式，可以将矩形框内的对象以及与矩形边线相触的对象全部选中，图 4-4 所示显示了已选择的对象。

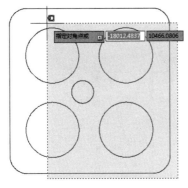

图 4-3　窗交选择对象

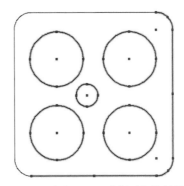

图 4-4　已选择对象的效果

4.1.3　栏选对象

栏选对象的操作是指在编辑图形的过程中，当系统提示【选择对象】时，输入 f 并按 Enter 键进行确定，如图 4-5 所示。然后单击即可绘制任意折线，效果如图 4-6 所示，与这些折线相交的对象都将被选中。

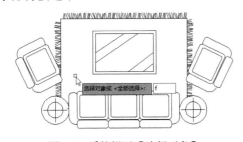

图 4-5　系统提示【选择对象】

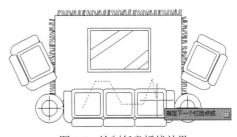

图 4-6　绘制任意折线效果

4.1.4　快速选择

AutoCAD 还提供了快速选择功能，运用该功能可以一次性地选择绘图区中具有某一属性的所有图形对象。

执行【快速选择】命令的常用方法有以下 3 种。

▽ 输入 Qselect 并按 Enter 键进行确定。

▽ 选择【工具】|【快速选择】命令。

▽ 在绘图区右击，在弹出的右键菜单中选择【快速选择】命令，如图 4-7 所示。

执行【快速选择】命令后，将打开如图 4-8 所示的【快速选择】对话框，用户可以从中根据所要选择目标的属性，一次性地选择绘图区具有该属性的所有实体。

使用快速选择功能对图形进行选择时，可以在【快速选择】对话框的【应用到】下拉列表中选择要应用到的图形。或单击该下拉列表框右侧的　按钮，返回绘图区中选择需要的图形。然后右击返回到【快速选择】对话框中，在特性列表框内选择图形特性，在【值】下拉列表中选择指定的特性，然后单击【确定】按钮即可。

图 4-7　选择【快速选择】命令　　　　　图 4-8　【快速选择】对话框

4.1.5　其他选择方式

除了前面的选择方式外，还有多种目标选择方式，下面介绍几种常用的目标选择方式。

▽ Multiple：用于连续选择图形对象。该命令的操作是在编辑图形的过程中，输入简化命令 M 后按空格键，再连续单击所需要选择的实体。该方式在未按空格键前，选定目标不会变为虚线；按空格键后，选定目标将变为虚线，并提示选择和找到的目标数。

▽ Box：框选图形对象方式，等效于窗口或窗交选择方式。

▽ Auto：用于自动选择图形对象。这种方式是指在图形对象上直接单击选择，若在操作中没有选中图形，命令行中会提示指定另一个确定的角点。

▽ Last：用于选择前一个图形对象(单一选择目标)。

▽ Add：用于在执行 REMOVE 命令后，返回到实体选择添加状态。

▽ All：可以直接选择绘图区中除冻结层以外的所有目标。

4.2　移动和旋转图形

在 AutoCAD 中，经常需要对图形进行移动和旋转，使用【移动】命令和【旋转】命令可以对图形进行移动和旋转操作。

4.2.1　移动图形

使用【移动】命令可以将图形按照指定的方向和距离进行移动。移动对象后并不改变其方向和大小。执行【移动】命令有以下 3 种常用方法。

▽ 选择【修改】|【移动】命令。

▽ 单击【修改】面板中的【移动】按钮✛。

▽ 执行 MOVE(或 M)命令。

【动手练】移动图形到指定位置。

(1) 打开【椅子.dwg】素材文件，然后执行Move(或M)命令，选择图形中的花瓶图形，根据系统提示【指定基点或[位移(D)]:】，在花瓶下方的中点处单击，指定移动基点，如图4-9所示。

(2) 向右方移动光标，捕捉茶几脚下方的中点，如图4-10所示，即可将花瓶移至中点处，且花瓶下方的中点将与茶几脚下方的中点对齐。

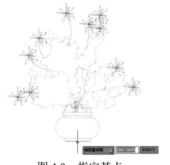

图4-9　指定基点

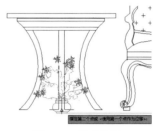

图4-10　移动花瓶

(3) 按空格键重复执行【移动】命令，选择移动后的花瓶，然后在绘图区的任意位置指定基点，如图4-11所示。

(4) 开启【正交模式】功能，向上移动光标，然后输入向左移动的距离为580(即茶几的高度)，如图4-12所示。按空格键进行确定并结束移动操作。

图4-11　在任意位置指定基点

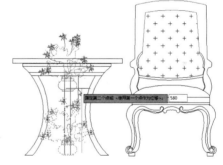

图4-12　指定移动的方向和距离

4.2.2　旋转图形

在编辑图形的操作中，使用【旋转】命令不仅可以旋转图形，还可以旋转并复制图形。执行【旋转】命令有以下3种常用方法。

▽ 选择【修改】|【旋转】命令。

▽ 单击【修改】面板中的【旋转】按钮○。

▽ 执行ROTATE(或RO)命令。

1. 直接旋转图形

使用【旋转】命令可以按照指定的方向和角度直接对图形进行旋转。旋转图形是以某一点为旋转基点，将选定的图形对象旋转一定的角度。

【动手练】将图形沿逆时针方向旋转 90°。

(1) 打开【沙发.dwg】素材文件，然后执行 Rotate(或 RO)命令，选择图形文件中的沙发图形并按空格键进行确定。

(2) 根据系统提示【指定基点:】，在沙发中单击，指定旋转基点。

(3) 输入旋转对象的角度为 90，如图 4-13 所示，然后按空格键进行确定。至此已完成旋转操作，旋转沙发后的效果如图 4-14 所示。

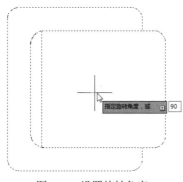

图 4-13　设置旋转角度　　　　　图 4-14　旋转后的沙发

💡 提示

在默认情况下，使用 AutoCAD 绘制图形和旋转图形均按逆时针方向进行。当输入的角度值为负数时，将按顺时针方向进行绘制和旋转图形操作。

2. 旋转并复制图形

在旋转图形的过程中，当指定旋转的基点时，系统将提示【指定旋转角度，或[复制(C)/参照(R)]】，此时输入 c 并按空格键进行确定。选择【复制(C)】命令选项，可以对选择的对象进行旋转和复制操作。

【例 4-1】 创建椅子 📹 视频

(1) 打开【桌椅.dwg】素材文件，效果如图 4-15 所示。

(2) 执行 ROTATE(或 RO)命令，选择图形文件中的椅子图形并按空格键进行确定，然后根据系统提示【指定基点:】，在桌子的中心位置单击，指定旋转基点，如图 4-16 所示。

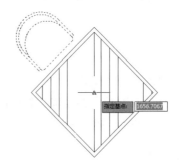

图 4-15　素材图形　　　　　　图 4-16　指定旋转基点

(3) 根据系统提示【指定旋转角度，或[复制(C)/参照(R)]】，输入 c 并按空格键进行确定。

计算机基础与实训教材系列

选择【复制(C)】选项，如图 4-17 所示。

(4) 根据系统提示输入旋转对象的角度为 90，如图 4-18 所示，然后按空格键进行确定。旋转并复制椅子后的效果如图 4-19 所示。

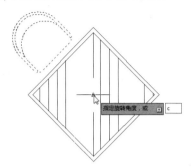

图 4-17　选择【复制(C)】选项

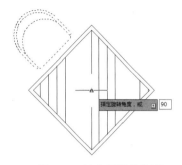

图 4-18　输入旋转的角度

(5) 重复执行 ROTATE(或 RO)命令，选择图形中的两个椅子图形并按空格键进行确定，在桌子的中心位置单击，指定旋转基点。根据系统提示继续对选择的椅子进行旋转和复制，完成本例图形的创建，其效果如图 4-20 所示。

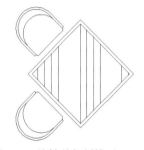

图 4-19　旋转并复制椅子

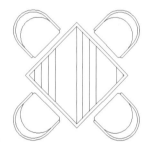

图 4-20　再次旋转并复制椅子

4.3　修剪和延伸图形

在图形的编辑过程中，【修剪】和【延伸】命令是最为常用的命令，下面对这两个命令的具体应用进行讲解。

4.3.1　修剪图形

使用【修剪】命令可以通过指定的边界对图形对象进行修剪。运用该命令可以修剪的对象包括直线、圆、圆弧、射线、样条曲线、面域、尺寸、文本以及非封闭的 2D 或 3D 多段线等对象。作为修剪的边界可以是除图块、网格、三维面和轨迹线以外的任何对象。执行【修剪】命令通常有以下 3 种方法。

▽　选择【修改】|【修剪】命令。

▽　单击【修改】面板中的【修剪】按钮。

▽　执行 TRIM(或 TR)命令。

执行【修剪】命令,在选择修剪边界后,系统将提示【选择要修剪的对象,或按住 Shift 键选择要延伸的对象,或[栏选(F)/窗交(C)/投影(P)/边(E)/删除(R)/放弃(U)]:】,其中主要选项的含义如下。

▽ 栏选(F):启用栏选的选择方式来选择对象。

▽ 窗交(C):启用窗交的选择方式来选择对象。

▽ 投影(P):确定命令执行的投影空间。执行该选项后,命令行中会提示输入投影选项【[无(N)/UCS(U)/视图(V)] <UCS>:】,可根据需要选择适当的修剪方式。

▽ 边(E):该选项用来确定修剪边的方式。执行该选项后,命令行中会提示【输入隐含边延伸模式 [延伸(E)/不延伸(N)] <不延伸>:】,可根据需要选择适当的修剪方式。

▽ 删除(R):删除所选择的对象。

▽ 放弃(U):用于取消由 Trim 命令最近所完成的操作。

【动手练】对两个相交的圆进行修剪。

(1) 使用【圆】命令绘制两个相交的圆,如图 4-21 所示。

(2) 执行 TR(修剪)命令,选择左方的圆作为修剪边界,如图 4-22 所示。

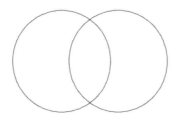

图 4-21　绘制圆

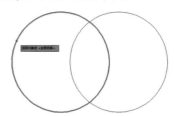

图 4-22　选择修剪边界

(3) 单击在左方圆内的右圆弧线段作为要修剪的对象,如图 4-23 所示。按空格键结束修剪操作,效果如图 4-24 所示。

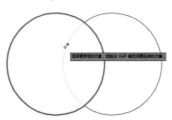

图 4-23　选择要修剪的对象

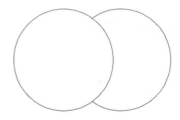

图 4-24　修剪后的效果

提示

当 AutoCAD 提示选择剪切边时,如果不选择任何对象并按空格键进行确定,在修剪对象时将以最靠近的候选对象作为剪切边。

4.3.2　延伸图形

使用【延伸】命令可以把直线、弧和多段线等图元对象的端点延长到指定的边界。延伸的对象包括圆弧、椭圆弧、直线、非封闭的 2D 和 3D 多段线等。执行【延伸】命令通常有以下 3 种方法。

▽ 选择【修改】|【延伸】命令。

▽ 单击【修改】面板中的【修剪】下拉按钮，在下拉列表中选择【延伸】选项。

▽ 执行 EXTEND(或 EX)命令。

执行延伸操作时，系统提示中各选项的含义与修剪操作中的命令相同。在使用【延伸】命令进行延伸对象的过程中，可随时使用【放弃(U)】选项取消上一次的延伸操作。

【动手练】使用【延伸】命令延伸线段。

(1) 打开【浴缸.dwg】素材图形，如图 4-25 所示。

(2) 执行 EX(延伸)命令，选择复制得到的两个圆弧作为延伸边界，如图 4-26 所示。

图 4-25　素材图形

图 4-26　选择延伸边界

(3) 根据系统提示，选择如图 4-27 所示的线段作为延伸线段。

(4) 根据系统提示，继续选择圆角矩形的另一边线段作为延伸线段，然后按空格键结束【延伸】命令的执行，效果如图 4-28 所示。

图 4-27　选择要延伸的对象

图 4-28　延伸效果

> **提示**
>
> 在执行【延伸】命令对图形进行延伸的过程中，按住 Shift 键，可以对图形进行修剪操作；在执行【修剪】命令对图形进行修剪的过程中，按住 Shift 键，可以对图形进行延伸操作。

4.4　圆角和倒角图形

在 AutoCAD 制图中，经常会使用【圆角】命令对图形进行圆角编辑，使用【倒角】命令对图形进行倒角编辑。

4.4.1　圆角图形

使用【圆角】命令可以用一段指定半径的圆弧将两个对象连接在一起，还能将多段线的多个顶点一次性圆角。使用此命令应先设定圆弧半径，再进行圆角。执行【圆角】命令有以下 3 种常用方法。

计算机基础与实训教材系列

77

▽ 选择【修改】|【圆角】命令。

▽ 单击【修改】面板中的【圆角】按钮◻。

▽ 执行 FILLET(或 F)命令。

执行 FILLET 命令，系统将提示【选择第一个对象或 [放弃(U)/多段线(P)/半径(R)/修剪(T)/多个(M)]:】，其中主要选项的作用如下。

▽ 选择第一个对象：在此提示下选择第一个对象，该对象是用于定义二维圆角的两个对象之一，或要加圆角的三维实体的边。

▽ 多段线(P)：可以对多段线图形的所有边角进行一次性圆角操作。使用【多边形】和【矩形】命令绘制的图形均属于多段线对象。

▽ 半径(R)：用于指定圆角的半径。

▽ 修剪(T)：控制 AutoCAD 是否修剪选定的边到圆角弧的端点。

▽ 多个(M)：可对多个对象进行重复修剪。

【动手练】圆角处理矩形边角。

(1) 使用【矩形(REC)】命令绘制一个长为 100、宽为 80 的矩形，如图 4-29 所示。

(2) 执行【圆角(F)】命令，根据系统提示输入 r 并按空格键进行确定，选择【半径(R)】选项，如图 4-30 所示。

图 4-29　绘制矩形　　　　　　　　　　　　图 4-30　输入 r

(3) 根据系统提示输入圆角的半径为 10 并按空格键进行确定，如图 4-31 所示。

(4) 选择矩形的上方线段作为圆角的第一个对象，如图 4-32 所示。

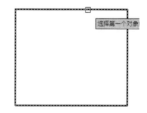

图 4-31　设置圆角半径　　　　　　　　　　图 4-32　选择第一个对象

(5) 选择矩形的右方线段作为圆角的第二个对象，如图 4-33 所示。对矩形上方和右方线段进行圆角后的效果如图 4-34 所示。

> **提示**
>
> 执行【倒角】或【圆角】命令，在对图形进行倒角或圆角的操作中，输入参数 P 并按空格键进行确定，选择【多段线(P)】选项，可以对多段线图形的所有边角进行一次性倒角或圆角操作。

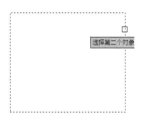

图 4-33　选择第二个对象

图 4-34　圆角效果

4.4.2　倒角图形

使用【倒角】命令可以通过延伸或修剪的方法，用一条斜线连接两个非平行的对象。使用该命令执行倒角操作时，应先设定倒角距离，然后指定倒角线。执行【倒角】命令有以下 3 种常用方法。

▽ 选择【修改】｜【倒角】命令。

▽ 单击【修改】面板中的【圆角】下拉按钮，在下拉列表中选择【倒角】选项。

▽ 执行 CHAMFER(或 CHA)命令。

执行 CHAMFER 命令，系统将提示【选择第一条直线或 [放弃(U)/多段线(P)/距离(D)/角度(A)/修剪(T)/方式(E)/多个(M)]:】，其中主要选项的作用如下。

▽ 选择第一条直线：指定倒角所需的两条边中的第一条边或要倒角的二维实体的边。

▽ 多段线(P)：将对多段线每个顶点处的相交直线段进行倒角处理，倒角将成为多段线新的组成部分。

▽ 距离(D)：设置选定边的倒角距离值。执行该选项后，系统将继续提示，指定第一个倒角距离和指定第二个倒角距离。

▽ 角度(A)：该选项通过第一条线的倒角距离和第二条线的倒角角度设定倒角距离。执行该选项后，命令行中会提示指定第一条直线的倒角长度和指定第一条直线的倒角角度。

▽ 修剪(T)：用于确定倒角时是否对相应的倒角边进行修剪。执行该选项后，命令行中会提示输入并执行修剪模式选项【[修剪(T)/不修剪(N)] <修剪>】。

▽ 方式(T)：设置是用两个距离还是用一个距离和一个角度的方式来倒角。

▽ 多个(M)：可重复对多个图形进行倒角修改。

【动手练】倒角处理矩形边角。

(1) 使用【矩形(REC)】命令绘制一个长为 100、宽为 80 的矩形。

(2) 执行【倒角(CHA)】命令，输入 d 并按空格键进行确定，选择【距离(D)】选项，如图 4-35 所示。

(3) 当系统提示【指定第一个倒角距离:】时，设置第一个倒角距离为 15，如图 4-36 所示。

图 4-35　输入 d

图 4-36　设置第一个倒角距离

(4) 根据系统提示设置第二个倒角距离为 10,如图 4-37 所示。

(5) 根据系统提示选择矩形的左方线段作为倒角的第一个对象,如图 4-38 所示。

图 4-37　设置第二个倒角距离

图 4-38　选择第一个对象

(6) 根据系统提示选择矩形的上方线段作为倒角的第二个对象,如图 4-39 所示。对矩形进行倒角后的效果如图 4-40 所示。

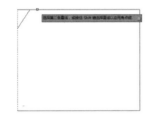

图 4-39　选择第二个对象

图 4-40　倒角后的效果

4.5　拉伸和缩放图形

在编辑图形的操作中,经常会使用【拉伸】和【缩放】命令对图形进行拉伸或缩放操作,下面对这两个命令的具体应用进行讲解。

4.5.1　拉伸图形

使用【拉伸】命令可以按指定的方向和角度拉长或缩短实体,也可以调整对象的大小,使其在一个方向上或是按比例增大或缩小。还可以通过移动端点、顶点或控制点来拉伸某些对象。

使用【拉伸】命令可以拉伸线段、弧、多段线和轨迹线等实体,但不能拉伸圆、文本、块和点。执行【拉伸】命令有以下 3 种常用方法。

▽ 选择【修改】|【拉伸】命令。

▽ 单击【修改】面板中的【拉伸】按钮。

▽ 执行 STRETCH(或 S)命令。

【例 4-2】 修改窗户长度 视频

(1) 打开【平面图.dwg】图形文件。

(2) 执行 STRETCH(或 S)命令,使用窗交选择的方式选择窗户的左方部分图形并按空格键进行确定,如图 4-41 所示。

(3) 在绘图区的任意位置单击，指定拉伸的基点，如图 4-42 所示。

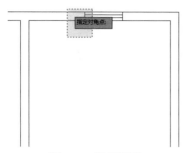

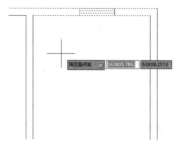

图 4-41 选择图形 　　　　　　　　图 4-42 指定拉伸基点

(4) 根据系统提示向左移动光标，然后输入拉伸第二个点的距离为 600，如图 4-43 所示。按空格键进行确定，拉伸效果如图 4-44 所示。

(5) 重复执行 STRETCH(或 S)命令，使用同样的方法，将窗户右方部分向右拉伸 600，完成本例的制作。

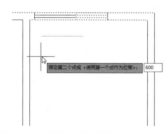
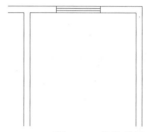

图 4-43 指定拉伸的第二个点 　　　　　　图 4-44 拉伸效果

 提示

执行【拉伸】命令改变对象的形状时，只能以窗交选择方式来选择实体，与窗口相交的实体将被执行拉伸操作，窗口内的实体将随之移动。

4.5.2 缩放图形

使用【缩放】命令可以按指定的比例因子改变实体的尺寸大小，从而改变对象的尺寸，但不改变其状态。在缩放图形时，可以把整个对象或者对象的一部分沿 X、Y、Z 方向以相同的比例放大或缩小，由于三个方向上的缩放比率相同，因此保证了对象的形状不会发生变化。执行【缩放】命令有以下 3 种常用方法。

▽ 选择【修改】|【缩放】命令。

▽ 单击【修改】面板中的【缩放】按钮。

▽ 执行 SCALE(或 SC)命令。

【动手练】将图形缩小为原来大小的 1/2。

(1) 打开【组合沙发.dwg】素材文件。

(2) 执行 SCALE(或 SC)命令，选择图形文件中的茶几图形并按空格键进行确定，如图 4-45 所示。

(3) 根据系统提示【指定基点:】，在茶几的中心位置单击，指定缩放基点，如图 4-46 所示。

计算机基础与实训教材系列

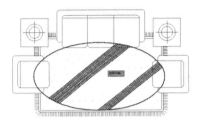

图 4-45　选择茶几并按空格键进行确定

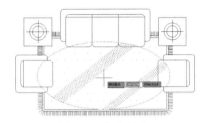

图 4-46　指定基点

(4) 输入缩放对象的比例为 0.5，如图 4-47 所示。按空格键进行确定，缩放后的效果如图 4-48 所示。

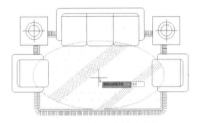

图 4-47　输入缩放比例

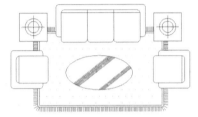

图 4-48　缩放图形后的效果

> **提示**
>
> 【缩放(SCALE)】命令与【缩放(ZOOM)】命令的区别在于【缩放(SCALE)】可以改变实体的尺寸大小，而【缩放(ZOOM)】是对视图进行整体缩放，且不会改变实体的尺寸值。

4.6　拉长图形

使用【拉长】命令可以延伸或缩短直线，或改变圆弧的圆心角。使用该命令执行拉长操作时，允许以动态方式拖拉对象的终点，可以通过输入增量值、百分比值或输入对象总长度的方法来改变对象的长度。执行【拉长】命令有以下 3 种常用方法。

- ▽　选择【修改】｜【拉长】命令。
- ▽　单击【修改】面板中的【拉长】按钮 。
- ▽　执行 LENGTHEN(或 LEN)命令。

执行 LENGTHEN(或 LEN)命令，系统将提示【选择要测量的对象或 [增量(DE)/百分比(P)/总计(T)/动态(DY)]】，其中主要选项的作用如下。

- ▽　增量(DE)：将选定图形对象的长度增加一定的数值量。
- ▽　百分比(P)：通过指定对象总长度的百分比来设置对象长度。也可以指定圆弧包含角的百分比来修改圆弧角度。执行该选项后，系统继续提示：【输入长度百分数 <当前>：】，此时需要输入正数值。
- ▽　总计(T)：通过指定从固定端点测量的总长度的绝对值来设置选定对象的长度。【总计(T)】选项也按照指定的总角度来设置选定圆弧的包含角。系统继续提示【指定总长度或 [角度(A)]：】，指定距离、输入正值、输入 A 或按 Enter 键。

▽　动态(DY)：打开动态拖动模式。通过拖动选定对象的端点之一来改变其长度。其他端点保持不变。系统继续提示：选择要修改的对象或[放弃(U)]：，选择一个对象或输入放弃命令 U。

4.6.1　将对象拉长指定增量

执行 LEN(拉长)命令，根据系统提示输入 DE 并按空格键进行确定，以选择【增量(DE)】选项，可以将图形以指定增量进行拉长。

【例 4-3】　绘制灯具图形 视频

(1) 使用【圆】命令绘制一个半径为 55 的圆。

(2) 执行【直线】命令，以圆的圆心为起点，绘制两条长度为 80 的线段，如图 4-49 所示。

(3) 执行 LEN(拉长)命令，根据系统提示输入 DE 并按空格键进行确定，选择【增量(DE)】选项，然后根据系统提示输入增量值为 80 并按空格键进行确定。

(4) 在水平线段右方单击，将其向右拉长 80，如图 4-50 所示。

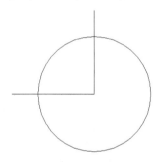

图 4-49　绘制圆和线段

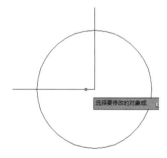

图 4-50　拉长水平线段

(5) 在垂直线段下方单击，将其向下拉长 80，如图 4-51 所示，然后按空格键进行确定，效果如图 4-52 所示。

图 4-51　拉长垂直线段

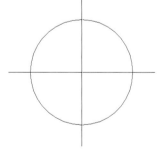

图 4-52　所绘制的灯具

4.6.2　将对象拉长指定百分数

执行 LENGTHER(或 LEN)命令，根据系统提示输入 P 并按空格键进行确定，选择【百分数(P)】选项，可以将图形以指定的百分数进行拉长。

【动手练】将弧线段拉长为原来的两倍。

(1) 使用【圆弧】命令绘制一段包括角度为 90 的弧线，如图 4-53 所示。

(2) 执行 LENGTHEN(或 LEN)命令，然后输入 P 并按空格键进行确定，选择【百分数(P)】选项，如图 4-54 所示。

图 4-53　绘制圆弧　　　　　　　　　　图 4-54　输入 P 并按空格键进行确定

(3) 设置长度百分数为 200，如图 4-55 所示，然后选择要绘制的圆弧并按空格键进行确定，拉长圆弧后的效果如图 4-56 所示。

图 4-55　设置长度百分数　　　　　　　　图 4-56　拉长圆弧后的效果

4.6.3　将对象拉长指定总长度

执行 LENGTHEN(或 LEN)命令，根据系统提示输入 t 并按空格键进行确定，以选择【总计(T)】选项，可以将图形以指定总长度进行拉长。

【动手练】修改线段的总长度为 100。

(1) 使用【直线】命令分别绘制两条长度为 200 的线段，如图 4-57 所示。

(2) 执行 LEBGTHEN(或 LEN)命令，输入 t 并按空格键进行确定，选择【总计(T)】选项，如图 4-58 所示。

图 4-57　绘制线段　　　　　　　　　　图 4-58　输入 T 并按空格键进行确定

(3) 当系统提示【指定总长度或 [角度(A)] :】时，设置总长度为 100，然后选择要修改的线段 A，如图 4-59 所示。按空格键进行确定，拉长后的效果如图 4-60 所示。

图 4-59　选择线段　　　　　　　　　　图 4-60　拉长线段后的效果

4.6.4　将对象动态拉长

执行 LENGTHEN(或 LEN)命令，根据系统提示输入 DY 并按空格键进行确定，以选择【动态(DY)】选项，可以将图形以动态方式进行拉长。

【动手练】通过移动光标拉长对象。

(1) 使用【圆弧】命令绘制一段角度为 90 的弧线，如图 4-61 所示。

(2) 执行 LENGTHEN(或 LEN)命令，然后输入 dy 并按空格键进行确定，选择【动态(DY)】选项，如图 4-62 所示。

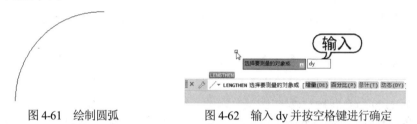

图 4-61　绘制圆弧　　　　　　　　　图 4-62　输入 dy 并按空格键进行确定

(3) 选择要绘制的圆弧图形，系统提示【指定新端点:】时，移动光标指定圆弧的新端点，如图 4-63 所示。单击进行确定，拉长后的效果如图 4-64 所示。

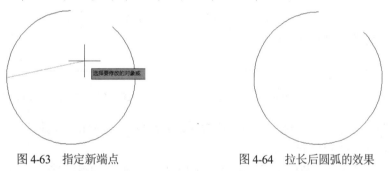

图 4-63　指定新端点　　　　　　　　　图 4-64　拉长后圆弧的效果

4.7　打断与合并图形

在 AutoCAD 中，可以将线型图形打断，也可以将相似的图形连接在一起。下面介绍打断与合并图形的具体操作。

4.7.1　打断图形

使用【打断】命令可以将对象从某一点处断开，从而将其分成两个独立的对象，该命令常用于剪断图形，但不删除对象。可以打断的对象包括直线、圆、弧、多段线、样条曲线、构造线等。执行【打断】命令有以下 3 种常用方法。

▽ 选择【修改】|【打断】命令。

▽ 单击【修改】面板中的【打断】按钮 。

▽ 执行 BREAK(或 BR)命令。

提示

在打断图形的过程中，系统提示【指定第二个打断点或 [第一点(F)]】时，直接输入@并按空格键进行确定，则第一个断开点与第二个断开点为同一点。如果输入 F 并按空格键进行确定，则可以重新指定第一个断开点。

4.7.2 合并图形

使用【合并】命令可以将相似的对象合并成一个完整的对象。执行【合并】命令有以下 3 种常用方法。

▽ 选择【修改】|【合并】命令。

▽ 单击【修改】面板中的【合并】按钮⊷。

▽ 执行 JOIN 命令并按空格键进行确定。

使用【合并】命令可以合并的对象包括：直线、多段线、圆弧、椭圆弧、样条曲线，但是要合并的对象必须是相似的对象，且位于同一平面上。每种类型的对象均有附加限制，其附加限制如下。

▽ 直线：直线对象必须共线，即位于同一无限长的直线上，但是它们之间可以有间隙，如图 4-65 和图 4-66 所示。

图 4-65   合并前的两条直线   图 4-66   合并直线后的效果

▽ 多段线：对象可以是直线、多段线或圆弧。对象之间不能有间隙，并且必须位于与 UCS 的 XY 平面平行的同一平面上。

▽ 圆弧：圆弧对象必须位于同一假想的圆上，但是它们之间可以有间隙，使用【闭合(C)】选项可将源圆弧转换成圆，如图 4-67 和图 4-68 所示。

图 4-67   合并前的两条弧线   图 4-68   合并弧线后的效果

▽ 椭圆弧：椭圆弧必须位于同一椭圆上，但是它们之间可以有间隙。使用【闭合(C)】选项可将源椭圆弧闭合成完整的椭圆。

▽ 样条曲线：样条曲线和螺旋对象必须相接(端点对端点)，合并样条曲线后的结果是单个样条曲线。

【例 4-4】 绘制楼梯间的连接线 🎬视频

(1) 打开【建筑平面.dwg】素材图形。

(2) 执行 JOIN 命令，选择楼梯间左上方的线段作为源对象，如图 4-69 所示。

(3) 当系统提示【选择要合并的对象:】时，选择楼梯间右上方的线段作为要合并的另一个对象，如图 4-70 所示。

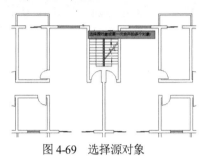

图 4-69　选择源对象

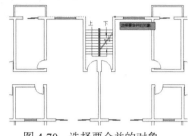

图 4-70　选择要合并的对象

(4) 按空格键结束【合并】命令，即可将选择的两条线段合并为一条线段，效果如图 4-71 所示。

(5) 重复执行 JOIN 命令，使用同样的方法将楼梯间另外两条墙线合并为一条线段，效果如图 4-72 所示。

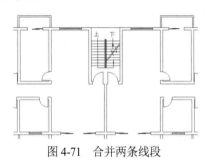

图 4-71　合并两条线段

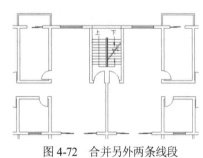

图 4-72　合并另外两条线段

4.8　分解和删除图形

在编辑图形的操作中，【分解】和【删除】命令也是非常重要的，下面对这两个命令进行详细讲解。

4.8.1　分解图形

使用【分解】命令可以将多个组合实体分解为单独的图元对象。可以分解的对象包括矩形、多边形、多段线、图块、图案填充以及标注等。执行【分解】命令有以下 3 种常用方法。

▽　选择【修改】|【分解】命令。

▽　单击【修改】面板中的【分解】按钮 。

▽　执行 EXPLODE(或 X)命令。

执行 EXPLODE(或 X)命令，系统提示【选择对象:】时，选择要分解的对象，然后按空格键进行确定，即可将其分解。

使用 EXPLODE(或 X)命令分解带属性的图块后，属性值将消失，并被还原为属性定义的选项。具有一定宽度的多段线被分解后,系统将放弃多段线的任何宽度和切线信息,分解后的多段线的宽度、线型和颜色将变为当前层的属性。

> **提示**
> 使用 MINSERT 命令插入的图块或外部参照对象,不能使用 Explode(或 X)命令进行分解。

4.8.2 删除图形

使用【删除】命令可以将选定的图形对象从绘图区中删除。执行【删除】命令有以下 3 种常用方法。

▽ 选择【修改】|【删除】命令。

▽ 单击【修改】面板中的【删除】按钮 ✎。

▽ 执行 ERASE(或 E)命令。

执行 ERASE(或 E)命令后,选择要删除的对象,按空格键进行确定,即可将其删除;如果在操作过程中,要取消删除操作,可以按 Esc 键退出删除操作。

> **提示**
> 在选择图形对象后,按 Delete 键也可以将其删除。

4.9 实例演练

本小节练习绘制螺栓和沙发图形,综合学习本章讲解的知识点,加深掌握修剪、圆角、倒角、拉长、拉伸等编辑命令的具体应用。

4.9.1 绘制螺栓

本例要求绘制螺栓图形,主要掌握矩形、倒角、拉长和拉伸等命令的应用。绘制该图形时,可以参照本例图形的尺寸进行操作,效果如图 4-73 所示。

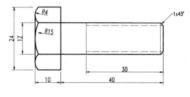

图 4-73　螺栓

绘制本例螺栓图形的具体操作步骤如下。

(1) 使用【矩形】命令绘制一个长度为 30、宽度为 12 的矩形,如图 4-74 所示。

(2) 执行 EXPLODE(或 X)命令,选择矩形并按空格键进行确定,将其分解,如图 4-75 所示。

图 4-74　绘制矩形

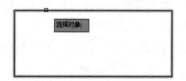

图 4-75　选择并分解矩形

(3) 执行 ChAMFER(或 CHA)命令，输入 d 并按空格键进行确定，选择【距离】选项，设置第一个倒角距离和第二个倒角距离均为 1，然后对矩形右上方的边角进行倒角，效果如图 4-76 所示。

(4) 重复执行 Chamfer(或 CHA)命令，对矩形右下方的边角进行倒角，效果如图 4-77 所示。

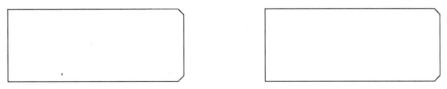

图 4-76　倒角矩形　　　　　　　　　　　　　　图 4-77　再次倒角矩形

(5) 执行 LENGTHEN(或 LEN)命令，输入 de 并按空格键进行确定，选择【增量】选项，设置长度增量值为 10 并按空格键进行确定，在上方线段的左方单击，将其向左进行拉长，效果如图 4-78 所示。然后在下方线段的左方单击，将其向左拉长，效果如图 4-79 所示。

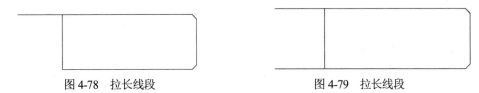

图 4-78　拉长线段　　　　　　　　　　　　　　图 4-79　拉长线段

(6) 执行 LINE(或 L)命令，通过捕捉两条水平线左方的端点，绘制一条垂直线段，如图 4-80 所示。

(7) 执行 LENGTHEN(或 LEN)命令，将绘制的线段向上下两方各拉长 6 个单位，效果如图 4-81 所示。

图 4-80　绘制垂直线段　　　　　　　　　　　　图 4-81　拉长线段

(8) 执行 LINE(或 L)命令，通过捕捉左方垂直线段的上端点，向左绘制一条长度为 9 的线段，如图 4-82 所示。

(9) 重复执行 LINE(或 L)命令，通过捕捉左方垂直线段的下端点，向左绘制一条长度为 9 的线段，如图 4-83 所示。

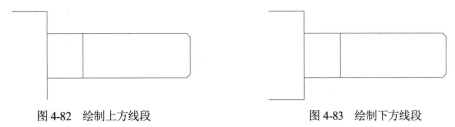

图 4-82　绘制上方线段　　　　　　　　　　　　图 4-83　绘制下方线段

(10) 执行 STRETCH(或 S)命令，参照图 4-84 所示的效果，使用窗交方式在图形中间的两条水平线段左方进行选择，然后向左拉伸9，如图 4-85 所示。

图 4-84　选择图形　　　　　　　　　图 4-85　拉伸线段

(11) 执行 ARC(或 A)命令，在左上方的端点处指定圆弧的起点，然后选择【端点】选项，在下方线段左端点处指定圆弧的端点。然后选择【半径】选项，设置圆弧半径为 4，在图形左上方绘制一条圆弧，效果如图 4-86 所示。

(12) 继续执行 ARC(或 A)命令，使用相同的方法，在图形左下方分别绘制一条半径为 15 和半径为 4 的圆弧，效果如图 4-87 所示。

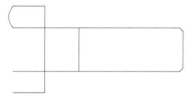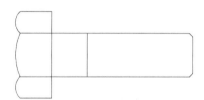

图 4-86　绘制上方圆弧　　　　　　　　图 4-87　绘制其他圆弧

(13) 执行 LINE(或 L)命令，通过捕捉上下两个圆弧的中点，绘制一条垂直线段，如图 4-88 所示。

(14) 执行 LINE(或 L)命令，通过捕捉倒角图形左方的端点，绘制一条垂直线段，如图 4-89 所示。

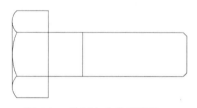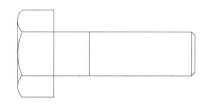

图 4-88　绘制左方垂直线段　　　　　　图 4-89　绘制右方垂直线段

(15) 执行 LINE(或 L)命令，通过捕捉倒角图形右方的端点和垂直线的垂足，绘制两条水平线段，如图 4-90 所示。

(16) 选择绘制的两条水平线段，然后在【特性】面板中修改线段的线型为 ACAD_ISO02W100，完成本例的制作，效果如图 4-91 所示。

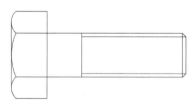

图 4-90　绘制两条水平线段　　　　　　图 4-91　修改线段线型

4.9.2　绘制沙发

本例要求绘制双人沙发图形，主要掌握矩形、圆角和修剪命令的应用。绘制该图形时，可以参照本例图形的尺寸进行操作，效果如图4-92 所示。

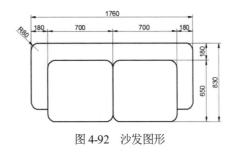

图 4-92　沙发图形

绘制本例沙发图形的具体操作步骤如下。

(1) 使用【矩形】命令绘制一个圆角半径为 80、长度为 1760、宽度为 700 的圆角矩形，如图 4-93 所示。

(2) 重复执行【矩形】命令，输入 From 并按空格键进行确定，在圆角矩形左上方的圆心处指定绘图的基点，设置偏移基点的坐标为(@100，-100)，然后设置矩形的另一个角点坐标为(@700，-650)，绘制一个如图 4-94 所示的圆角矩形。

图 4-93　绘制圆角矩形

图 4-94　绘制小矩形

(3) 执行 TRIM(或 TP)命令，选择小矩形为修剪边界，在小矩形内单击大矩形下方的线段作为修剪对象，如图 4-95 所示。按空格键结束修剪操作，效果如图 4-96 所示。

图 4-95　选择要修剪的对象

图 4-96　修剪后的效果

(4) 执行 COPY(或 CO)命令，通过捕捉图形的交点，将小矩形向右复制一次，如图 4-97 所示。

(5) 执行 TRIM(或 TR)命令，对右方小矩形内的线段进行修剪，完成本例的制作，效果如图 4-98 所示。

图 4-97　复制小矩形

图 4-98　修剪线段后的效果

4.10 习题

1. 在执行【修剪】命令对图形进行修剪的过程中，当 AutoCAD 提示选择剪切边时，如果不选择任何对象并按空格键进行确定，会产生什么效果？

2. 执行【延伸】命令或【修剪】命令时，按住 Shift 键有什么作用？

3. 执行【倒角】或【圆角】命令，在对图形进行倒角或圆角的操作中，如何将多段线图形的所有边角进行一次性倒角或圆角操作？

4. 对两条相交的直线进圆角操作后，为什么图形没有发生任何变化？

5. 为什么使用【合并】命令对两条直线进行合并操作时，无法将两条直线合并为同一条直线？

6. 【缩放(SCALE)】命令与【缩放(ZOOM)】命令有什么区别？

7. 在执行【打断】命令打断图形的过程中，如何重新指定第一个断开点与第二个断开点？

8. 应用所学的绘图和编辑知识，参照如图 4-99 所示的底座尺寸和效果，使用【圆】【直线】【圆角】【偏移】【修剪】和【延伸】等命令绘制该图形。

> **提示**
>
> (1) 参照图形绘制长为 172、宽为 64 的矩形，然后将其分解。
> (2) 使用【偏移】命令对矩形的各边进行偏移。
> (3) 使用【修剪】命令对偏移的线段进行修剪。
> (4) 参照图形使用【圆角】命令对图形的直角边进行圆角。

9. 应用所学的绘图和编辑命令，参照如图 4-100 所示的压盖尺寸和效果，使用 【圆】【直线】【修剪】和【复制】等命令绘制该图形。

> **提示**
>
> (1) 参照图形绘制构造线作为辅助线。
> (2) 以辅助线各交点为中心，分别绘制半径为 19、11、5 和 10 的圆。
> (3) 使用【直线】命令通过连接半径为 19 和 10 的圆的切点，绘制与圆相切的线段。
> (4) 使用【修剪】命令对线段进行修剪。

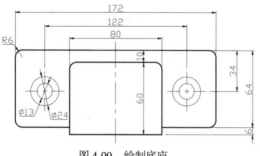

图 4-99 绘制底座

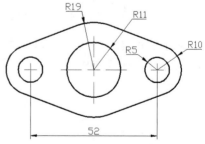

图 4-100 绘制压盖

第5章

图形编辑技巧

　　AutoCAD 提供了大量的图形编辑命令，除了前面的章节中讲解的基本编辑命令外，还包括许多图形编辑技巧的命令。例如，使用复制命令，可以快速绘制出与原对象相同的图形；使用阵列命令，可以快速创建大量相同且规律排列的图形等。本章将继续讲解编辑图形的其他命令，包括复制、偏移、镜像、阵列、编辑特定图形、使用夹点编辑图形和参数化编辑图形等命令。

本章重点

- 复制对象
- 镜像对象
- 编辑特定对象
- 参数化编辑对象
- 偏移对象
- 阵列对象
- 使用夹点编辑对象

二维码教学视频

【例 5-1】绘制楼梯踏步

【例 5-3】创建立面门图案

【实例演练】绘制端盖

【例 5-2】绘制洗菜盆

【例 5-4】绘制吊灯

【实例演练】绘制球轴承

5.1 复制对象

使用【复制】命令可以在指定的位置创建一个或多个对象副本，该操作是以选定对象的某一基点，在绘图区内对该对象进行复制。

执行【复制】命令的常用方法有以下 3 种。

▽ 选择【修改】|【复制】命令。

▽ 单击【修改】面板中的【复制】按钮。

▽ 执行 COPY(或 CO)命令。

5.1.1 直接复制对象

在复制图形的过程中，如果不需要准确指定复制对象的距离，可以直接对图形进行复制。或者通过捕捉特殊点，将对象复制到指定的位置。

【动手练】复制沙发花纹。

(1) 打开【沙发.dwg】素材图形，如图 5-1 所示。

(2) 执行 COPY(或 CO)命令，选择沙发中的花纹图形并按空格键进行确定，然后在左下方线段交点处指定复制的基点，如图 5-2 所示。

图 5-1　打开素材

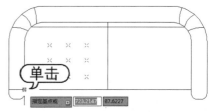

图 5-2　指定复制的基点

(3) 向右移动光标捕捉中间线段的交点，如图 5-3 所示，指定复制的第二点并结束复制操作，效果如图 5-4 所示。

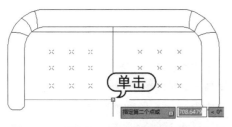

图 5-3　指定复制的第二点

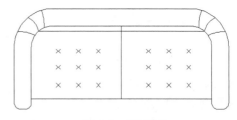

图 5-4　复制花纹

> 提示
>
> 在默认状态下，执行【复制】命令可以对图形进行连续复制。如果复制模式被修改为【单个】模式，执行【复制】命令则只能对图形进行一次复制。这时需要在选择复制对象后，输入 M 参数并按空格进行确定。启用【多个(M)】命令选项，即可对图形进行连续复制。

5.1.2　按指定距离复制对象

如果在复制对象时，没有特殊点作为参照，又需要准确指定目标对象和源对象之间的距离，这时可以在复制对象的过程中输入具体的数值确定两者之间的距离。

【动手练】复制餐桌中的椅子。

(1) 打开【餐桌.dwg】素材图形，如图 5-5 所示。

(2) 执行 COPY(或 CO)命令，选择餐桌中的上下两方的椅子并按空格键进行确定。然后在任意位置指定复制的基点，如图 5-6 所示。

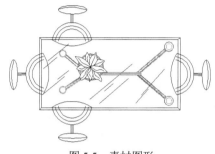
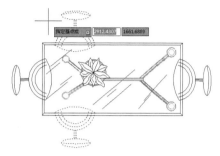

图 5-5　素材图形　　　　　　　　　　　　图 5-6　指定复制的基点

(3) 启用【正交模式】功能，然后向右移动光标，并输入第二个点的距离为 7，如图 5-24 所示。按空格键进行确定，结束复制操作，效果如图 5-8 所示。

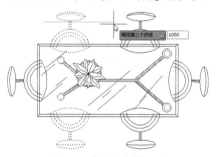

图 5-7　指定复制的距离　　　　　　　　　图 5-8　复制椅子

5.1.3　阵列复制对象

在 AutoCAD 中，除了可以使用【复制】命令对图形进行常规的复制操作外，还可以在复制图形的过程中通过使用【阵列(A)】命令，对图形进行阵列操作。

【例 5-1】　绘制楼梯踏步　📹视频

(1) 使用【直线】命令绘制一条长度为 260 的水平线段和一条长度为 150 的垂直线段作为第一个踏步图形，如图 5-9 所示。

(2) 执行 COPY(或 CO)命令，选择绘制的图形。然后在左下方端点处指定复制的基点，如图 5-10 所示。

(3) 当系统提示【指定第二个点或[阵列(A)]<>:】时，输入 a 并按空格进行确定。启用【阵列(A)】功能，如图 5-11 所示。

计算机基础与实训教材系列

(4) 根据系统提示【输入要进行阵列的项目数:】, 输入要进行阵列的项目数量(如 5)并按空格键进行确定, 如图 5-12 所示。

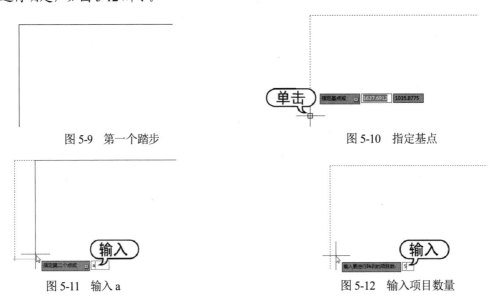

图 5-9　第一个踏步　　　　　　　　　图 5-10　指定基点

图 5-11　输入 a　　　　　　　　　　　图 5-12　输入项目数量

(5) 根据系统提示【指定第二个点或[布满(F)]:】, 在图形右上方端点处指定复制的第二个点, 如图 5-13 所示, 即可完成阵列复制操作, 如图 5-14 所示。

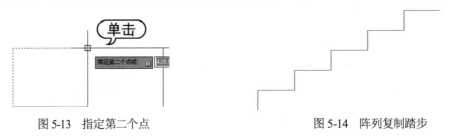

图 5-13　指定第二个点　　　　　　　　图 5-14　阵列复制踏步

5.2　偏移对象

使用【偏移】命令可以将选定的图形对象以一定的距离增量值单方向复制一次, 偏移图形的操作主要包括通过指定距离、通过指定点、通过指定图层 3 种方式。

执行【偏移】命令的常用方法有以下 3 种。

▽ 选择【修改】|【偏移】命令。

▽ 单击【修改】面板中的【偏移】按钮 。

▽ 执行 OFFSET(或 O)命令。

5.2.1　按指定距离偏移对象

在偏移对象的过程中, 可以通过指定偏移对象的距离, 从而准确、快速地将对象偏移到需要的位置。

【例 5-2】　绘制洗菜盆 视频

(1) 打开【洗菜盆.dwg】素材图形，如图 5-15 所示。

(2) 使用【直线】命令在图形左方绘制一条水平线段，如图 5-16 所示。

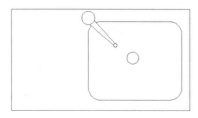

图 5-15　素材图形

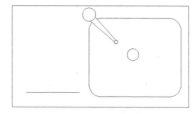

图 5-16　绘制水平线段

(3) 执行 OFFSET(或 O)命令，输入偏移距离为 45 并按空格键进行确定，如图 5-17 所示。

(4) 选择绘制的水平线段作为偏移的对象，然后在线段上方单击，指定偏移线段的方向，如图 5-18 所示。将选择的线段向上偏移 45 个单位后的效果如图 5-19 所示。

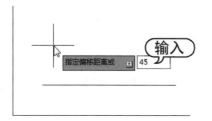

图 5-17　设置偏移距离

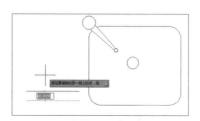

图 5-18　指定偏移的方向

(5) 重复执行【偏移(O)】命令，保持前面设置的参数不变，对偏移得到的线段向上进行多次偏移，完成本例图形的绘制，效果如图 5-20 所示。

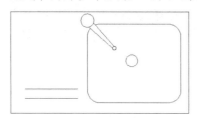

图 5-19　偏移水平线段

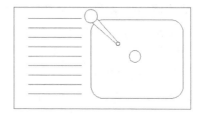

图 5-20　完成后的效果

提示

在 AutoCAD 制图中，如果要对图形进行多次偏移，可以在上一次偏移好的对象基础上进行下一次偏移操作，这样操作更方便。

5.2.2　按指定点偏移对象

使用【通过】方式偏移图形，可以将图形以通过某个点的方式进行偏移，该方式需要指定偏移对象所要通过的点。

计算机基础与实训教材系列

【动手练】将线段以矩形的中点进行偏移。

(1) 使用【直线】和【矩形】命令绘制一条水平线段和一个矩形，如图 5-21 所示。

(2) 执行【偏移(O)】命令，根据系统提示【指定偏移距离或[通过(T)/删除(E)/图层(L)]:】，输入 t 并按空格键进行确定，选择【通过(T)】选项，如图 5-22 所示。

图 5-21　绘制图形　　　　　　　　　图 5-22　输入 t 并按空格键进行确定

(3) 选择水平线段作为偏移对象，根据系统提示【指定通过点或[退出(E)/多个(M)/放弃(U)]:】，在矩形的中点处指定偏移对象通过的点，如图 5-23 所示，即可在矩形中点位置偏移线段，其效果如图 5-24 所示。

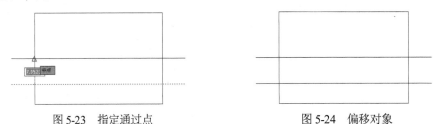

图 5-23　指定通过点　　　　　　　　　图 5-24　偏移对象

5.2.3　按指定图层偏移对象

使用【图层】方式偏移图形，可以将图形以指定的距离或通过指定的点进行偏移，并且偏移后的图形将存放于指定的图层中。

执行【偏移(O)】命令，当系统提示【指定偏移距离或[通过(T)/删除(E)/图层(L)]:】时，输入 L 并按空格键进行确认，即可选择【图层(L)】选项，系统将继续提示【输入偏移对象的图层选项[当前(C)/源(S)]:】信息，其中主要选项的含义如下。

▽ 当前：将偏移对象创建在当前图层上。

▽ 源：将偏移对象创建在源对象所在的图层上。

5.3　镜像对象

使用【镜像】命令可以将选定的图形对象以某一对称轴镜像到该对称轴的另一边，还可以使用镜像复制功能将图形以某一对称轴进行镜像复制，效果分别如图 5-25、图 5-26 和图 5-27 所示。

执行【镜像】命令的常用方法有以下 3 种。

▽ 选择【修改】|【镜像】命令。

▽ 单击【修改】面板中的【镜像】按钮⚮。

▽ 执行 MIRROR(或 MI)命令。

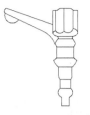

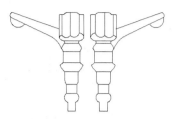

图 5-25　原图　　　　　　　　图 5-26　镜像效果　　　　　　　图 5-27　镜像复制效果

5.3.1　镜像源对象

执行【镜像(MI)】命令，选择要镜像的对象。指定镜像的轴线后，在系统提示【要删除源对象吗？[是(Y)/否(N)]:】时，输入 Y 并按空格键进行确定，即可将源对象镜像处理。

【动手练】对圆弧进行镜像。

(1) 使用【多段线】命令绘制一条带圆弧和直线的多段线。

(2) 执行 MIRROR(或 MI)命令，选择多段线并按空格键进行确定，然后根据系统提示在线段的左端点指定镜像线的第一个点，如图 5-28 所示。

(3) 根据系统提示在线段的右端点处指定镜像线的第二个点，如图 5-29 所示。

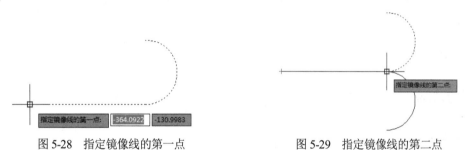

图 5-28　指定镜像线的第一点　　　　　　　　　　图 5-29　指定镜像线的第二点

(4) 根据系统提示【要删除源对象吗？[是(Y)/否(N)]:】，输入 y 并按空格键进行确定，如图 5-30 所示，即可对圆弧进行镜像，效果如图 5-31 所示。

图 5-30　输入 y 并按空格键进行确定　　　　　　图 5-31　镜像圆弧

5.3.2　镜像复制源对象

执行【镜像(MI)】命令，选择要镜像的对象。指定镜像的轴线后，在系统提示【要删除源对象吗？[是(Y)/否(N)]:】时，输入 N 并按空格键进行确定，可以保留源对象，即对源对象进行镜像复制，如图 5-32 和图 5-33 所示。

计算机基础与实训教材系列

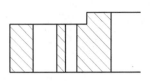

图 5-32　源对象　　　　　　　　　图 5-33　镜像复制源对象

 提示

　　在绘制对称型机械剖视图时，通常可以在绘制好局部剖视图后，使用【镜像(MI)】命令对其进行镜像复制，从而快速完成图形的绘制。

5.4　阵列对象

　　使用【阵列】命令可以对选定的图形对象进行阵列操作，对图形进行阵列操作的方式包括矩形方式、路径方式和环形(即极轴)方式。

　　执行【阵列】命令的常用方法有以下 3 种。

　　▽ 选择【修改】|【阵列】命令，然后选择其中的子命令。

　　▽ 单击【修改】面板中的【矩形阵列】下拉按钮🔡，然后选择子选项。

　　▽ 执行 ARRAY(或 AR)命令。

5.4.1　矩形阵列图形

　　矩形阵列图形是将阵列的图形按矩形的方式进行排列，用户可以根据需要设置阵列图形的行数和列数。

　　【例 5-3】　创建立面门图案 😊 视频

　　(1) 打开【立面门.dwg】素材图形，如图 5-34 所示。

　　(2) 执行 ARRAY(或 AR)命令，选择立面门左下方的造型作为阵列对象，在弹出的菜单中选择【矩形(R)】选项，如图 5-35 所示。

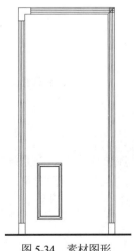

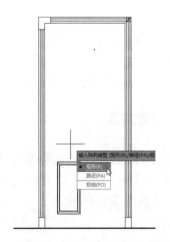

图 5-34　素材图形　　　　　　图 5-35　选择【矩形(R)】选项

矩形阵列对象时，默认参数的行数为 3、列数为 4，对象间的距离为原对象尺寸的 1.5 倍。
如果阵列结果正好符合默认参数，可以在该操作步骤直接进行确定，完成矩形阵列操作。

(3) 在系统提示下输入参数 cou 并按空格键进行确定，选择【计数(COU)】选项，如图 5-36 所示。

(4) 根据系统提示输入阵列的列数为 2 并按空格键进行确定，如图 5-37 所示。

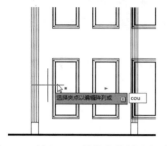

图 5-36　输入 cou 并按空格键进行确定

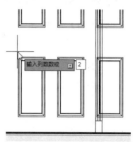

图 5-37　设置列数

(5) 输入阵列的行数为 3 并按空格键进行确定，如图 5-38 所示。

(6) 在系统提示下输入参数 s 并按空格键进行确定，选择【间距(S)】选项，如图 5-39 所示。

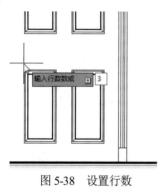

图 5-38　设置行数

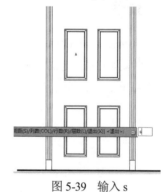

图 5-39　输入 s

(7) 根据系统提示输入列间距 330 并按空格键进行确定，如图 5-40 所示。

(8) 根据系统提示输入行间距 618 并按空格键进行确定，完成阵列操作后的效果如图 5-41
所示。

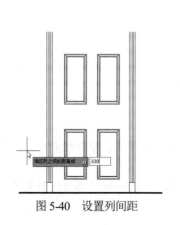

图 5-40　设置列间距

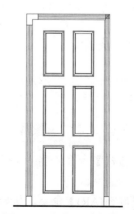

图 5-41　完成后的阵列图形

5.4.2　路径阵列图形

路径阵列图形是指将阵列的图形按指定的路径进行排列,用户可以根据需要设置阵列的总数和间距。

【动手练】对圆进行路径阵列。

(1) 绘制一个半径为 50 的圆和一条倾斜线段作为阵列操作对象。

(2) 执行【阵列(AR)】命令,选择圆作为阵列对象,在弹出的菜单中选择【路径(PA)】选项,如图 5-42 所示。

(3) 选择线段作为阵列的路径,然后根据系统提示输入参数 i 并按空格键进行确定,选择【项目(I)】选项,如图 5-43 所示。

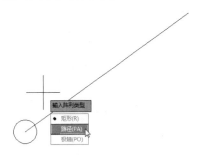

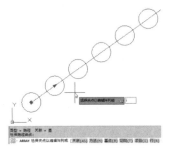

图 5-42　选择【路径(PA)】选项　　　　　　图 5-43　设置阵列的方式

(4) 在系统提示下输入项目之间的距离为 60 并按空格键进行确定,如图 5-44 所示,完成路径阵列操作后的效果如图 5-45 所示。

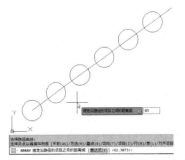

图 5-44　输入间距并按空格键进行确定　　　　图 5-45　路径阵列效果

5.4.3　环形阵列图形

环形阵列(即极轴阵列)图形是指将阵列的图形按环形进行排列,用户可以根据需要设置阵列的总数和填充的角度。

【例 5-4】绘制吊灯 视频

(1) 使用【直线】命令绘制一条长 500 的线段,使用【圆】命令绘制一个半径为 120 的圆,如图 5-46 所示。

(2) 执行【阵列(AR)】命令,然后选择绘制的线段和圆并按空格键进行确定,在弹出的菜单中选择【极轴(PO)】选项,如图 5-47 所示。

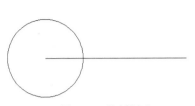

图 5-46　绘制图形　　　　　　　　　图 5-47　选择【极轴(PO)】选项

(3) 根据系统提示在线段的右端点处指定阵列的中心点，如图 5-48 所示。

(4) 根据系统提示输入 i 并按空格键进行确定，选择【项目(I)】选项，如图 5-49 所示。

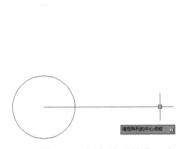

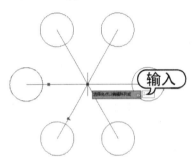

图 5-48　指定阵列的中心点　　　　　　图 5-49　输入 i 并按空格键进行确定

(5) 根据系统提示输入阵列的总数为 8，如图 5-50 所示，然后按空格键进行确定，完成环形阵列的操作，效果如图 5-51 所示。

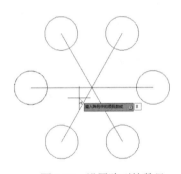

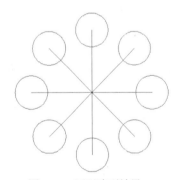

图 5-50　设置阵列的数目　　　　　　　图 5-51　环形阵列效果

> **提示**
>
> 　　环形阵列对象时，默认参数的阵列总数为 6。如果阵列结果正好符合默认参数，可以在指定阵列中心点后直接按空格键进行确定，完成环形阵列操作。

5.5　编辑特定对象

　　除了可以使用各种编辑命令对图形进行修改外，也可以采用特殊的方式对特定的图形进行编辑，如编辑多段线、样条曲线、阵列对象等。

5.5.1 编辑多段线

选择【修改】|【对象】|【多段线】命令，或执行 PEDIT 命令，可以对绘制的多段线进行编辑。

执行 PEDIT 命令，选择要修改的多段线，系统将提示信息【输入选项 [闭合(C) /合并(J)/宽度(W)/编辑顶点(E)/拟合(F)/样条曲线(S)/非曲线化(D)/线型生成(L)/反转(R)/放弃(U)]:】，其中主要选项的含义如下。

▽ 闭合(C)：用于创建封闭的多段线。

▽ 合并(J)：将直线段、圆弧或其他多段线连接到指定的多段线。

▽ 宽度(W)：用于设置多段线的宽度。

▽ 编辑顶点(E)：用于编辑多段线的顶点。

▽ 拟合(F)：可以将多段线转换为通过顶点的拟合曲线。

▽ 样条曲线(S)：可以使用样条曲线拟合多段线。

▽ 非曲线化(D)：删除在拟合曲线或样条曲线时插入的多余顶点，并拉直多段线的所有线段。保留指定给多段线顶点的切向信息，用于随后的曲线拟合。

▽ 线型生成(L)：可以将通过多段线顶点的线设置成连续线型。

▽ 反转(R)：用于反转多段线的方向，使起点和终点互换。

▽ 放弃(U)：用于放弃上一次操作。

【动手练】拟合编辑多段线。

(1) 使用【多段线(PL)】命令，绘制一条多段线作为编辑对象。

(2) 执行 PEDIT 命令，选择绘制的多段线，在弹出的菜单列表中选择【拟合(F)】选项，如图 5-52 所示，

(3) 按空格键进行确定，拟合编辑多段线的效果如图 5-53 所示。

图 5-52　选择【拟合(F)】选项

图 5-53　拟合多段线的效果

5.5.2 编辑样条曲线

选择【修改】|【对象】|【样条曲线】命令，或者执行 SPLINEDIT 命令，可以对样条曲线进行编辑，包括定义样条曲线的拟合点，移动拟合点，以及闭合开放的样条曲线等。

执行 SPLINEDIT 命令，选择样条曲线后，系统将提示【输入选项 [闭合(C)/合并(J)/拟合数据(F)/编辑顶点(E)/转换为多段线(P)/反转(R)/放弃(U)/退出(X)]:】，其中主要选项的含义如下。

▽　闭合(C)：如果选择打开的样条曲线，则闭合该样条曲线，使其在端点处切向连续(平滑)；如果选择闭合的样条曲线，则打开该样条曲线。

▽　拟合数据(F)：用于编辑定义样条曲线的拟合点数据。

▽　反转(R)：用于反转样条曲线的方向，使起点和终点互换。

▽　放弃(U)：用于放弃上一次操作。

▽　退出(X)：退出编辑操作。

【动手练】编辑样条曲线的顶点。

(1) 使用【样条曲线(SPL)】命令，绘制一条样条曲线作为编辑对象。

(2) 执行 SPLINEDIT 命令，选择绘制的曲线，在弹出的下拉菜单中选择【编辑顶点(E)】选项，如图 5-54 所示。

(3) 在继续弹出的下拉菜单中选择【移动(M)】选项，如图 5-55 所示。

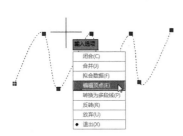

图 5-54　选择【编辑顶点(E)】选项

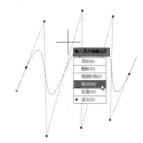

图 5-55　选择【移动(M)】选项

(4) 拖动鼠标移动样条曲线的顶点，如图 5-56 所示。

(5) 当系统提示【指定新位置或[下一个(N)/上一个(P)/选择点(S)/退出(X)]:】时，输入 X 并按空格键进行确定，选择【退出(X)】选项，结束样条曲线的编辑，最终编辑效果如图 5-57 所示。

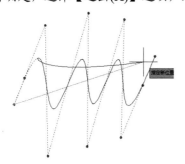

图 5-56　移动顶点

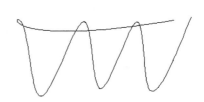

图 5-57　最终编辑效果

5.5.3　编辑阵列对象

在 AutoCAD 中，阵列的对象为一个整体对象，可以选择【修改】|【对象】|【阵列】命令，或者执行 ARRAYEDIT 命令并按空格键进行确定，对关联阵列对象及其源对象进行编辑。

【动手练】修改阵列对象的行数。

(1) 绘制一个半径为 10 的圆，然后使用【阵列(AR)】命令对圆进行矩形阵列，设置行数为 3，列数为 4，行、列间的间距为 30，阵列效果如图 5-58 所示。

(2) 选择【修改】|【对象】|【阵列】命令，或者执行 ARRAYEDIT 命令，选择阵列图形作为编辑的对象，然后在弹出的下拉菜单中选择【行(R)】选项，如图 5-59 所示。

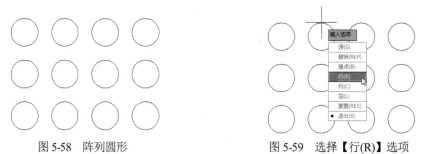

图 5-58　阵列圆形　　　　　　　　　　　　图 5-59　选择【行(R)】选项

(3) 根据系统提示重新输入阵列的行数为 4，如图 5-60 所示。

(4) 保持默认的行间距并按空格键进行确定，然后在弹出的下拉菜单中选择【退出(X)】选项，完成阵列图形的编辑，效果如图 5-61 所示。

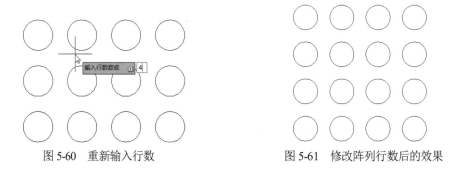

图 5-60　重新输入行数　　　　　　　　　　图 5-61　修改阵列行数后的效果

5.6　使用夹点编辑对象

在编辑图形的操作中，可以通过拖动夹点的方式改变图形的形状和大小。在拖动夹点时，可以根据系统的提示对图形进行移动、缩放等操作。

5.6.1　认识夹点

夹点是选择图形对象后，在图形上方的关键位置处显示的蓝色实心小方框。它是一种集成的编辑模式和一种方便快捷的编辑操作途径。

在 AutoCAD 中，系统默认的夹点有以下 3 种显示形式。

▽　未选中夹点：在等待命令的情况下直接选择图形时，图形的每个顶点会以蓝色实心小方框显示，如图 5-62 所示。

▽　选中夹点：选择图形对象后，在其中单击夹点，即选中夹点。被选中的夹点呈红色显示并显示相关信息，如图 5-63 所示。

计算机基础与实训教材系列

▽　悬停夹点：选择图形对象后，移动十字光标到夹点上，将显示相关信息，如图 5-64 所示。

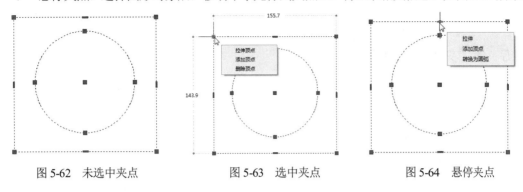

图 5-62　未选中夹点　　　　图 5-63　选中夹点　　　　图 5-64　悬停夹点

5.6.2　使用夹点拉伸对象

使用夹点拉伸对象是指在不执行任何命令的情况下选择对象，显示其夹点。之后选中某个夹点，将夹点作为拉伸的基点自动进入拉伸编辑方式。其命令行会提示【** 拉伸 ** 指定拉伸点或 [基点](B)/复制(C)/放弃(U)/退出(X)]: 】

▽　指定拉伸点：默认选项，提示用户输入拉伸的目标点。

▽　基点(B)：按 B 键选择该选项，指定拉伸对象的基点，系统会要求再指定基点的拉伸距离。

▽　复制(C)：按 C 键选择该选项，连续进行拉伸复制操作而不退出夹点编辑功能。

▽　放弃(U)：按 U 键选择该选项，取消上一步的夹点拉伸操作。

▽　退出(X)：按 X 键选择该选项，退出夹点编辑功能。

在图 5-65 中，对左方直线的端点进行夹点拉伸，拉伸的距离为 100，所得到的拉伸效果如图 5-65 中的右方直线所示。

图 5-65　使用夹点拉伸直线

5.6.3　使用夹点移动对象

使用夹点移动对象仅仅是位置上的平移，其对象的方向和大小不会发生改变。使用夹点移动对象有以下两种主要方法。

▽　选择某个夹点后右击，在弹出的快捷菜单中选择【移动】命令。

▽　选择某个夹点后，在命令行中执行 Move(或 MO)命令。

5.6.4　使用夹点旋转对象

使用夹点旋转对象是将所选对象绕被选中的夹点旋转指定的角度。使用夹点旋转对象有以下两种主要方法。

▽ 选择某个夹点后右击，在弹出的快捷菜单中选择【旋转】命令。

▽ 选择某个夹点后，在命令行中执行 Rotate(或 RO)命令。

5.6.5 使用夹点缩放对象

使用夹点缩放对象是在 X、Y 轴方向以等比例缩放图形对象的尺寸。使用夹点缩放对象有以下两种主要方法。

▽ 选择某个夹点后右击，在弹出的快捷菜单中选择【缩放】命令。

▽ 选择某个夹点后，在命令行中执行 Scale(或 SC)命令。

5.7 参数化编辑对象

运用【参数】菜单中的约束命令可以指定二维对象或对象上的点之间的几何约束，对图形进行编辑，如图 5-66 所示。编辑受约束的图形时将保留约束，效果如图 5-67 所示。

图 5-66 【参数】菜单

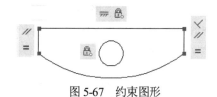

图 5-67 约束图形

▽ 每个端点都被约束为与每个相邻对象的端点保持重合，这些约束显示为夹点。

▽ 垂直线被约束为保持相互平行且长度相等。

▽ 右侧的垂直线被约束为与水平线保持垂直。

▽ 水平线被约束为保持水平。

▽ 圆和水平线的位置被约束为保持固定距离，这些固定约束显示为锁定图标。

【动手练】使用【相切】约束编辑圆与直线。

(1) 绘制两个同心圆和一条水平线段作为操作对象，如图 5-68 所示。

(2) 选择【参数】|【几何约束】|【相切】命令，系统提示【选择第一个对象:】时，选择大圆，如图 5-69 所示。

(3) 根据系统提示选择直线作为相切的第二个对象，如图 5-70 所示，即可将直线与圆相切，效果如图 5-71 所示。

计算机基础与实训教材系列

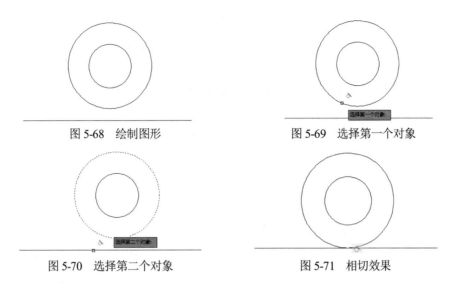

图 5-68　绘制图形　　　　　　　　　　　图 5-69　选择第一个对象

图 5-70　选择第二个对象　　　　　　　　图 5-71　相切效果

(4) 拖动直线右方的夹点，调整直线的形状，如图 5-72 所示。调整直线后，圆始终与直线保持相切，效果如图 5-73 所示。

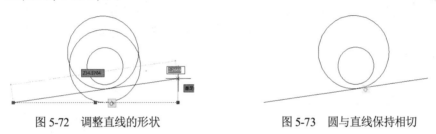

图 5-72　调整直线的形状　　　　　　　　图 5-73　圆与直线保持相切

5.8　实例演练

本小节练习绘制端盖和球轴承图形，巩固所学的图形绘制与编辑的知识，主要包括复制、偏移、镜像、阵列、编辑特定图形和使用夹点编辑图形等命令的应用。

5.8.1　绘制端盖

本例将结合前面所学的绘图和编辑命令来绘制端盖主视图，主要掌握偏移、复制等编辑命令的应用，本例完成后的效果如图 5-74 所示。

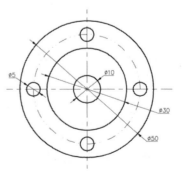

图 5-74　所绘制的端盖

绘制本例端盖主视图的具体操作步骤如下。

(1) 执行 XL(构造线)命令，绘制一条水平和一条垂直构造线作为绘制中心线，效果如图 5-75 所示。

(2) 在【特性】面板中设置构造线的线型为 DIVIDE，如图 5-76 所示。

图 5-75　绘制中心线　　　　　　　　　　　图 5-76　设置图形线型

(3) 执行 C(圆)命令，以中心线的交点为圆心，绘制一个半径为 25 的圆，如图 5-77 所示。

(4) 执行 O(偏移)命令，设置偏移距离为 10。选择圆并将其向内偏移一次，继续将偏移的圆向内偏移一次，效果如图 5-78 所示。

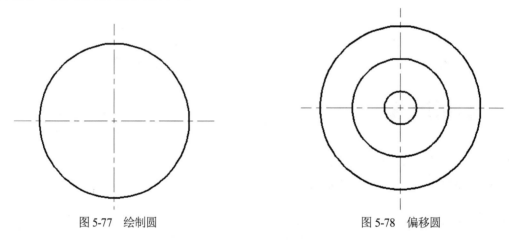

图 5-77　绘制圆　　　　　　　　　　　图 5-78　偏移圆

(5) 执行 C(圆)命令，以中心线的交点为圆心，绘制一个半径为 20 的圆，并将该圆的线型改为 DIVIDE，效果如图 5-79 所示。

(6) 重复执行 C(圆)命令，以圆和水平中心线的左侧交点为圆心，绘制半径为 2.5 的圆，效果如图 5-80 所示。

(7) 执行 CO(复制)命令，选择绘制的小圆，然后在该圆的圆心处指定复制的基点，如图 5-81 所示。

(8) 移动光标到半径为 20 的圆与垂直中心线的交点处，指定复制的第二个点，如图 5-82 所示。

(9) 继续在其他位置指定复制的第二个点，对小圆进行复制，完成本例图形的绘制。

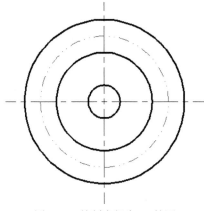

图 5-79　绘制半径为 20 的圆

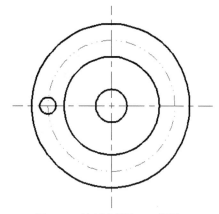

图 5-80　绘制半径为 2.5 的圆

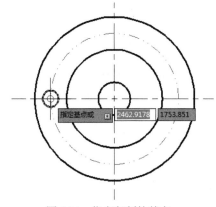

图 5-81　指定复制的基点

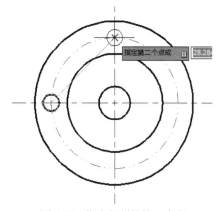

图 5-82　指定复制的第二个点

5.8.2　绘制球轴承

　　本例将结合前面所学的绘图和编辑命令绘制球轴承图形，完成后的效果如图 5-83 所示。首先创建图层，然后使用【构造线】和【偏移】命令绘制辅助线，再参照辅助线绘制各个圆，最后使用【修剪】和【环形阵列】命令对滚珠图形进行修剪和阵列。

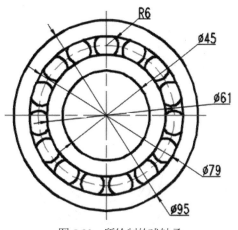

图 5-83　所绘制的球轴承

绘制本例球轴承图形的具体操作步骤如下。

(1) 执行【图层(LA)】命令，打开【图层特性管理器】选项板，创建并设置【中心线】【轮廓线】和【隐藏线】图层，再将【中心线】图层设置为当前图层，如图 5-84 所示。

(2) 执行【构造线(XL)】命令，绘制一条水平构造线。

(3) 执行【偏移(O)】命令，将构造线向上偏移 6 次，偏移距离依次为 35、22.5、8、4.5、4.5、8，效果如图 5-85 所示。

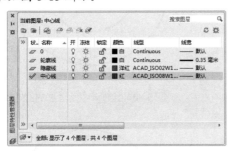

图 5-84　创建图层　　　　　　　　　　　　　　　　　图 5-85　偏移构造线

(4) 执行【构造线(XL)】命令，绘制一条垂直构造线，效果如图 5-86 所示。

(5) 设置【轮廓线】为当前图层，执行【圆(C)】命令，参照图 5-87 所示的效果，以 O 点为圆心，以线段 OL 为半径绘制一个圆。

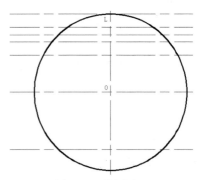

图 5-86　绘制垂直构造线　　　　　　　　　　　　　　图 5-87　绘制圆

(6) 执行【圆(C)】命令，仍以 O 点为圆心，依次绘制如图 5-88 所示的各个圆。

(7) 执行【圆(C)】命令，以圆和垂直构造线的交点为圆心，绘制半径为 6 的圆，作为滚珠轮廓线，效果如图 5-89 所示。

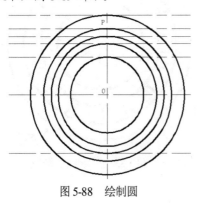

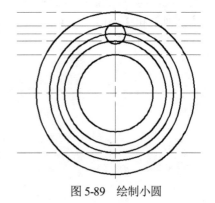

图 5-88　绘制圆　　　　　　　　　　　　　　　　　　图 5-89　绘制小圆

(8) 执行【修剪(TR)】命令，参照图 5-90 所示的效果，以圆 1 和圆 2 为修剪边界，对刚刚绘制的小圆进行修剪。

(9) 选择【修改】|【阵列】|【环形阵列】命令，选择修剪后的两段圆弧，以圆心为阵列中心点，设置项目数为 15，对选择的圆弧进行环形阵列，效果如图 5-91 所示。

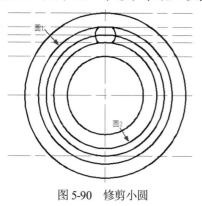

图 5-90　修剪小圆

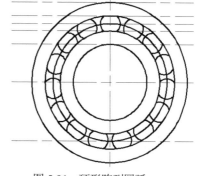

图 5-91　环形阵列圆弧

(10) 执行【删除(E)】命令，删除不需要的构造线。然后执行【修剪(TR)】命令，对构造线进行修剪，效果如图 5-92 所示。

(11) 选择半径为 35 的圆，然后将其放入【隐藏线】图层中，效果如图 5-93 所示。

(12) 执行【拉长(LEN)】命令，将两条中心线的两端拉长 5 个单位，完成本例图形的绘制。

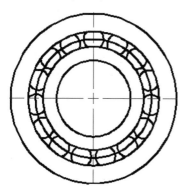

图 5-92　删除和修剪辅助线

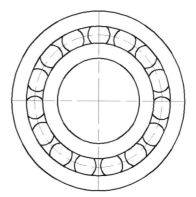

图 5-93　修改圆所在的图层

5.9　习题

1. 为什么在对图形进行环形阵列时，阵列得到的数量为 6？
2. 在绘制建筑剖面楼梯时，可以使用【复制】命令中的哪种功能绘制楼梯的踏步？
3. 对图形进行镜像复制，可以使其镜像复制后的图形与原图形对象呈 90° 的角吗？
4. 使用夹点功能可以快速移动图形吗？
5. 应用所学的绘图和编辑知识，参照图 5-94 所示的圆螺母尺寸和效果绘制该图形。

> **提示**
>
> (1) 使用【构造线】命令绘制中心线，然后以中心线交点为圆心绘制各个圆。
>
> (2) 使用【打断】命令将其中的一个圆打断。
>
> (3) 使用【直线】命令绘制凹形造型，然后对其进行修剪。
>
> (4) 使用【阵列】命令对凹形造型进行阵列，然后对图形进行修剪。

6. 应用所学的绘图和编辑知识，参照图 5-95 所示的餐桌椅尺寸和效果绘制该图形。

> **提示**
>
> 先绘制餐桌图形，再绘制一个椅子图形，然后使用【复制】命令复制一个椅子，再使用【镜像】命令将椅子镜像复制到餐桌的另一侧。

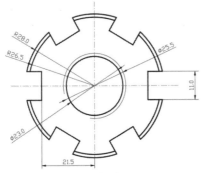

图 5-94　绘制圆螺母

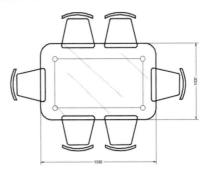

图 5-95　绘制餐桌椅

第6章

图形特性和图层管理

在使用 AutoCAD 进行绘图的过程中，通过设置图形特性，可以修改图形的显示效果；运用图层功能可以对图形进行分层管理，使图形变得有条理，从而可以更方便地绘制和修改复杂图形。本章将学习如何设置图形特性，如何应用图层管理图形等知识。

本章重点

- 设置图形特性
- 控制图层状态
- 创建与设置图层
- 输出与调用图层

二维码教学视频

【例 6-1】保存图层状态
【实例演练】绘制六角螺母

【例 6-2】调用图层状态
【实例演练】绘制平垫圈

6.1 设置图形特性

每个对象都具有一定的特性，如图形颜色、线型、线宽和特性匹配等。在制图过程中，图形的基本特性可以通过图层指定给对象，也可以为图形对象单独赋予需要的特性。

6.1.1 设置图形颜色

在 AutoCAD 中，设置图形颜色的方法主要包括使用工具面板和使用命令这两种方法。

1. 使用面板设置颜色

在【草图与注释】工作空间中选择【默认】标签，然后单击【特性】功能面板中的【对象颜色】下拉按钮，如图 6-1 所示。在弹出的颜色下拉列表中可以设置图形所需的颜色，如图 6-2 所示。在颜色下拉列表中选择【更多颜色】选项，将打开【选择颜色】对话框。

图 6-1 单击【对象颜色】下拉按钮

图 6-2 颜色下拉列表

2. 使用命令设置颜色

选择【格式】|【颜色】命令，或输入 Color 命令(或输入简化命令 COL)，打开【选择颜色】对话框，在该对话框中可以设置绘图的颜色。

【选择颜色】对话框中包括【索引颜色】【真彩色】和【配色系统】这 3 个选项卡，分别用于以不同的方式设置绘图的颜色，如图 6-3、图 6-4 和图 6-5 所示。在【索引颜色】选项卡中可以将绘图颜色设置为 ByLayer(或 L)或某一具体颜色。其中，ByLayer 指所绘制对象的颜色总是与对象所在图层设置的图层颜色一致，这也是常用到的设置。

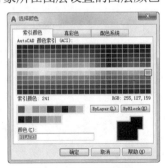

图 6-3 使用索引颜色

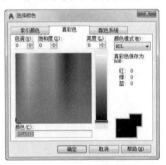

图 6-4 使用真彩色

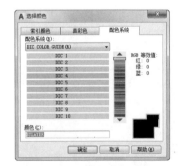

图 6-5 使用配色系统

在 AutoCAD 默认情况下，设置对象颜色为【白】时，其实相当于将对象颜色设置为黑色，对象将在绘图区显示为黑色，打印出来的效果也为黑色。

6.1.2　设置绘图线宽

AutoCAD 中不同的对象应设置不同的线宽。例如，墙体、机械零件图轮廓等对象通常设置为粗线，辅助线、标注、填充图形等对象通常设置为细线。

1. 设置线宽

设置图形线宽主要包括使用命令和使用工具面板这两种方法。

▽ 在【特性】功能面板中单击【线宽】下拉按钮，在弹出的下拉列表框中选择需要的线宽，如图 6-6 所示。如果选择【线宽设置】选项，将打开【线宽设置】对话框。

▽ 选择【格式】|【线宽】命令，打开【线宽设置】对话框。选择需要的线宽，然后单击【确定】按钮，如图 6-7 所示。

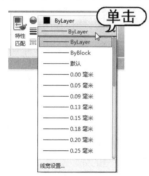

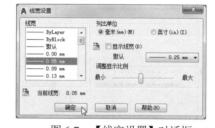

图 6-6　线宽下拉列表　　　　　　　图 6-7　【线宽设置】对话框

2. 显示或关闭线宽

在 AutoCAD 中，可以在图形中打开或关闭线宽。如图 6-8 所示为关闭线宽后的效果，如图 6-9 所示为打开线宽后的效果。关闭线宽显示可以优化程序的性能，而不会影响线宽的打印效果。用户可以通过以下两种常用方法来显示或隐藏图形的线宽。

▽ 在【线宽设置】对话框里选中或取消选中【显示线宽】复选框。

▽ 单击状态栏中的【显示/隐藏线宽】按钮 ▤。

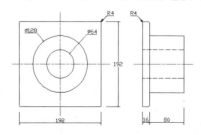

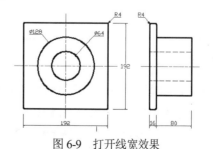

图 6-8　关闭线宽效果　　　　　　　图 6-9　打开线宽效果

> 🔖 **提示**
>
> 在未选择任何对象时，设置的图形特性将应用于后面绘制的图形上；如果在选择对象的情况下，进行图形特性设置，只会修改所选择对象的特性，而不会影响后面绘制的图形。

6.1.3 设置绘图线型

线型是由虚线、点和空格组成的重复图案，显示为直线或曲线。可以通过图层将线型指定给对象，也可以不依赖图层而明确指定线型。除了选择线型外，还可以通过设置线型比例来控制虚线和空格的大小，也可以自定义线型。

1. 认识图线

在设计图纸中，不同的图线表示不同的含义，常见图线的具体含义如表 6-1 所示。

表 6-1　图线说明

名　称	线　型	线　宽	用　途
细实线	——————	0.25b	表示小于 0.5b 的图形线、尺寸线、尺寸界线、图例线索引符号、标高符号、详图材料的引出线等
中实线	——————	0.5b	1. 表示平面、剖面图中被剖切的次要建筑构造的轮廓线 2. 表示建筑平面、立面、剖面图中的建筑构配件的轮廓线 3. 表示建筑构造详图及建筑构配件详图中的一般轮廓线
粗实线	——————	b	1. 表示平面、剖面图中被剖切的主要建筑构造(包括构配件)的轮廓线 2. 表示建筑立面图或室内立面图的外轮廓线 3. 建筑构造详图中被剖切的主要部分的轮廓线 4. 表示建筑构配件详图的外轮廓线 5. 表示平面、立面、剖面图的剖切符号
细虚线	- - - - - - - - -	0.25b	图例线小于 0.5b 的不可见轮廓线
中虚线	▪ ▪ ▪ ▪ ▪ ▪ ▪ ▪	0.5b	1. 表示建筑构造详图及建筑构配件不可见的轮廓线 2. 表示平面图中的起重机、吊车的轮廓线
细单点长划线	— · — · — · —	0.25b	表示中心线、对称线、定位轴线
粗单点长划线	▬ · ▬ · ▬	b	表示起重机、吊车的轨道线
波浪线	～～～	0.25b	1. 表示不需要画全的断开界线 2. 表示构造层次的断开界线

2. 设置线型

同设置图形颜色类似，设置图形线型主要包括使用命令和使用工具面板这两种方法。

▽ 在【特性】功能面板中单击【线型】下拉按钮，在弹出的下拉列表框中选择需要的线型，如图 6-10 所示。如果选择【其他】选项，将打开【线型管理器】对话框。

计算机基础与实训教材系列

▽ 选择【格式】|【线型】命令，打开【线型管理器】对话框，选择需要的线型，然后单击【当前】按钮，如图 6-11 所示。

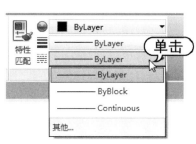

图 6-10　线型下拉列表　　　　　　　　　图 6-11　【线型管理器】对话框

3. 加载线型

默认情况下，【线型管理器】对话框、工具面板或工具栏中的线型列表中只显示了 ByLayer、ByBlock 和 Continuous 这 3 种常用的线型。如果要使用其他线型，需要对线型进行加载。

单击【线型管理器】对话框中的【加载】按钮，打开【加载或重载线型】对话框，在此选择要使用的线型。例如，选中图 6-12 所示的 ACAD_ISO08W100，单击【确定】按钮后，即可将所选择的线型加载到【线型管理器】对话框中，如图 6-13 所示。所加载的线型也将显示在工具面板或工具栏中的线型列表中。

图 6-12　选择要加载的线型　　　　　　　图 6-13　加载后的线型列表

4. 设置线型比例

对于某些特殊的线型，更改线型的比例，将产生不同的线型效果。例如，在绘制中轴线时，通常使用虚线样式表示轴线，但在图形显示时，往往会将虚线显示为实线。这时就可以通过更改线型的比例来达到修改线型效果的目的。

在【线型管理器】对话框中单击【显示细节】按钮，将显示【详细信息】选项组，如图 6-14 所示。在此可以通过设置【全局比例因子】和【当前对象缩放比例】选项来改变线型的比例。如图 6-15 所示是同一线型使用不同【全局比例因子】得到的效果。

> **提示**
>
> 单击【线型管理器】对话框中的【显示细节】按钮，将显示【详细信息】选项组中的内容。此时，【显示细节】按钮将变成【隐藏细节】按钮。再次单击该按钮，即可隐藏【详细信息】选项组中的内容。

图 6-14　显示【详细信息】选项组

图 6-15　不同比例的线型效果

6.1.4　特性匹配

在 AutoCAD 中，使用【特性匹配】功能可复制对象的特性，如颜色、线宽、线型和所在图层等。执行【特性匹配】命令有如下几种常用方法。

▽ 选择【修改】|【特性匹配】命令。

▽ 单击【特性】面板中的【特性匹配】按钮。

▽ 输入 Matchprop 命令(或输入简化命令 MA)并按空格键进行确定。

执行 Matchprop 命令，在如图 6-16 所示的图形中选择多边形作为特性匹配的源对象，然后选择圆作为需特性匹配的目标对象，得到的效果如图 6-17 所示。

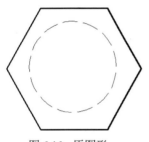

图 6-16　原图形

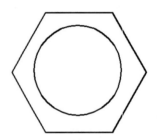

图 6-17　对圆复制多边形特性

> 💡 **提示**
>
> 当命令行中提示【选择目标对象或[设置(S)]:】时，选择【设置】选项，打开【特性设置】对话框，在该对话框中可以选择在特性匹配过程中可以被复制的特性，如图 6-18 所示。

图 6-18　【特性设置】对话框

6.2　认识图层

在绘制图形的过程中，应了解图层的含义与作用，这样才能更好地利用图层功能对图形进行管理。

6.2.1　图层的作用

图层就像透明的覆盖层，用户可以在上面对图形中的对象进行组织和编组。在 AutoCAD 中，图层的作用是按功能在图形中组织信息以及执行线型、颜色等其他标准。

在 AutoCAD 中，用户不但可以使用图层控制对象的可见性，还可以使用图层将特性指定给对象，也可以锁定图层防止对象被修改。图层具有以下特性。

▽ 用户可以在一个图形文件中指定任意数量的图层。

▽ 每一个图层都有一个名称，其名称可以是汉字、字母或个别的符号($、_、-)。在给图层命名时，最好根据绘图的实际内容以容易识别的名称进行命名，从而方便在再次编辑时快速、准确地了解图形文件中的内容。

▽ 通常情况下，同一个图层上的对象只能为同一种颜色、同一种线型。在绘图过程中，可以根据需要，随时改变各图层的颜色、线型。

▽ 每一个图层都可以设置为当前层，新绘制的图形只能在当前层上生成。

▽ 可以对一个图层进行打开、关闭、冻结、解冻、锁定和解锁等操作。

▽ 如果删除或清理了某个图层，则无法恢复该图层。

▽ 如果将新图层添加到图形中，则无法删除该图层。

在制图的过程中，可以将不同属性的实体建立在不同的图层上，以便管理图形对象，并可以通过修改所在图层的属性，快速、准确地完成实体属性的修改。

6.2.2　认识图层特性管理器

在 AutoCAD 的【图层特性管理器】选项板中可以创建图层，设置图层的颜色、线型和线宽，以及进行其他设置与管理操作。

打开【图层特性管理器】选项板有以下 3 种常用方法。

▽ 选择【格式】|【图层】命令。

▽ 单击【图层】面板中的【图层特性】按钮，如图 6-19 所示。

▽ 输入 LAYER(或输入简化命令 LA)并按空格键进行确认。

执行以上任意一种命令后，即可打开【图层特性管理器】选项板，该选项板的左侧为图层过滤器区域，右侧为图层列表区域，如图 6-20 所示。

图 6-19　单击【图层特性】按钮

图 6-20　【图层特性管理器】选项板

【图层特性管理器】选项板中主要工具按钮和选项的作用如下。

▽ 【图层状态管理器】按钮 ：单击该按钮，可以打开图层状态管理器。

▽ 【新建图层】按钮 ：用于创建新图层，列表中将自动显示一个名为【图层 1】的图层。

▽ 【在所有视口中都被冻结的新图层视口】按钮 ：用于创建新图层，然后在所有现有布局视口中将其冻结，可以在【模型】选项卡或【布局】选项卡上单击此按钮。

▽ 【删除图层】按钮 ：将选定的图层删除。

▽ 【置为当前】按钮 ：将选定图层设置为当前图层，用户绘制的图形将存放在当前图层上。

▽ 状态：指示项目的类型，包括图层过滤器、正在使用的图层、空图层或当前图层。

▽ 名称：显示图层或过滤器的名称，按 F2 键可以快速输入新名称。

▽ 开/关：用于显示或隐藏图层上的 AutoCAD 图形。

▽ 冻结/解冻：用于冻结图层上的图形，使其不可见，并且使该图层的图形对象不能进行打印，再次单击对应的按钮，可以进行解冻。

▽ 锁定：为了防止图层上的对象被误编辑，可以将绘制好图形内容的图层锁定，再次单击对应的按钮，可以进行解锁。

▽ 颜色：为了区分不同图层上的图形对象，可以为图层设置不同颜色。默认状态下，新绘制的图形将继承该图层的颜色属性。

▽ 线型：可以在此根据需要为每个图层分配不同的线型。

▽ 线宽：可以在此为线条设置不同的宽度，宽度值的范围为 0~2.11mm。

▽ 打印样式：可以为不同的图层设置不同的打印样式，以及是否打印该图层样式属性。

6.3 创建与设置图层

应用 AutoCAD 进行工程制图之前，通常要先创建需要的图层，并对其进行设置，以便对图形进行管理。

6.3.1 创建图层

执行【图层】命令，在打开的【图层特性管理器】选项板中可以创建图层。

【动手练】创建新图层。

(1) 执行 LAYER 命令，打开【图层特性管理器】选项板，单击【新建图层】按钮 ，创建一个图层，如图 6-21 所示。

(2) 在图层名处于激活状态 图层1 下直接输入图层的名称(如【轴线】)并按 Enter 键进行确认，如图 6-22 所示。

> 🖱️ 提示
>
> 如果图层名已经确定，即未处于激活状态，此时要修改图层名称，可以单击图层的名称，使图层名处于激活状态，然后再输入新的名称并按空格键进行确定即可。

图 6-21　创建新图层

图 6-22　输入新的图层名

6.3.2　设置图层特性

由于图形中的所有对象都与图层相关联，因此在修改和创建图形的过程中，需要对图层特性进行修改和调整。在【图层特性管理器】选项板中，通过单击图层的各个属性对象，可以对图层的名称、颜色、线型和线宽等属性进行设置。

【动手练】设置图层特性。

(1) 执行 LAYER 命令，打开【图层特性管理器】选项板，创建一个图层。

(2) 单击图层对应的【颜色】图标，打开【选择颜色】对话框，然后选择需要的图层颜色(如【红】)，如图 6-23 所示。

(3) 单击对话框上的【确定】按钮，即可将图层的颜色设置为所选择的颜色，如图 6-24 所示。

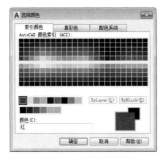

图 6-23　选择颜色

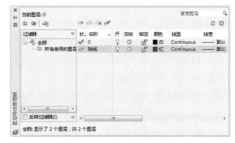

图 6-24　修改图层颜色

(4) 在【图层特性管理器】选项板中单击图层对应的【线型】图标，打开【选择线型】对话框，然后单击【加载】按钮，如图 6-25 所示。

(5) 在打开的【加载或重载线型】对话框中选择需要加载的线型(如 ACAD_ISO08W100)，然后单击【确定】按钮，如图 6-26 所示。

图 6-25　单击【加载】按钮

图 6-26　选择要加载的线型

(6) 将所选择的线型加载到【选择线型】对话框中后,在【选择线型】对话框中选择需要的线型,如图 6-27 所示。然后单击【确定】按钮,即可完成线型的设置,如图 6-28 所示。

图 6-27　选择线型

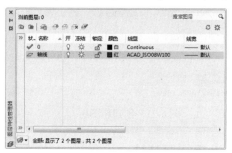

图 6-28　更改线型

(7) 在【图层特性管理器】选项板中单击【线宽】图标,打开【线宽】对话框,选择需要的线宽,如图 6-29 所示。然后单击【确定】按钮,即可完成线宽的设置,如图 6-30 所示。

图 6-29　选择线宽

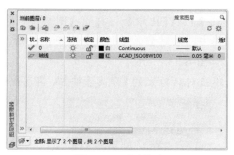

图 6-30　更改线宽

6.3.3　设置当前图层

在 AutoCAD 中,当前层是指正在使用的图层,用户绘制图形的对象将存在于当前层上。默认情况下,在【特性】面板中显示了当前层的状态信息。

设置当前层有如下两种常用方法。

▽ 在【图层特性管理器】选项板中选择需设置为当前层的图层,再单击【置为当前】 ⟨图标⟩ 按钮,被设为当前层的图层前面会有 ✔ 标记,如图 6-31 所示的【图层 3】图层。

▽ 在【图层】面板中单击【图层控制】下拉按钮,在弹出的下拉列表框中选择需要设置为当前层的图层,如图 6-32 所示。

图 6-31　设置当前层

图 6-32　指定当前图层

6.3.4 转换图层

本节介绍的转换图层是指将一个图层中的图形转换到另一个图层中。例如,将图层 1 中的图形转换到图层 2 中去,被转换后的图形颜色、线型、线宽将拥有图层 2 的属性。

转换图层时,先在绘图区中选择需要转换图层的图形,然后单击【图层】面板中的【图层控制】下拉按钮,在弹出的下拉列表框中选择要将对象转换到的图层。例如,在图 6-33 所示的图形中,所选的两个圆的原图层为【0】图层,这里将它们放入【轮廓线】图层中,转换图层后,所选的两个圆将拥有【轮廓线】图层的属性,如图 6-34 所示。

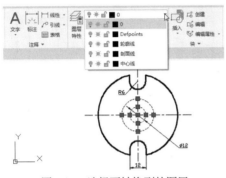

图 6-33 选择要转换到的图层

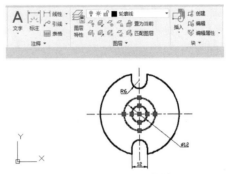

图 6-34 转换图层后的效果

6.3.5 删除图层

在 AutoCAD 中进行图形绘制时,将不需要的图层删除,有利于对有用的图层进行管理。执行 LAYER 命令,打开【图层特性管理器】选项板,选择要删除的图层,然后单击【删除】按钮，即可将其删除。

> **提示**
> 在删除图层的操作中,0 层、默认层、当前层、含有图形实体的层和外部引用依赖层均不能被删除。若对这些图层执行了删除操作,则 AutoCAD 会弹出提示不能删除的警告对话框。

6.4 控制图层状态

在绘制过于复杂的图形时,可对暂时不用的图层进行关闭或冻结等操作,以便于绘图操作。

6.4.1 打开/关闭图层

在绘图操作中,可以将图层中的对象暂时隐藏起来,或将隐藏的对象显示出来。隐藏的图层中的图形将不能被选择、编辑、修改或打印。默认情况下,0 图层和创建的图层都处于打开状态,通过以下两种方法可以关闭图层。

▽ 在【图层特性管理器】选项板中单击要关闭的图层前面的💡图标，图层前面的💡图标将转变为💡图标，表示该图层已关闭，如图 6-35 所示的【图层 2】。

▽ 在【图层】面板中单击【图层控制】下拉列表中的【开/关图层】图标💡，图层前面的💡图标将转变为💡图标，表示该图层已关闭，如图 6-36 所示的【图层 2】。

图 6-35　【图层 2】已关闭

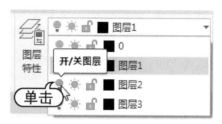

图 6-36　【图层 2】已关闭

如果关闭的图层是当前图层，将弹出询问对话框，如图 6-37 所示，在该对话框中选择【关闭当前图层】选项即可。如果不需要对当前层执行关闭操作，可以选择【使当前图层保持打开状态】选项取消操作。

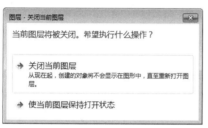

图 6-37　询问对话框

> **提示**
>
> 当图层被关闭后，在【图层特性管理器】选项板中单击图层前面的【开】图标💡，或在【图层】面板中单击【图层控制】下拉列表中的【开/关图层】图标💡，可以打开被关闭的图层，此时在图层前面的图标💡将转变为图标💡。

6.4.2　冻结/解冻图层

将图层中不需要进行修改的对象进行冻结处理，可以避免这些图形受到错误操作的影响。另外，冻结图层可以在绘图过程中减少系统生成图形的时间，从而提高计算机运行的速度，因此在绘制复杂的图形时冻结图层非常重要。被冻结后的图层对象将不能被选择、编辑、修改或打印。

在默认情况下，0 图层和创建的图层都处于解冻状态。用户可以通过以下两种方法将指定的图层冻结。

▽ 在【图层特性管理器】选项板中单击要冻结的图层前面的【冻结】图标 ☼，图标 ☼ 将转变为图标 ❄，表示该图层已经被冻结，如图 6-38 所示的【图层 1】。

▽ 在【图层】面板中单击【图层控制】下拉列表中的【在所有视口冻结/解冻】图标☼，图层前面的图标☼将转变为图标❄，表示该图层已经被冻结，如图 6-39 所示的【图层 1】。

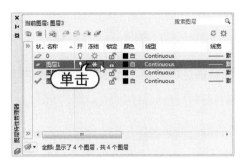

图 6-38　【图层 1】已冻结　　　　　　　　　图 6-39　【图层 1】已冻结

当图层被冻结后，在【图层特性管理器】选项板中单击图层前面的【解冻】图标❄，或在【图层】面板中单击【图层控制】下拉列表中的【在所有视口中冻结/解冻】图标❄，可以解冻被冻结的图层，此时在图层前面的图标❄将转变为图标☀。

提示

由于绘制图形操作是在当前图层上进行的，因此，不能对当前的图层进行冻结操作。如果用户对当前图层进行了冻结操作，系统将给出无法冻结的提示。

6.4.3　锁定/解锁图层

锁定图层可以将该图层中的对象锁定。锁定图层后，图层上的对象仍然处于显示状态，但是用户无法对其进行选择、编辑修改等操作。在默认情况下，0 图层和创建的图层都处于解锁状态，可以通过以下两种方法将图层锁定。

▽ 在【图层特性管理器】选项板中单击要锁定的图层前面的【锁定】图标🔓，图标🔓将转变为图标🔒，表示该图层已经被锁定，如图 6-40 所示的【图层 3】。

▽ 在【图层】面板中单击【图层控制】下拉列表中的【锁定/解锁图层】图标🔓，图标🔓将转变为图标🔒，表示该图层已被锁定，如图 6-41 所示的【图层 3】。

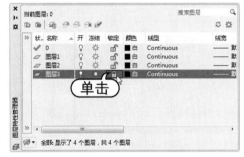

图 6-40　【图层 3】已锁定　　　　　　　　图 6-41　【图层 3】已锁定

解锁图层的操作与锁定图层的操作相似。当图层被锁定后，在【图层特性管理器】选项板中单击图层前面的【解锁】图标🔒，或在【图层】面板中单击【图层控制】下拉列表中的【锁定/解锁图层】图标🔒，可以解锁被锁定的图层，此时在图层前面的图标🔒将转变为图标🔓。

计算机基础与实训教材系列

6.5 输出与调用图层

如果需要经常进行同类型图形的绘制，可以对图层状态进行保存、输出和输入等操作，从而提高绘图效率。

6.5.1 输出图层

在绘制图形的过程中，在创建好图层并设置好图层参数后，可以将图层的设置保存下来，然后进行输出，以便在创建相同或相似的图层时直接进行调用，从而提高绘图效率。

【例 6-1】 保存图层状态 视频

(1) 选择【格式】|【图层】命令，打开【图层特性管理器】选项板，依次创建【轴线】【墙体】【门窗】和【标注】图层，如图 6-42 所示。

(2) 在【图层特性管理器】选项板中右击鼠标，然后在弹出的快捷菜单中选择【保存图层状态】命令，如图 6-43 所示。

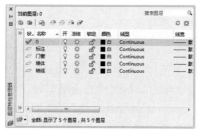

图 6-42 创建图层

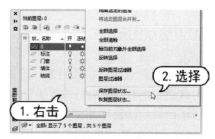

图 6-43 选择【保存图层状态】命令

(3) 在打开的【要保存的新图层状态】对话框中输入图层状态名称为【建筑】，如图 6-44 所示，单击【确定】按钮，即可将图层状态进行保存，并返回【图层特性管理器】选项板。

(4) 在【图层特性管理器】选项板中单击【图层状态管理器】按钮 ，打开【图层状态管理器】对话框，单击【输出】按钮，如图 6-45 所示。

图 6-44 输入状态名

图 6-45 单击【输出】按钮

(5) 在打开的【输出图层状态】对话框中选择图层的保存位置，并输入图层状态的名称，然后单击【保存】按钮，即可保存并输出图层状态。

6.5.2　调用图层

在绘制图形时，如果要设置相同或相似的图层，可以调用保存后的图层状态，从而提高绘图效率。

【例 6-2】　调用图层状态　🎬视频

(1) 选择【格式】|【图层】命令，打开【图层特性管理器】选项板，单击【图层状态管理器】按钮，如图 6-46 所示。

(2) 在打开的【图层状态管理器】对话框中单击【输入】按钮，如图 6-47 所示。

图 6-46　单击【图层状态管理器】按钮　　　图 6-47　【图层状态管理器】对话框

(3) 在打开的【输入图层状态】对话框中单击【文件类型】选项右侧的下拉按钮，在弹出的下拉列表中选择【图层状态(*.las)】选项，然后选择前面输出的【建筑.las】图层状态文件，单击【打开】按钮，如图 6-48 所示。

(4) 在弹出的 AutoCAD 提示窗口中，单击【恢复状态】按钮，如图 6-49 所示。

(5) 返回【图层特性管理器】选项板，即可将【建筑.las】图层文件的图层状态输入到新建的图形文件中。

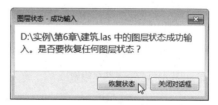

图 6-48　【输入图层状态】对话框　　　　图 6-49　信息提示窗口

6.6　实例演练

本小节综合应用所学的 AutoCAD 图层知识，包括创建、设置与管理图层等，练习绘制六角螺母和平垫圈二视图的操作。

6.6.1 绘制六角螺母

在 AutoCAD 中可以通过创建不同的图层，对图形中的各个对象进行分层管理，本节将应用图层功能、对象捕捉和绘图命令绘制如图 6-50 所示的六角螺母。

绘制本例螺母的具体操作如下。

(1) 执行 LAYER 命令，打开【图层特性管理器】选项板，如图 6-51 所示。

(2) 单击【新建图层】按钮 ，创建一个新图层，将其命名为【轮廓线】，如图 6-52 所示。

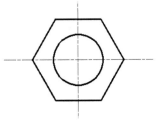

图 6-50　所要绘制的六角螺母

图 6-51　打开【图层特性管理器】选项板

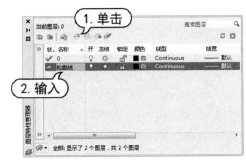

图 6-52　创建【轮廓线】图层

(3) 单击【轮廓线】图层的线宽标记，打开【线宽】对话框，在该对话框中设置轮廓线的线宽值为 0.35mm 并按空格键进行确定，如图 6-53 所示。

(4) 返回【图层特性管理器】选项板，新建一个图层，然后将其命名为【辅助线】，如图 6-54 所示。

图 6-53　设置图层线宽

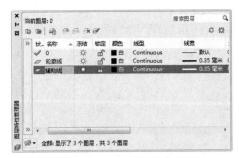

图 6-54　创建【辅助线】图层

(5) 单击【辅助线】图层的颜色标记，打开【选择颜色】对话框，选择【红】色作为此图层的颜色，如图 6-55 所示。

(6) 单击【辅助线】图层的线型标记，打开【选择线型】对话框，单击【加载】按钮，如图 6-56 所示。

(7) 在打开的【加载或重载线型】对话框中选择 ACAD_ISO08W100 线型，单击【确定】按钮，如图 6-57 所示。

(8) 已加载的线型便显示在【选择线型】对话框中，选择已加载的 ACAD_ISO08W100 线型，单击【确定】按钮，如图 6-58 所示，即可将此线型赋予【辅助线】图层。

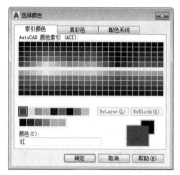

图 6-55　设置图层颜色

图 6-56　单击【加载】按钮

图 6-57　选择要加载的线型

图 6-58　选择已加载的线型

(9) 单击【辅助线】图层的线宽标记，在打开的【线宽】对话框中设置该图层的线宽为【默认】，再将【辅助线】图层设置为当前层，如图 6-59 所示。然后关闭【图层特性管理器】选项板。

(10) 执行 DSETTINGS(或 SE)命令，打开【草图设置】对话框，在【对象捕捉】选项卡中选中【启用对象捕捉】【交点】和【圆心】复选框并按空格键进行确定，如图 6-60 所示。

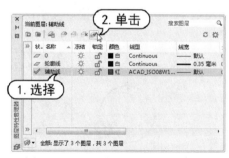

图 6-59　设置【辅助线】图层为当前层

图 6-60　设置对象捕捉

(11) 选择【格式】|【线宽】命令，在打开的【线宽设置】对话框中选中【显示线宽】复选框，打开线宽功能，如图 6-61 所示，单击【确定】按钮。

(12) 按 F8 键，开启【正交】模式。

(13) 输入 XLINE 并按空格键执行【构造线】命令，单击指定构造线的第一个点，然后向右指定构造线的通过点，再向下指定另一条构造线的通过点，绘制两条相互垂直的构造线，如图 6-62 所示。

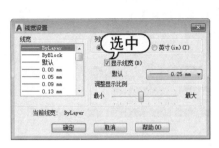

图 6-61　显示线宽

图 6-62　绘制构造线

(14) 将【轮廓线】图层设置为当前层，然后选择【绘图】|【圆】|【圆心、半径】命令，当系统提示【指定圆的圆心或[三点(3P)/两点(2P)/切点、切点、半径(T)]:】时，在如图 6-63 所示的交点处单击，指定圆心。

(15) 当系统提示【指定圆的半径或[直径(D)] ◇:】时，输入圆的半径为 50 并按空格键进行确认，如图 6-64 所示，即可创建一个圆。

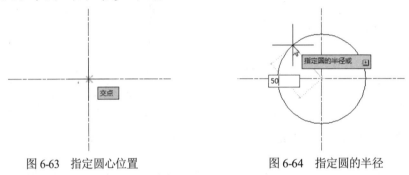

图 6-63　指定圆心位置　　　　　　　　图 6-64　指定圆的半径

(16) 选择【绘图】|【多边形】命令，根据系统提示输入多边形的侧面数(即边数)为 6 并按空格键进行确认，如图 6-65 所示。

(17) 当系统提示【指定正多边形的中心点或[边(E)]:】时，在构造线的交点处单击，指定多边形的中心点，如图 6-66 所示。

图 6-65　指定多边形的边数　　　　　　图 6-66　指定多边形的中心点

(18) 在弹出的菜单列表中选择【外切于圆】选项，如图 6-67 所示。

(19) 当系统提示【指定圆的半径:】时，输入圆的半径为 80 并按空格键进行确定，如图 6-68 所示，即可完成本例的绘制。

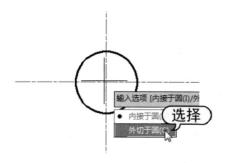

图 6-67　选择【外切于圆】选项

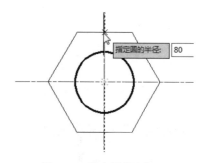

图 6-68　指定圆的半径

6.6.2　绘制平垫圈

本节将绘制平垫圈二视图，主要掌握图层的创建与设置，以及常用绘图命令和编辑命令的应用。本例平垫圈二视图的效果和尺寸如图 6-69 所示。

绘制本例平垫圈二视图的具体操作如下。

(1) 执行 LAYER 命令，打开【图层特性管理器】选项板，如图 6-70 所示。

(2) 单击【新建图层】按钮 ，创建一个新图层。将其命名为【轮廓线】，如图 6-71 所示。

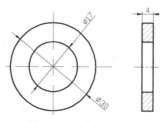

图 6-69　平垫圈二视图

图 6-70　打开【图层特性管理器】选项板

图 6-71　创建【轮廓线】图层

(3) 单击【轮廓线】图层的线宽标记，打开【线宽】对话框。在该对话框中设置轮廓线的线宽值为 0.35mm 并按空格键进行确定，如图 6-72 所示。

(4) 返回【图层特性管理器】选项板中，新建一个图层，然后将其命名为【中心线】，如图 6-73 所示。

图 6-72　设置图层线宽

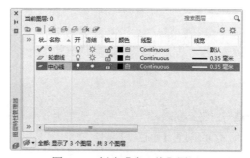

图 6-73　创建【中心线】图层

(5) 单击【中心线】图层的颜色标记,打开【选择颜色】对话框。选择【红】色作为此图层的颜色,如图 6-74 所示。

(6) 单击【中心线】图层的线型标记,打开【选择线型】对话框。单击【加载】按钮,如图 6-75 所示。

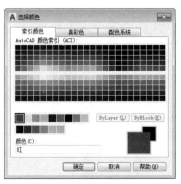

图 6-74 设置图层颜色

图 6-75 单击【加载】按钮

(7) 在打开的【加载或重载线型】对话框中选择 ACAD_ISO08W100 线型,单击【确定】按钮,如图 6-76 所示。

(8) 已加载的线型便显示在【选择线型】对话框中。选择已加载的 ACAD_ISO08W100 线型,单击【确定】按钮,如图 6-77 所示,即可将此线型赋予【中心线】图层。

图 6-76 选择要加载的线型

图 6-77 选择已加载的线型

(9) 单击【中心线】图层的线宽标记,在打开的【线宽】对话框中设置该图层的线宽为默认值,【中心线】图层如图 6-78 所示。

(10) 新建一个名为【填充线】的图层,设置其颜色为灰色,然后将【中心线】图层设置为当前层,如图 6-79 所示。之后关闭【图层特性管理器】选项板。

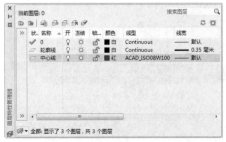

图 6-78 设置【中心线】特性

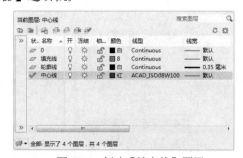

图 6-79 创建【填充线】图层

(11) 执行 DSETTINGS(或 SE)命令，打开【草图设置】对话框。在【对象捕捉】选项卡中选中【启用对象捕捉】【交点】和【圆心】选项并单击【确定】按钮，如图 6-80 所示。

(12) 选择【格式】|【线宽】命令，在打开的【线宽设置】对话框中选中【显示线宽】复选框，打开线宽功能，如图 6-81 所示。

图 6-80　设置对象捕捉

图 6-81　显示线宽

(13) 按 F8 键，开启【正交】模式。

(14) 执行 XL(构造线)命令，绘制两条相互垂直的构造线作为绘图的中心线，如图 6-82 所示。

(15) 将【轮廓线】图层设置为当前层。

(16) 执行 C(圆)命令，以中心线的交点为圆心，分别绘制半径为 8.5 和 15 的圆形，如图 6-83 所示。

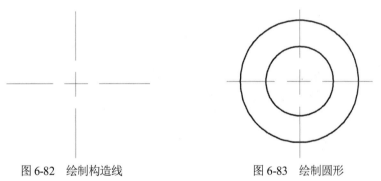

图 6-82　绘制构造线

图 6-83　绘制圆形

(17) 使用 L(直线)命令在圆的右方绘制一条垂直线，再通过捕捉圆和中心线上方的交点绘制一条水平线作为辅助线，如图 6-84 所示。

(18) 执行 REC(矩形)命令，以辅助线的交点为矩形的第一个角点，设置矩形另一个角点的相对坐标为(@4,-30)。绘制一个长度为 4、宽度为 30 的矩形。然后将辅助线删除，效果如图 6-85 所示。

(19) 执行 X(分解)命令，选择矩形将其分解。

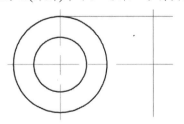

图 6-84　绘制辅助线

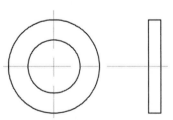

图 6-85　绘制矩形

(20) 执行 O(偏移)命令,将矩形上方线段向下偏移 6.5,将矩形下方线段向上偏移 6.5,如图 6-86 所示。

(21) 设置【填充线】图层为当前层。然后使用 L(直线)命令在右方小矩形框中绘制斜线作为填充线,再适当调节中心线,完成本例的制作,效果如图 6-87 所示。

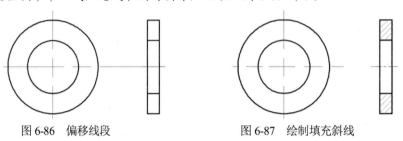

图 6-86　偏移线段　　　　　　　　　　　　图 6-87　绘制填充斜线

6.7　习题

1. 如果不通过图层,在绘制图形时,怎样才能使绘制的图形显示为红色?

2. 在不改变该图层上其他图形对象特性的前提下,使用什么方法可以设置同一个图层上不同对象的特性?

3. 为什么设置好图层的线宽和线型后,在绘图区中的图形还是没有显示需要的线宽和线型?

4. 应用所学的图层知识,参照如图 6-88 所示的图层效果,创建其中的图层并设置相应的图层属性。

5. 结合所学的图层和绘图命令,参照图 6-89 所示的底座效果和尺寸,创建图形的【轮廓线】和【中心线】图层,然后在不同的图层中完成该图形的绘制。

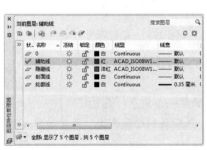

图 6-88　创建图层

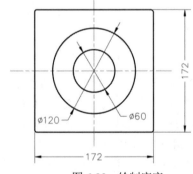

图 6-89　绘制底座

第7章

块与设计中心

通过定义块和插入块，可以在 AutoCAD 制图过程中，快速完成相同对象的创建，从而节约大量的时间和精力。在 AutoCAD 中，用户还可以使用设计中心搜索和插入外部图形。

本章重点

- 创建块
- 修改块
- 应用设计中心

- 插入块
- 应用属性块

二维码教学视频

【例 7-1】创建平开门块对象
【例 7-3】在茶几上插入花瓶
【例 7-5】创建拉线灯
【实例演练】绘制平面图中的平开门

【例 7-2】创建台灯外部块
【例 7-4】创建吊灯

【实例演练】绘制建筑标高

7.1 创建块

块是一组图形实体的总称，是多个不同颜色、线型和线宽特性的对象的组合。块是一个独立的、完整的对象。用户可以根据需要按一定比例和角度将图块插入任意指定位置。

7.1.1 创建内部块

创建内部块是将对象组合在一起，存储在当前图形文件内部，可以对其进行移动、复制、缩放或旋转等操作。

执行【创建】命令有以下 3 种方法。

▽ 选择【绘图】|【块】|【创建】命令。

▽ 单击【块】面板中的【创建】按钮 。

▽ 执行 BLOCK(或 B)命令。

执行 BLOCK(或 B)命令，将打开【块定义】对话框，如图 7-1 所示。在该对话框中可进行定义内部块的操作，其中主要选项的含义如下。

▽ 名称：在该文本框中输入将要定义的图块名。单击列表框右侧的下拉按钮 ，系统会显示图形中已定义的图块的名称，如图 7-2 所示。

▽ 拾取点：在绘图中拾取一点作为图块插入基点。

▽ 选择对象：选取组成块的实体。

▽ 转换为块：创建块以后，将选定对象转换成图形中的块引用。

▽ 删除：生成块后将删除源实体。

▽ 快速选择 ：单击该按钮，将打开【快速选择】对话框，在其中可以定义选择集。

▽ 按统一比例缩放：选中该复选框，在对块进行缩放时将按统一的比例进行缩放。

▽ 允许分解：选中该复选框，可以对创建的块进行分解；如果取消选中该复选框，将不能对创建的块进行分解。

图 7-1 【块定义】对话框

图 7-2 已定义的图块

【例 7-1】 创建平开门块对象 视频

(1) 使用矩形和圆弧命令绘制一个宽度为 800 的平开门，如图 7-3 所示。

(2) 执行 Block(或 B)命令，打开【块定义】对话框。在【名称】文本框中输入图块的名称

【平开门】。然后单击【选择对象】按钮 ✛，如图 7-4 所示。

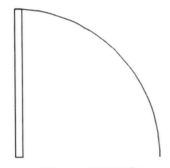

图 7-3 绘制平开门   图 7-4 单击【选择对象】按钮

(3) 进入绘图区使用窗交方式选择平开门图形，按空格键进行确定后返回【块定义】对话框，在其中单击【拾取点】按钮 。

(4) 进入绘图区，指定块的基点，如图 7-5 所示。

(5) 按空格键进行确定后返回【块定义】对话框，然后单击【确定】按钮，完成块的创建。

(6) 将光标移到块对象上，显示块的信息，如图 7-6 所示。

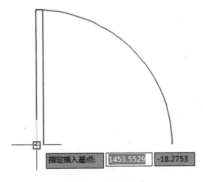

图 7-5 指定基点   图 7-6 显示块的信息

> **提示**
>
> 通常情况下，都是选择块的中心点或左下角点为块的基点。块在插入的过程中，可以围绕基点旋转。旋转角度为 0 的块，将根据创建时使用的 UCS 定向。如果输入的是一个三维基点，则按照指定标高插入块。如果忽略 Z 坐标数值，系统将使用当前标高。

7.1.2 创建外部块

执行【写块】命令 WBLOCK(或 W)可以创建一个独立存在的图形文件，使用 WBLOCK(或 W)命令定义的图块被称作外部块。其实外部块就是一个 DWG 图形文件，当使用 WBLOCK(或 W)命令将图形文件中的整个图形定义成外部块并写入一个新文件时，将自动删除文件中未使用的层定义、块定义、线型定义等。

执行 WBLOCK(或 W)命令，将打开【写块】对话框，如图 7-7 所示。【写块】对话框中主要选项的含义如下。

▽ 块：指定要存为文件的现有图块。

计算机基础与实训教材系列

▽ 整个图形：将整个图形写入外部块文件。

▽ 对象：指定要存为文件的对象。

▽ 保留：将选定对象存为文件后，在当前图形中仍将保留它。

▽ 转换为块：将选定对象存为文件后，从当前图形中将它转换为块。

▽ 从图形中删除：将选定对象存为文件后，从当前图形中将它删除。

▽ 选择对象⊕：选择一个或多个保存至该文件的对象。

▽ 文件名和路径：在列表框中可以指定保存块或对象的文件名。单击列表框右侧的浏览按
钮......，在打开的【浏览图形文件】对话框中可以选择合适的文件路径，如图7-8所示。

▽ 插入单位：指定新文件插入块时所使用的单位。

图7-7 【写块】对话框

图7-8 【浏览图形文件】对话框

提示

可以将所有的 DWG 图形文件都视为外部块插入其他的图形文件中，不同的是，使用
WBLOCK 命令定义的外部块文件的插入基点是用户已设置好的，而用 NEW 命令创建的图形文
件，在插入其他图形中时将以坐标原点(0,0,0)作为其插入点。

【例7-2】 创建台灯外部块 📹视频

(1) 打开【灯具.dwg】图形文件，如图7-9所示。

(2) 执行 WBLOCK(或 W)命令，打开【写块】对话框，单击【选择对象】按钮⊕，如图7-10
所示。

图7-9 打开素材

图7-10 【写块】对话框

(3) 在绘图区中选择右上角的台灯作为要组成外部块的图形，如图 7-11 所示，然后按下空格键进行确定后返回【写块】对话框。

(4) 单击【写块】对话框中【文件名和路径】列表框右方的【浏览】按钮，打开【浏览图形文件】对话框，设置好块的保存路径和块名称，如图 7-12 所示。

(5) 单击【保存】按钮，返回【写块】对话框，单击【拾取点】按钮，进入绘图区指定外部块的基点位置，然后单击【确定】按钮，完成定义外部块的操作。

图 7-11　选择图形

图 7-12　设置块名和路径

7.2　插入块

在绘图过程中，如果要多次使用相同的图块，可以使用插入块的方法提高绘图效率。通常可以使用【插入】命令和【设计中心】命令插入需要的块。

7.2.1　使用【块】选项板

用户可以根据需要，使用【块】选项板按一定比例和角度将需要的图块插入指定位置。执行【块】选项板命令包括以下 3 种常用方法。

▽　选择【插入】|【块选项板】命令。

▽　单击【块】面板中的【插入】下拉按钮，在下拉列表中选择【最近使用的块】或【其他图形中的块】选项，如图 7-13 所示。

▽　执行 INSERT(或 I)命令。

执行【插入(I)】命令，将打开【块】选项板，在该选项板中可以选择并设置插入的对象，如图 7-14 所示。

图 7-13　单击【插入】下拉按钮

图 7-14　打开【块】选项板

在【块】选项板中包括【其他图形】【最近使用】和【当前图形】3 个选项卡，分别用于插入其他图形文件中的图块、快速插入最近使用的图块和快速插入当前图形中存在的图块。【其他图形】选项卡中包含了另外两个选项卡中的选项，其主要选项的含义如下。

▽ **...** 【浏览】按钮：用于浏览文件。单击该按钮，将打开【选择图形文件】对话框，用户可在该对话框中选择要插入的外部块文件，如图 7-15 所示。

▽ 比例：选中该复选框，可以在插入块时显示指定比例的提示，否则将直接以设置的比例进行插入。在【比例】下拉列表框中可以选择【比例】和【统一比例】两种方式，【统一比例】用于统一 X、Y、Z 这 3 个轴向上的缩放比例，如图 7-16 所示。

▽ 旋转：选中该复选框，可以在插入块时显示指定旋转角度的提示。用户也可以在后面的【角度】文本框中输入旋转角度值。

▽ 重复放置：选中该复选框，可以在插入块时显示重复插入块的提示，该选项在需要连续插入多个相同块时非常有用。

▽ 分解：该复选框用于确定是否在插入图块时将其分解成原有的组成实体。

图 7-15 【选择图形文件】对话框

图 7-16 选择比例方式

将外部块文件插入当前图形后，其内包含的所有块定义(外部嵌套块)也会同时被带入当前图形，并生成同名的内部块，以后在该图形中可以随时调用。当外部块文件中包含的块定义与当前图形中已有的块定义同名时，当前图形中的块定义将自动覆盖外部块包含的块定义。

【例 7-3】 在茶几上插入花瓶 视频

(1) 打开【沙发.dwg】图形文件，如图 7-17 所示。

(2) 执行【插入(I)】命令，打开【块】选项板，然后单击【浏览】按钮，如图 7-18 所示。

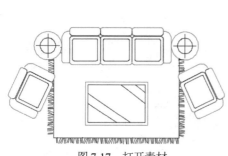

图 7-17 打开素材

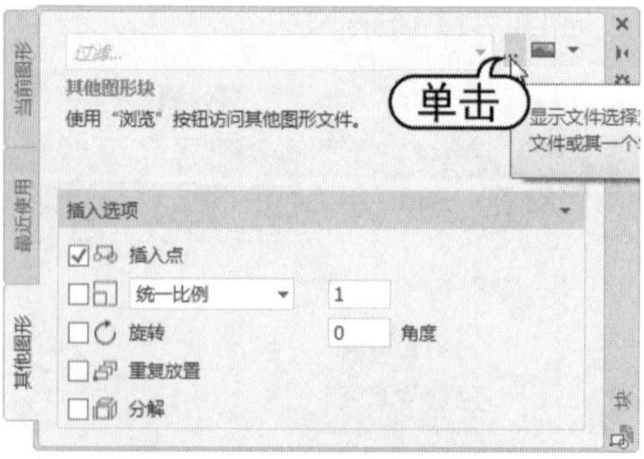

图 7-18 单击【浏览】按钮

(3) 在打开的【选择图形文件】对话框中选择并打开【花瓶.dwg】图形，如图 7-19 所示。

(4) 返回到【块】选项板中，设置好插入参数，然后单击加载到选项板中的【花瓶】图块，如图 7-20 所示。

图 7-19 【选择图形文件】对话框

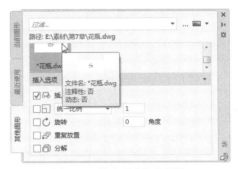

图 7-20 单击【花瓶】图块

(5) 进入绘图区，指定插入块的插入点位置，如图 7-21 所示，插入花瓶后的效果如图 7-22 所示。

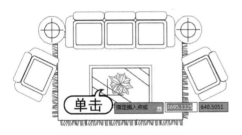

图 7-21 指定插入点

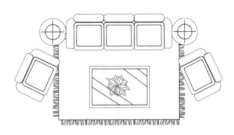

图 7-22 插入花瓶后的效果

提示

在将图块作为一个实体插入当前图形的过程中，AutoCAD 会将其作为一个整体对象来操作，其中的实体，如线、面和三维实体等均具有相同的图层和线型等。

7.2.2 定数等分插入块

定数等分插入块的方法与创建定数等分点的方法相同。执行【定数等分(DIVIDE)】命令，选择要定数等分的对象，然后根据系统提示信息【输入线段数目或[块(B)]:】，输入 B 并按空格键进行确定，选择【块】选项，系统将提示【输入要插入的块名】，此时输入要插入的块名并按空格键进行确定，再根据提示完成定数等分操作，即可按指定的数目对选择的对象进行等分。

【例 7-4】 创建吊灯 视频

(1) 打开【吊灯.dwg】素材图形，该图形中存在一个同心圆图块，如图 7-23 所示。

(2) 执行 DIVIDE(或 DIV)命令，选择如图 7-24 所示的圆形对象。

(3) 当系统提示【输入线段数目或[块(B)]:】时，输入 b 并按空格键进行确定，如图 7-25 所示。

(4) 当系统提示【输入要插入的块名：】时，输入要插入的块的名称【同心圆】(该图形中已经创建好了该图块)，如图 7-26 所示。

图 7-23　打开素材图形

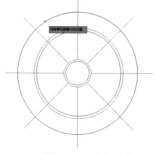

图 7-24　选择对象

图 7-25　输入 b 并按空格键进行确定

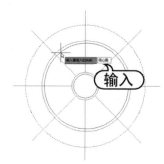

图 7-26　输入块名

(5) 当系统提示【是否对齐块和对象？[是(Y)/否(N)] <Y>:】时，保持默认选项。

(6) 当系统提示【输入线段数目：】时，输入线段数目 8，如图 7-27 所示。

(7) 删除辅助圆，定数等分插入块对象后的效果如图 7-28 所示。

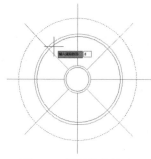

图 7-27　设置线段数目

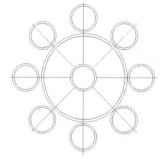

图 7-28　定数等分插入块后的效果

💾 提示

　　使用 DIVIDE 命令将图形等分，只是在等分点处插入点、图块等标记。被等分的图形依然是一个实体。修改被等分的实体不会影响所插入的图块。

7.2.3　定距等分插入块

　　定距等分插入块的方法与创建定距等分点的方法相同。执行【定距等分(MEASURE)】命令，选择要定距等分的对象，然后根据系统提示信息【指定线段长度或[块(B)]:】，输入 B 并按空格键进行确定，选择【块】选项。系统将提示【输入要插入的块名】，此时输入要插入的块的名称并按空格键进行确定，再根据提示完成定距等分操作，即可按指定的长度对选择的对象进行等分。

【例 7-5】 创建拉线灯 ⚙视频

(1) 绘制一个灯具，使用【圆】命令绘制一个半径为 40 的圆，然后使用【直线】命令通过圆心绘制两条长度为 120 且相互垂直的线段，如图 7-29 所示。

(2) 执行 BLOCK(或 B)命令，打开【块定义】对话框。设置块名称为【灯具】。然后选择绘制的图形，将其创建为块对象，如图 7-30 所示。

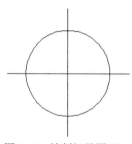

图 7-29　绘制灯具图形

图 7-30　创建块对象

(3) 使用【直线】命令绘制一条长度为 1800 的线段作为拉线灯的支架。

(4) 执行 MEASURE(或 ME)命令，根据系统提示选择绘制的线段作为要定距等分的对象，如图 7-31 所示。

(5) 当系统提示【指定线段长度或 [块(B)]:】时，输入 b 并按空格键进行确定，如图 7-32 所示。

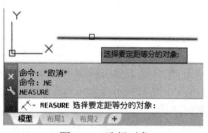

图 7-31　选择对象

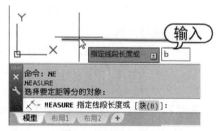

图 7-32　输入 b 并按空格键进行确定

(6) 当系统提示【输入要插入的块名:】时，输入需要插入块的名称【灯具】并按空格键进行确定，如图 7-33 所示。

(7) 当系统提示【是否对齐块和对象？[是(Y)/否(N)] <Y>:】时，保持默认选项，然后按空格键进行确定，如图 7-34 所示。

图 7-33　输入块名

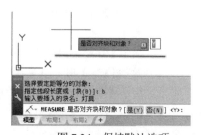

图 7-34　保持默认选项

(8) 当系统提示【指定线段长度:】时，输入要插入块的间距为 500，如图 7-35 所示。然后进行确定，等距插入块图形后的效果如图 7-36 所示。

图 7-35　设置插入块的间距　　　　　　　　　　图 7-36　插入等距块

7.2.4　阵列插入块

当需要同时插入多个具有规律的图块时，使用阵列方式插入图块，可以快速完成绘图操作。使用【阵列插入块(MINSERT)】命令可以将图块以矩形阵列复制方式插入当前图形中，并将插入的矩形阵列视为一个实体。在建筑设计中常用此命令插入室内柱子和灯具等对象。

执行【阵列插入块(MINSERT)】命令后，可以根据系统提示输入要插入块的名称。系统将继续提示【指定插入点或[基点(B)/比例(S)/X/Y/Z/旋转(R)]:】，其中各选项的含义如下。

▽　指定插入点：指定以阵列方式插入图块的插入点。

▽　基点(B)：指定以阵列方式插入图块的基点。

▽　比例(S)：输入 X、Y、Z 轴方向的图块缩放比例因子。

▽　旋转(R)：指定插入图块的旋转角度，控制每个图块的插入方向，同时也控制所有矩形阵列的旋转方向。

在确定插入点、比例和旋转角度后，可以根据系统提示输入阵列的行数和列数。如果输入的行数大于一行，系统将提示【输入行间距或指定单位单元(---):】，在该提示下可以输入矩形阵列的行距；如果输入的列数大于一列，系统将提示【指定列间距(‖‖):】，在该提示下可以输入矩形阵列的列距。

【动手练】使用阵列插入块创建 3 行、4 列的矩形阵列图块。

(1) 绘制一个半径为8的圆和一个半径为12的外切于圆的六边形，然后将其创建为块对象，块名为【螺母】，如图7-37所示。

(2) 输入 MINSERT 命令并按空格键进行确定，当系统提示【输入块名】时，输入要插入的图块名称【螺母】，然后按 Enter 键进行确定。

(3) 当系统提示【指定插入点或[基点(B)/比例(S)/X/Y/Z/旋转(R)]:】时，指定插入图块的基点位置。

(4) 当系统提示【输入 X 比例因子，指定对角点，或[角点(C)/XYZ(XYZ)] <当前>:】时，设置 X 比例因子为1。

(5) 当系统提示【输入 Y 比例因子或<使用 X 比例因子>:】时，直接按空格键进行确定；当系统提示【指定旋转角度<当前>:】时，设置插入图块的旋转角度为 0。

(6) 当系统提示【输入行数 (---)<当前>:】时，设置行数为 3 并按空格键进行确定。

(7) 当系统提示【输入列数(‖‖) <当前>:】时，输入列数为 4 并按空格键进行确定。

(8) 根据系统提示输入行间距为 30 并按空格键进行确定。

(9) 根据系统提示输入列间距为 30，然后按空格键进行确定，完成阵列插入矩形图块的操作，效果如图 7-38 所示。

图 7-37　创建块对象

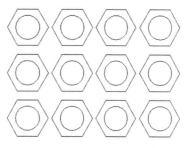

图 7-38　阵列插入图块

7.3　修改块

创建好块对象后，可以根据需要对块进行修改，包括重命名块、分解块和编辑块定义等操作。

7.3.1　分解块

块作为一个整体进行操作，用户可以对其进行移动、旋转、复制等操作，但不能直接对其进行缩放、修剪、延伸等操作。如果想对图块中的元素进行编辑，可以先将块分解，然后对其中的每一条线进行编辑。

执行【分解(X)】命令，在弹出命令提示后选择要进行分解的块对象，按空格键即可将图块分解为多个图形对象。

7.3.2　编辑块定义

除了将图块进行分解，再对其进行编辑操作外，还可以直接更改图块的内容，如更改图块的大小、拉伸图块以及修改图块中的线条等。

执行【块编辑器】命令包括以下两种常用方法。

▽　选择【工具】|【块编辑器】命令。

▽　执行 BEDIT(或 BE)命令。

执行【块编辑器】命令，将打开【编辑块定义】对话框，在选择要编辑的块后，单击【确定】按钮，即可打开图块编辑区，在该区域中可对图形进行修改。

【动手练】编辑栏杆图块中的长度。

(1) 打开【栏杆.dwg】素材文件，效果如图 7-39 所示。

(2) 执行 BEDIT(或 BE)命令，打开【编辑块定义】对话框，在【要创建或编辑的块】列表中选择要编辑的图块，然后单击【确定】按钮，如图 7-40 所示。

(3) 在打开的图块编辑区中删除图形中右方的 4 根栏杆。

(4) 执行【拉伸(S)】命令，使用窗交方式选择右方的图形，如图 7-41 所示。

(5) 将光标向左移动，输入拉伸图形的距离为 1100 并按空格键进行确定，如图 7-42 所示。

计算机基础与实训教材系列

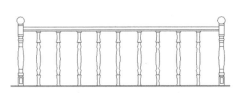

图 7-39　素材图形效果

图 7-40　【编辑块定义】对话框

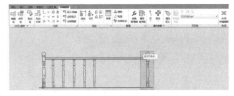

图 7-41　选择拉伸图形

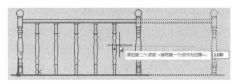

图 7-42　输入拉伸距离

(6) 单击图块编辑区中的【关闭块编辑器】按钮，如图 7-43 所示。

(7) 在打开的【块-未保存更改】对话框中选择【将更改保存到栏杆(S)】选项，如图 7-44 所示，即可完成图块的编辑。

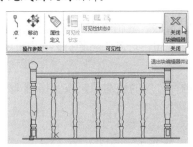

图 7-43　单击【关闭块编辑器】按钮

图 7-44　选择所需要的选项

7.3.3　重命名块

使用【重命名】命令可以根据需要对图块的名称进行修改，更改名称后的图块不会影响图块的组成元素。执行【重命名】命令有以下两种常用方法。

▽　选择【格式】|【重命名】命令。

▽　执行 RENAME 命令。

【动手练】修改块的名称。

(1) 打开【栏杆.dwg】素材文件。选择【格式】|【重命名】命令，打开【重命名】对话框。

(2) 在对话框的【命名对象】列表框中选择【块】选项，在【项数】列表框中选择要更改的块名称，在【旧名称】选项框中将显示选中块的名称，然后在【重命名为】按钮后的文本框中输入新的块名称，如图 7-45 所示。

(3) 单击【确定】按钮即可修改块名，并在命令行显示已重命名的提示，如图 7-46 所示。

计算机基础与实训教材系列

图 7-45　重命名图块　　　　　　　　　　　　图 7-46　系统提示

7.3.4　清理未使用的块

在绘制图形的过程中，如果当前图形文件中定义了某些图块，但是没有插入当前图形中，则可以将这些块清除。

【动手练】清理图形中未使用的块。

(1) 选择【文件】|【图形实用工具】|【清理】命令，打开【清理】对话框。

(2) 单击【可清除项目】按钮，选中【所有项目】复选框，就可以选中所有可以清除的项目，如图 7-47 所示。

(3) 单击【清除选中的项目】按钮或【全部清理】按钮，将打开【清理-确认清理】对话框，如图 7-48 所示，即可根据需要清除多余的块。然后单击【清理】对话框中的【关闭】按钮，结束清理操作。

图 7-47　【清理】对话框　　　　　　　　図 7-48　【清理-确认清理】对话框

7.4　应用属性块

将带属性的图形定义为块，在插入块的同时，即可为其指定相应的属性值，从而节省了为图块进行多次文字标注的操作。

7.4.1　定义图形属性

在 AutoCAD 中，为了增强图块的通用性，可以为图块增加一些文本信息，这些文本信息被称为属性。属性是从属于块的文本信息，是块的组成部分。属性必须信赖于块而存在，当用户对块进行编辑时，包含在块中的属性也将被编辑。

执行【定义属性】命令有以下两种常用方法。

▽ 选择【绘图】|【块】|【定义属性】命令。

▽ 执行 ATTDEF(或 ATT)命令。

执行 ATTDEF(或 ATT)命令，将打开【属性定义】对话框，在该对话框中可定义块属性，如图 7-49 所示。

【属性定义】对话框中主要选项的含义如下。

▽ 不可见：选中该复选框，属性将不在屏幕上显示。

▽ 固定：选中该复选框后，属性值将被设置为常量。

▽ 标记：可以输入所定义属性的标志。

▽ 提示：在该文本框中，可以输入插入属性块时要提示的内容。

图 7-49 【属性定义】对话框

▽ 默认：可以输入块属性的默认值。

▽ 对正：在该下拉列表框中，可以设置块文本的对齐方式。

▽ 文字样式：在该下拉列表框中，可以选择块文本的字体。

▽ 文字高度：单击该按钮即可在绘图区中指定文本的高度，也可在左侧的文本框中输入高度值。

▽ 旋转：单击该按钮即可在绘图区中指定文本的旋转角度，也可在左侧的文本框中输入旋转角度值。

【动手练】为图形定义属性。

(1) 打开【壁灯.dwg】图形文件，如图 7-50 所示。

(2) 执行 ATTDEF(或 ATT)命令，在打开的【属性定义】对话框中设置标记值为 200，在【提示】文本框中输入【壁灯】，设置文字高度为 20 并按空格键进行确定，如图 7-51 所示。

图 7-50 打开图形 　　　　　　　图 7-51 【属性定义】对话框

(3) 在绘图区中指定插入属性的位置，如图 7-52 所示，即可为图形创建属性信息，效果如图 7-53 所示。

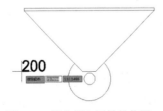

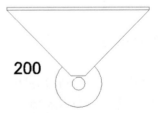

图 7-52 指定插入属性的位置 　　　　　图 7-53 创建属性信息

7.4.2　创建带属性的块

要使用具有属性的块，必须首先对属性进行定义。然后使用 BLOCK 或 WBLOCK 命令将属性定义成块后，才能将其以指定的属性值插入图形中。

【动手练】 创建属性块。

(1) 打开【壁灯.dwg】图形文件，参照前面的内容为图形创建属性信息。

(2) 执行【创建块(B)】命令，在打开的【块定义】对话框中设置块的名称为【壁灯】，然后单击【选择对象】按钮，如图 7-54 所示。

(3) 在绘图区中选择灯具和创建的属性对象并按空格键进行确定，如图 7-55 所示。

(4) 返回【块定义】对话框中，单击【确定】按钮，然后在打开的【编辑属性】对话框中对属性进行编辑，或直接单击【确定】按钮，即可完成属性块的创建，如图 7-56 所示。

图 7-54　单击【选择对象】按钮

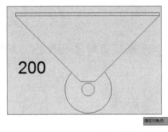

图 7-55　选择对象

图 7-56　编辑属性或进行确定

提示

在块对象中，属性是包含文本信息的特殊实体，不能独立存在及使用，在插入块时才会出现。

7.4.3　显示块属性

在创建好属性块后，可以执行【属性显示】命令来控制属性的显示状态。执行【属性显示】命令有如下两种方法。

▽　选择【视图】|【显示】|【属性显示】命令，然后选择其中的子命令。

▽　执行 ATTDISP 命令。

执行 ATTDISP 命令后，系统将提示【输入属性的可见性设置[普通(N)/开(ON)/关(OFF)]:】。其中，普通选项用于恢复属性定义时设置的可见性；ON/OFF 选项用于控制块属性暂时可见或不可见。

7.4.4　编辑块属性值

在 AutoCAD 中，每个图块都有自己的属性，如颜色、线型、线宽和层特性等。执行【编辑属性】命令可以编辑块中的属性定义，可以通过增强属性编辑器修改属性值。

执行【编辑属性】命令包括以下两种常用方法。

▽　选择【修改】|【对象】|【属性】|【单个】命令。

▽　执行 EATTEDIT 命令。

【动手练】编辑块的属性值。

(1) 创建一个带属性的块对象，如前面介绍的灯具属性块。

(2) 选择【修改】|【对象】|【属性】|【单个】命令，然后选择创建的属性块，打开【增强属性编辑器】对话框，在【属性】列表框中选择要修改的属性项，在【值】文本框中输入新的属性值，或保留原属性值，如图 7-57 所示。

(3) 打开【文字选项】选项卡，在该选项卡中的【文字样式】下拉列表框中可重新选择文字样式，如图 7-58 所示。

图 7-57　修改属性值

图 7-58　修改文字参数

(4) 打开【特性】选项卡，可以重新设置对象的特性，如图 7-59 所示。单击【确定】按钮完成编辑，效果如图 7-60 所示。

图 7-59　修改特性

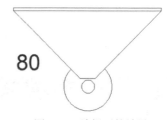

图 7-60　编辑后的效果

7.5　应用设计中心

AutoCAD 的制图人员通常会通过设计中心进行图形的浏览、搜索和插入等操作，下面将介绍 AutoCAD 设计中心的作用和应用。

7.5.1　设计中心的作用

通过设计中心可以方便地浏览计算机或网络上任何图形文件中的内容，其中包括图块、标注样式、图层、布局、线型、文字样式和外部参照。另外，可以使用设计中心从任意图形中选择图块，或从 AutoCAD 图元文件中选择填充图案，然后将其置于工具选项板上以便使用。

AutoCAD 设计中心主要包括以下 3 个方面的作用。

▽　浏览图形内容，包括从经常使用的文件图形到网络上的符号。

▽　在本地硬盘和网络驱动器上搜索和加载图形文件，可将图形从设计中心拖到绘图区域并打开图形。

▽　查看文件中的图形和图块定义，并可将其直接插入或复制并粘贴到当前文件中。

7.5.2　认识【设计中心】选项板

要在 AutoCAD 中应用设计中心进行图形的浏览、搜索和插入等操作，首先需要打开【设计中心】选项板。

执行【设计中心】命令有如下几种常用方法。

▽　选择【工具】|【选项板】|【设计中心】命令。

▽　执行 ADCENTER(或 ADC)命令。

▽　按 Ctrl+2 组合键。

执行【设计中心】命令即可打开【设计中心】选项板，如图 7-61 所示。在树状视图窗口中显示了图形源的层次结构，右边的控制板用于查看图形文件的内容。展开文件夹标签，选择指定文件的块选项，在右边控制板中便会显示该文件中的图块文件。在设计中心界面的上方有一系列工具栏按钮，单击任意一个按钮，即可显示相关的内容。

【设计中心】选项板中常用选项的作用如下。

▽　加载：用于打开【加载】对话框，向控制板中加载内容，如图 7-62 所示。

▽　上一页：单击该按钮进入上一次浏览的页面。

▽　下一页：在选择浏览上一页操作后，可以单击该按钮返回到后来浏览的页面。

▽　上一级目录：回到上级目录。

▽　搜索：搜索文件内容。

▽　树状图切换：扩展或折叠子层次。

▽　显示：控制图标显示形式，单击右侧的下拉按钮可调出四种方式：大图标、小图标、列表和详细内容。

图 7-61　设计中心

图 7-62　【加载】对话框

7.5.3　搜索文件

使用AutoCAD设计中心的搜索功能，可以搜索文件、图形、块和图层定义等。从AutoCAD设计中心的工具栏中单击【搜索】按钮，打开【搜索】对话框，在该对话框的查找栏中可以选择要查找的内容类型，包括标注样式、布局、块、填充图案、图层和图形等。

【动手练】在【设计中心】选项板中搜索图形。

(1) 执行 ADCENTER(或 ADC)命令，打开【设计中心】选项板。单击工具栏中的【搜索】

按钮，打开【搜索】对话框。然后单击【浏览】按钮，如图 7-63 所示。

(2) 在打开的【浏览文件夹】对话框中选择搜索的位置，然后单击【确定】按钮，如图 7-64 所示。

图 7-63　单击【浏览】按钮　　　　　图 7-64　选择搜索的位置

(3) 返回【搜索】对话框中输入要搜索的图形名称。然后单击【立即搜索】按钮，即可开始搜索指定的文件，其结果显示在对话框的下方列表中，如图 7-65 所示。

(4) 双击搜索到的文件，可以将其加载到【设计中心】选项板中，如图 7-66 所示。

图 7-65　搜索文件　　　　　　　　　图 7-66　加载文件

> **提示**
>
> 单击【立即搜索】按钮即可开始进行搜索，其结果显示在对话框的下方列表中。如果在完成全部搜索前就已经找到了所要的内容，可单击【停止】按钮停止搜索；单击【新搜索】按钮可清除当前的搜索内容，重新进行搜索。在搜索到所需要的内容后，选中并双击即可直接将其加载到控制选项板上。

7.5.4　在图形中添加对象

应用 AutoCAD 设计中心不仅可以搜索需要的文件，还可以向图形中添加内容。在【设计中心】选项板中将块对象拖到打开的图形中，即可将该内容加载到图形中。如果在【设计中心】选项板中双击块对象，则可以打开【插入】对话框，然后将指定的块对象插入图形中。

【动手练】插入设计中心的图块。

(1) 执行 ADCENTER(或 ADC)命令，打开【设计中心】选项板。

(2) 参照图 7-67 所示的效果，在【设计中心】选项板的【文件夹列表】中选择要插入图块文件的位置，并单击【块】选项，在右侧的文件列表中双击 DR-72P 图标。

(3) 在打开的【插入】对话框中单击【确定】按钮，如图 7-68 所示。

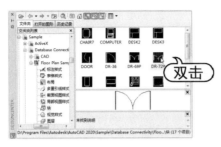

图 7-67　双击打开块对象的图标　　　　　图 7-68　单击【确定】按钮

（4）进入绘图区，指定图块的插入点，如图 7-69 所示。即可将指定的双开门图块插入绘图区中，如图 7-70 所示。

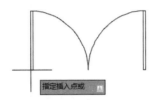

图 7-69　指定图块的插入点　　　　　　图 7-70　插入双开门后的效果

> **提示**
>
> 使用【设计中心】命令不仅可以插入 AutoCAD 自带的图块，还可以插入其他文件中的图块。在【设计中心】选项板中找到并展开要打开的图块，双击该图块打开【插入】对话框将其插入绘图区中，也可以将图块从【设计心中】选项板直接拖到绘图区中。

7.6　实例演练

本小节练习绘制平面图的平开门和建筑标高图形，巩固所学的创建块、插入块与属性块的知识和具体应用。

7.6.1　绘制平面图中的平开门

本例将结合前面所学的创建块和插入块的命令，在如图 7-71 所示的平面图中绘制门图形，完成后的效果如图 7-72 所示。

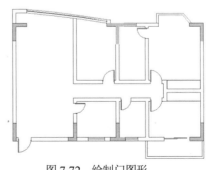

图 7-71　平面图素材　　　　　　　　　图 7-72　绘制门图形

计算机基础与实训教材系列

绘制本例平开门的具体操作步骤如下。

(1) 打开【平面图.dwg】图形文件，使用【矩形】和【圆弧】命令在右上方的卧室内门洞处绘制一个厚度为 40、宽为 800 的平开门，如图 7-73 所示。

(2) 执行【创建块(B)】命令，打开【块定义】对话框，输入块名称【门 800】，然后单击【选择对象】按钮，如图 7-74 所示。

图 7-73　绘制平开门

图 7-74　【块定义】对话框

(3) 在绘图区中选择平开门图形，再返回【块定义】对话框中单击【拾取点】按钮，在门的左下方端点处指定块的基点，如图 7-75 所示，然后按 Enter 键进行确定，即可创建门图块。

(4) 执行【镜像(MI)】命令，对门图块进行两次镜像复制，效果如图 7-76 所示。

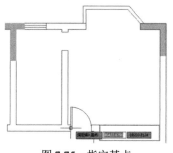

图 7-75　指定基点

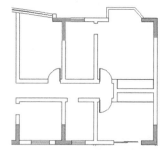

图 7-76　镜像复制平开门

(5) 使用【矩形(REC)】命令绘制一个长为 700、宽为 40 的矩形，再使用【圆弧(A)】命令绘制一段圆弧，在左下方的厨房门洞处绘制平开门，如图 7-77 所示。

(6) 执行【创建块(B)】命令，打开【块定义】对话框，输入块名称【门700】，然后单击【选择对象】按钮，如图 7-78所示。

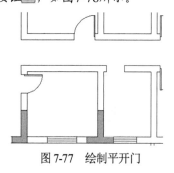

图 7-77　绘制平开门

图 7-78　【块定义】对话框

(7) 在绘图区中选择长度为700的平开门图形并按 Enter 键进行确定，返回【块定义】对话框，单击【拾取点】按钮，然后在门的左上方端点处指定块的基点，如图7-79所示，然后按 Enter 键进行确定。

(8) 执行【插入(I)】命令，打开【块】选项板，在【当前图形】选项卡中单击【门700】块对象，如图7-80所示。

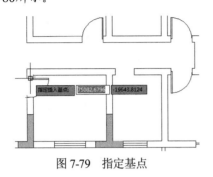

图 7-79 指定基点

图 7-80 单击图块

(9) 在绘图区卫生间门洞的中点处指定图块的插入点，如图 7-81 所示。

(10) 执行【镜像(MI)】命令，对插入的门图块进行镜像，效果如图 7-82 所示。

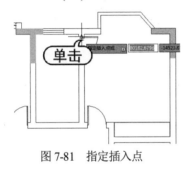

图 7-81 指定插入点

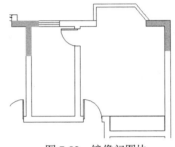

图 7-82 镜像门图块

(11) 执行【插入(I)】命令，将【门700】图块插入下方次卫生间的门洞中，效果如图7-83所示。

(12) 执行【旋转(RO)】命令，将刚插入的门图块逆时针旋转90°，再执行【镜像(MI)】命令，将旋转的门图块镜像一次，效果如图 7-84 所示。

(13) 使用【矩形(REC)】和【圆弧(A)】命令在进门处绘制一个宽度为 900 的平开门，完成本例图形的绘制。

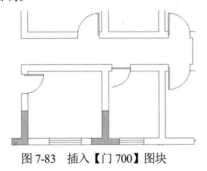

图 7-83 插入【门700】图块

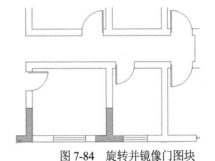

图 7-84 旋转并镜像门图块

7.6.2 绘制建筑标高

本例将结合前面所学的创建属性块和插入块的命令，在如图 7-85 所示的建筑立面图中绘制标高图形，完成后的效果如图 7-86 所示。

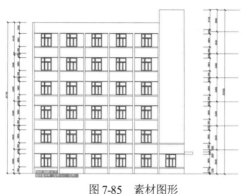

图 7-85　素材图形

图 7-86　绘制标高

(1) 打开【立面图.dwg】素材图形。

(2) 使用【直线】命令绘制一条长度为 1800 的线段，然后绘制两条斜线作为标高符号，如图 7-87 所示。

(3) 执行 ATTDEF(或 ATT)命令，打开【属性定义】对话框。设置【标记】为 0.000，【提示】为【标高】，【文字高度】为 200，如图 7-88 所示。

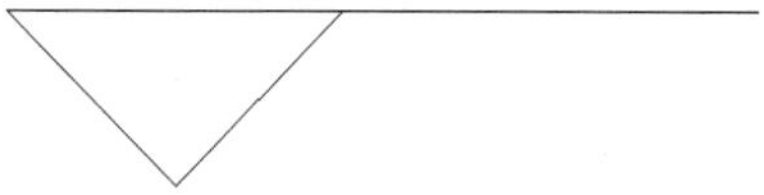

图 7-87　绘制标高符号

图 7-88　设置属性参数

(4) 单击【属性定义】对话框中的【确定】按钮，进入绘图区，指定创建图形属性的位置，如图 7-89 所示，效果如图 7-90 所示。

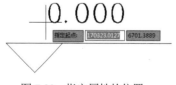

图 7-89　指定属性的位置

图 7-90　定义图形属性

(5) 执行 BLOCK(或 B)命令，在打开的【块定义】对话框中设置块的名称为【标高】，然后单击【选择对象】按钮，如图 7-91 所示。

(6) 在绘图区中选择绘制的标高和属性对象并按空格键进行确定，如图 7-92 所示。

(7) 返回【块定义】对话框，单击【拾取点】按钮。然后指定标高图块的基点位置，如图 7-93 所示。返回【块定义】对话框进行确定，创建带属性的标高块。

(8) 选择【插入】|【块选项板】命令，打开【块】选项板，在【当前图形】选项卡中单击【标高】图块，如图 7-94 所示。

计算机基础与实训教材系列

图 7-91　单击【选择对象】按钮

图 7-92　选择标高图形

图 7-93　指定基点位置

图 7-94　单击插入对象

(9) 在一楼地平线右方指定插入标高属性块的位置，如图 7-95 所示。

(10) 在打开的【编辑属性】对话框中输入此处的标高 0.000，然后单击【确定】按钮，如图 7-96 所示。修改标高值后的效果如图 7-97 所示。

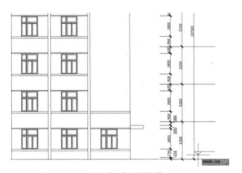

图 7-95　插入标高属性块

图 7-96　设置标高属性值

(11) 继续在【块】选项板中选择【标高】图块，然后在二楼右方的水平线上指定插入块的位置，如图 7-98 所示。

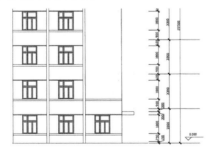

图 7-97　修改标高值后的效果

图 7-98　指定插入位置

计算机基础与实训教材系列

(12) 在打开的【编辑属性】对话框中输入此处的标高 3.300，然后单击【确定】按钮，如图 7-99 所示。所得到的二楼的标高效果如图 7-100 所示。

(13) 使用相同的方法，在各层中插入标高属性块，并修改各层的标高值，完成本例的绘制。

图 7-99　修改标高值

图 7-100　标高效果

7.7　习题

1. 为什么有时将图形创建为块后，图块不能够分解？

2. 若内部图块是随图形一同保存，当把外部图块插入图形中之后，该图块是否能够随图形保存？

3. 打开【剖面图.dwg】素材图形。通过创建标高图形，并使用块属性方法快速完成剖面图标高的绘制，效果如图 7-101 所示。

4. 打开【控制器详图.dwg】素材图形。执行 ADCENTER(或 ADC)命令，在【设计中心】选项板中依次展开 Sample\zh-CN\DesignCenter\Fasteners-US.dwg 文件中的图块，将六角螺母图块插入当前图形中，效果如图 7-102 所示。

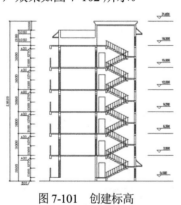

图 7-101　创建标高

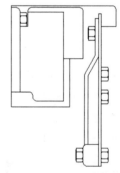

图 7-102　插入六角螺母

第 8 章

图案填充

在 AutoCAD 制图中，为了区别图形中不同形体的组成部分，增强图形的表现效果，可以使用填充图案和渐变色功能，对图形进行图案和渐变色填充。本章将讲解图案填充和渐变色填充的具体应用。

本章重点

- 面域
- 填充图形
- 认识图案与渐变色填充
- 编辑填充图案

二维码教学视频

【例 8-1】填充玻璃纹路图案
【实例演练】填充法兰盘剖视图

【例 8-2】为壁灯填充渐变色
【实例演练】填充灯具

8.1 面域

在填充复杂图形的图案时，可以通过创建和编辑面域，快速确定填充图案的边界。在 AutoCAD 中，面域是由封闭区域所形成的二维实体对象，其边界可以由直线、多段线、圆、圆弧或椭圆等对象形成。用户可以对面域进行布尔运算，创建出各种各样的形状。

8.1.1 面域的作用

在创建好面域对象后，用户可以对面域进行布尔运算，创建出各种形状的实体对象。在填充复杂图形的图案时，通过创建和编辑面域，可以快速、准确地确定填充的边界。另外，通过面域对象，可以快速查询对应图形的周长、面积等信息。

8.1.2 创建面域

使用【面域】命令可以将封闭的图形创建为面域对象。在创建面域对象之前，首先应确定存在封闭的图形，如多边形、圆形或椭圆等。

执行【面域】命令包括以下 3 种常用方法。

▽ 选择【绘图】|【面域】菜单命令。

▽ 展开【绘图】面板，单击其中的【面域】按钮◎。

▽ 执行 REGION (或 REG)命令。

【动手练】将图形创建为面域对象。

(1) 使用【矩形】和【圆】命令绘制一个矩形和一个圆。

(2) 执行 REGION(或 REG)命令，选择圆形作为创建面域的对象，如图 8-1 所示。

(3) 按空格键进行确定，即可将选择的对象转换为面域对象。将鼠标指针移向面域对象时，将显示该面域的属性，如图 8-2 所示。

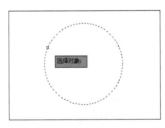

图 8-1　选择图形

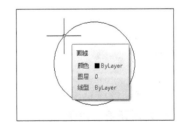

图 8-2　显示面域的属性

8.1.3 运算面域

在 AutoCAD 中，可以对面域进行并集、差集和交集这 3 种布尔运算。通过不同的组合来创建复杂的新面域。

1. 并集运算

在 AutoCAD 中，并集运算是将多个面域或实体对象相加合并成一个对象。执行【并集运算】命令包括以下两种常用方法。

▽ 选择【修改】|【实体编辑】|【并集】命令。

▽ 执行 UNION(或 UNI)命令。

【动手练】对面域对象进行并集运算。

(1) 使用【圆】命令绘制两个圆，然后将其创建为面域对象，如图 8-3 所示。

(2) 执行 UNION(或 UNI)命令，然后选择创建好的两个面域对象并按空格键进行确定，即可将两个面域进行并集运算。并集效果如图 8-4 所示。

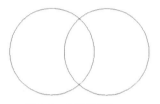 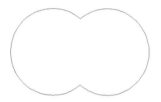

图 8-3　创建面域　　　　　　　　　　　图 8-4　并集效果

2. 差集运算

差集运算是在一个面域中减去其他与之相交面域的部分。执行【差集运算】命令包括以下两种常用方法。

▽ 选择【修改】|【实体编辑】|【差集】菜单命令。

▽ 执行 SUBTRACT(或 SU)命令。

【动手练】对面域对象进行差集运算。

(1) 绘制一个矩形和一个圆，然后将其创建为面域对象，如图 8-5 所示。

(2) 执行 SUBTRACT(或 SU)命令，选择圆作为差集运算的源对象，如图 8-6 所示。

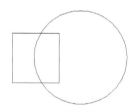 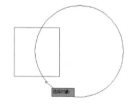

图 8-5　创建面域　　　　　　　　　　图 8-6　选择源对象

(3) 选择矩形作为要减去的对象，如图 8-7 所示。按空格键进行确定，差集运算面域的效果如图 8-8 所示。

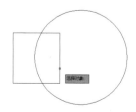 

图 8-7　选择减去的对象　　　　　　　图 8-8　差集效果

计算机基础与实训教材系列

3. 交集运算

交集运算是保留多个面域相交的公共部分，而除去其他部分的运算方式。执行【交集运算】命令包括以下两种常用方法。

▽　选择【修改】|【实体编辑】|【交集】命令。

▽　执行 INTERSECT(或 IN)命令。

【动手练】对面域对象进行交集运算。

(1) 绘制一个矩形和一个圆，然后将其创建为面域对象，如图 8-9 所示。

(2) 执行【交集(IN)】命令，选择创建的两个面域并按空格键进行确定，即可对其进行交集运算，效果如图 8-10 所示。

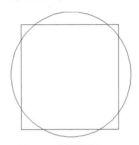

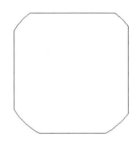

图 8-9　创建面域　　　　　　　　　　　　　　图 8-10　交集效果

8.2　认识图案与渐变色填充

在进行图案或渐变色填充之前，首先需要存在填充图形的区域，然后通过【图案填充】或【渐变色】命令对指定区域进行填充。

执行【图案填充】或【渐变色】命令包括以下几种常用方法。

▽　选择【绘图】|【图案填充】命令，或选择【绘图】|【渐变色】命令。

▽　单击【绘图】面板中的【图案填充】按钮 或【渐变色】按钮 。

▽　执行 HATCH(或 H)命令，或 GRADIENT 命令。

8.2.1　认识【图案填充创建】功能区

执行【图案填充】命令，将打开【图案填充创建】功能区，在该功能区中可以设置填充的边界和填充的图案等参数，如图 8-11 所示。

图 8-11　【图案填充创建】功能区

1. 选择填充边界

在【边界】面板中可以通过单击【拾取点】按钮 指定填充的区域，或单击【选择】按钮 选择要填充的对象。单击【边界】面板下方的倒三角按钮，如图 8-12 所示，可以展开【边界】

面板中隐藏的选项，如图 8-13 所示。

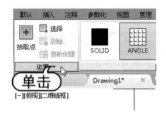

图 8-12 单击【边界】下拉按钮

图 8-13 展开【边界】面板

2．选择填充图案或渐变色

在【图案】面板中可以选择要填充的图案或渐变色。单击【图案】面板右下方的 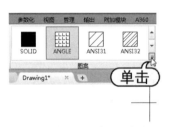 按钮，如图 8-14 所示，可以展开【图案】面板。拖动【图案】面板右方的滚动条，可以显示隐藏的图案或渐变色，如图 8-15 所示。

图 8-14 单击【图案】下拉按钮

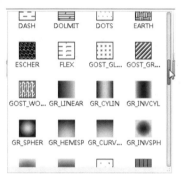

图 8-15 显示隐藏的图案

3．设置图案特性

在【特性】面板中可以设置图案或渐变色的样式、颜色、角度和比例等特性。单击【特性】面板中右下方的倒三角形按钮，可以展开【特性】面板中隐藏的选项，如图 8-16 所示。

4．设置其他选项

【原点】面板用于控制填充图案生成的起始位置。【选项】面板用于控制填充图案的关联、特性匹配和注释性等选项。单击【选项】面板下方的倒三角形按钮，可以展开【选项】面板中隐藏的选项，如图 8-17 所示。

图 8-16 展开【特性】面板

图 8-17 展开【选项】面板

在设置好图案填充的参数后，单击【关闭】面板中的【关闭图案填充创建】按钮，即可完成图案或渐变色的填充操作。

💡 提示

【图案填充创建】功能区中的选项与【图案填充和渐变色】对话框中的基本相同，这些选项的作用将在【图案填充和渐变色】对话框中进行详细介绍。

8.2.2 认识【图案填充和渐变色】对话框

执行【图案填充(H)】命令后，根据提示输入 T 并按空格键进行确定，启用【设置(T)】选项，可以打开【图案填充和渐变色】对话框。在打开的【图案填充和渐变色】对话框中可以进行参数设置，该对话框中包括【图案填充】和【渐变色】这两个选项卡，如图 8-18 所示。

在【图案填充】选项卡中单击对话框右下角的【更多选项】按钮⊙，可以展开隐藏部分的选项内容，如图 8-19 所示。

图 8-18 【图案填充和渐变色】对话框

图 8-19 展开更多选项

1. 图案填充常用参数

打开【图案填充和渐变色】对话框，选择【图案填充】选项卡，可以对填充的图案进行设置，主要包括类型和图案、角度和比例、图案填充原点、边界等。

(1) 类型和图案

【类型和图案】选项组用于指定图案填充的类型和图案。

▽ 类型：在该下拉列表中可以选择图案的类型，包括【预定义】【用户定义】和【自定义】这 3 类。

▽ 图案：单击【图案】选项右方的下拉按钮，可以在弹出的下拉列表中选择需要的图案，如图 8-20 所示；单击【图案】选项右方的⋯按钮，将打开【填充图案选项板】对话框，其中显示了各种预置的图案及效果，如图 8-21 所示。

图 8-20　选择图案

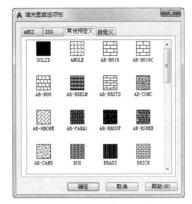

图 8-21　【填充图案选项板】对话框

▽　颜色：单击【颜色】选项的颜色下拉按钮，可以在弹出的下拉列表中选择需要的图案颜色，如图 8-22 所示；单击【颜色】选项右方的下拉按钮，可以在弹出的下拉列表中选择图案的背景颜色，默认状态下为无背景颜色，如图 8-23 所示。

图 8-22　选择图案颜色

图 8-23　选择背景颜色

▽　样例：在该显示框中显示了当前使用的图案效果。单击该显示框，可以打开【填充图案选项板】对话框。

▽　自定义图案：该选项只有在选择【自定义】图案类型后才可用。单击右方的【浏览】按钮，可以打开用于选择自定义图案的【填充图案选项板】对话框。

🔔 提示

在【图案填充和渐变色】对话框中，用户可以选择填充的图案，但这些图案的颜色和线型将使用当前图层的颜色和线型。用户也可以指定填充图案所使用的颜色和线型。

(2) 角度和比例

在【角度和比例】选项组中可以指定图案填充的角度和比例。

▽　角度：在该下拉列表中可以设置图案填充的角度。

▽ 比例：在该下拉列表中可以设置图案填充的比例。

▽ 双向：当使用【用户定义】方式填充图案时，此选项才可用。选择该选项可自动创建两个方向相反并互成 90°的图样。

▽ 间距：指定用户定义图案中的直线间距。

(3) 图案填充原点

在【图案填充原点】选项组中可以控制填充图案生成的起始位置。某些图案填充(如地板图案)需要与图案填充边界上的一点对齐。

(4) 边界

【边界】选项组主要用于设置填充图形的选区。

▽ 【添加：拾取点】按钮⊞：在一个封闭区域内部任意拾取一点，AutoCAD 将自动搜索包含该点的区域边界，并将其边界以虚线显示，如图 8-24 所示。

▽ 【添加：选择对象】按钮⊞：用于选择实体，单击该按钮可选择组成区域边界的实体，如图 8-25 所示。

▽ 【删除边界】按钮：用于取消边界，边界即为在一个大的封闭区域内存在的一个独立的小区域。该选项只有在使用【添加：拾取点】按钮⊞来确定边界时才起作用，AutoCAD 将自动检测和判断边界。单击该按钮后，AutoCAD 将忽略边界的存在，从而对整个大区域进行图案填充。

▽ 重新创建边界：围绕选定的图案填充或填充对象创建多段线或面域，并使其与图案填充对象相关联。

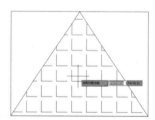

图 8-24　在圆内指定拾取点

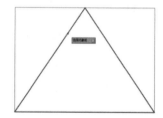

图 8-25　选择圆作为边界

(5) 选项

【选项】选项组用于控制填充图案是否具有关联性。

(6) 继承特性

【继承特性】按钮的作用是，使用选定图案填充对象的图案进行填充，或使用填充特性对指定的边界进行填充。

在选定要继承其特性的图案填充对象之后，可以在绘图区域中右击，并使用快捷菜单在【选择对象】和【拾取点】选项之间进行切换以创建边界。单击【继承特性】按钮时，对话框将暂时关闭并显示命令提示。

(7) 孤岛

在【孤岛】选项组中包括了【孤岛检测】和【孤岛显示样式】这两个选项。下面以填充如图 8-26 所示的图形为例，对其中各选项的含义进行解释。

▽ 孤岛检测：控制是否检测内部闭合边界。

▽　普通：用普通填充方式填充图形时，是从最外层的外边界向内边界填充，即第一层填充，第二层则不填充，如此交替进行填充，直到将选定边界填充完毕。普通填充的效果如图 8-27 所示。

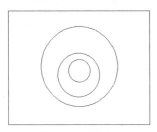

图 8-26　原图

图 8-27　普通填充的效果

▽　外部：该方式只填充从最外边界向内第一边界之间的区域，效果如图 8-28 所示。

▽　忽略：该方式将忽略最外层边界包含的其他任何边界，从最外层边界向内填充全部图形，效果如图 8-29 所示。

图 8-28　外部填充的效果

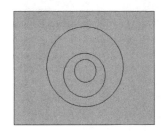

图 8-29　忽略填充的效果

(8) 预览

单击【预览】按钮将关闭对话框，并使用当前图案填充显示当前定义的边界。单击图形或按下 Esc 键返回对话框。右击或按 Enter 键接受图案填充。如果未指定用于定义边界的点，或未选择用于定义边界的对象，则此选项不可用。

(9) 其他选项

在【图案填充和渐变色】对话框中还包含【边界保留】【边界集】【允许的间隙】等选项。这些选项通常都不需要进行更改，在填充图形时保持默认状态即可。

2. 渐变色填充常用参数

在【图案填充和渐变色】对话框中选择【渐变色】选项卡，可以对渐变色填充选项进行设置。单击该选项卡下方的【更多选项】按钮⊙，可以打开隐藏部分的选项内容，如图 8-30 所示。

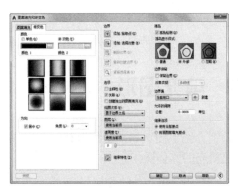

图 8-30　【渐变色】选项卡

在【渐变色】选项卡中除了【颜色】和【方向】选项组中的选项属于渐变色填充特有的选项外，其他选项与【图案填充】选项卡上的相同。

(1) 颜色

【颜色】选项组用于设置渐变色填充的颜色，用户可以根据需要选择单色渐变填充或双色渐变填充。

▽ 单色：选择此选项，渐变的颜色将从单色到透明进行过渡。

▽ 双色：选择此选项，渐变的颜色将从第一种颜色到第二种颜色进行过渡。

▽ 颜色样本：用于快速指定渐变填充的颜色。

▽ 渐变样式：在渐变样式区域可以选择渐变的样式，如径向渐变、线性渐变等。

(2) 方向

【方向】选项组用于设置渐变色的填充方向，还可以根据需要设置渐变的填充角度。

▽ 居中：选中该复选框，颜色将从中心开始渐变，如图 8-31 所示；取消选中该复选框，颜色将呈不对称渐变，如图 8-32 所示。

图 8-31 从中心开始渐变

图 8-32 不对称渐变

▽ 角度：用于设置渐变色填充的角度。如图 8-33 所示是 0° 线性渐变效果；如图 8-34 所示是 45° 线性渐变效果。

图 8-33 0° 线性渐变

图 8-34 45° 线性渐变

8.3 填充图形

前面介绍了图案和渐变色填充的常用参数，下面将通过具体的案例来介绍对图形进行图案和渐变色填充的具体操作。

8.3.1　填充图案

在填充图案的过程中，用户可以选择需要填充的图案。在默认情况下，这些图案的颜色和线型将使用当前图层的颜色和线型。用户也可以在后面的操作中重新设置填充图案的颜色和线型。对图形进行图案填充，一般包括执行【图案填充】命令、定义填充区域、设置填充图案、预览填充效果和应用图案几个步骤。

【例 8-1】 填充玻璃纹路图案 📹视频

(1) 打开【组合沙发.dwg】图形文件，如图 8-35 所示。

(2) 执行 HATCH(或 H)命令，输入 T 并按空格键进行确定，打开【图案填充和渐变色】对话框，然后选择 AR- RROOF 图案，设置图案角度为 45°，比例为 400，如图 8-36 所示。

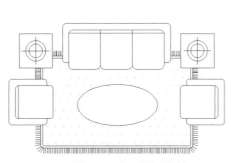

图 8-35　打开图形文件

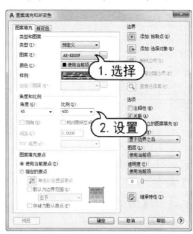

图 8-36　设置图案参数

(3) 单击【添加:拾取点】按钮 ⊕，在沙发的椭圆茶几内指定填充图案的区域，如图 8-37 所示。

(4) 按 Enter 键进行确定，完成图形的填充，效果如图 8-38 所示。

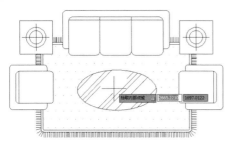

图 8-37　指定填充区域

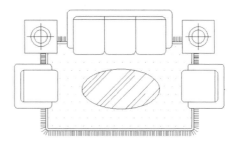

图 8-38　为茶几填充图案

8.3.2　填充渐变色

填充渐变色的操作与填充图案的操作相似。可以选择【绘图】|【图案填充】命令，打开【图案填充和渐变色】对话框。然后选择【渐变色】选项卡，对渐变色进行设置。也可以选择【绘图】|【渐变色】命令，打开【图案填充和渐变色】对话框，直接对渐变色进行设置。

【例 8-2】 为壁灯填充渐变色 🎬视频

(1) 打开【壁灯.dwg】图形文件，如图 8-39 所示。

(2) 执行 GRADIENT 命令，输入 T 并按空格键进行确定。打开【图案填充和渐变色】对话框，在【渐变色】选项卡中选中【单色】单选按钮，然后单击下方的██按钮，如图 8-40 所示。

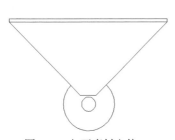

图 8-39 打开素材文件

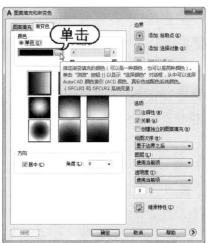

图 8-40 选中【单色】单选按钮

(3) 在打开的【选择颜色】对话框中选择索引颜色为 8 的浅灰色，如图 8-41 所示，然后单击【确定】按钮。

(4) 返回【图案填充和渐变色】对话框，选择对称渐变样式，如图 8-42 所示。

图 8-41 设置颜色

图 8-42 设置渐变样式

(5) 单击【添加:拾取点】按钮██，进入绘图区，在图形中指定填充渐变色的区域，如图 8-43 所示。

(6) 按空格键进行确定，完成渐变色的填充，效果如图 8-44 所示。

图 8-43　指定填充区域

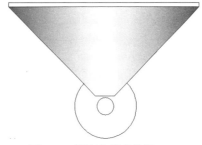

图 8-44　渐变色填充效果

8.4　编辑填充图案

在 AutoCAD 中可以对填充好的图形图案进行编辑，如控制填充图案的可见性、关联图案填充编辑，以及夹点编辑关联图案填充等。

8.4.1　控制填充图案的可见性

执行 FILL 命令，可以控制填充图案的可见性。执行 FILL 命令后，系统将提示【输入模式[开(ON)/关(OFF)] <开>:】。将 FILL 命令设为【开(ON)】时，填充图案可见；设为【关(OFF)】时，则填充图案不可见。

> **提示**
> 更改 FILL 命令设置后，需要执行【重生成(REGEN)】命令重新生成图形，才能更新填充图案的可见性。系统变量 Fillmode 也可用来控制图案填充的可见性。当 Fillmode=0 时，FILL 值为【关(OFF)】；Fillmode=1 时，FILL 值为【开(ON)】。

8.4.2　关联图案填充编辑

双击填充的图案，可以打开【图案填充】选项板进行图案编辑，如图 8-45 所示。或者执行 HATCHEDIT 命令，选择要编辑的图案，打开【图案填充编辑】对话框进行图案编辑。

无论关联填充图案还是非关联填充图案，都可以在该对话框中进行编辑，如图 8-46 所示。使用编辑命令修改填充边界后，如果其填充边界继续保持封闭，则图案填充区域会自动更新，并保持关联性；如果边界不再保持封闭，则其关联性消失。

> **提示**
> 关联图案填充的特点是图案填充区域与填充边界互相关联，当边界发生变动时，填充图形的区域随之自动更新。这一关联属性为已有图案填充编辑提供了方便。当填充图案对象所在的图层被锁定或冻结时，则在修改填充边界时其关联性会消失。

图 8-45 【图案填充】选项板

图 8-46 【图案填充编辑】对话框

8.4.3 夹点编辑关联图案填充

和其他实体对象一样，关联图案填充也可以用夹点方法进行编辑。AutoCAD 将关联图案填充对象作为一个块来处理，其夹点只有一个，位于填充区域的外接矩形的中心点上。

如果要对图案填充本身的边界轮廓直接进行夹点编辑，可以执行 DDGRIPS 命令。在打开的【选项】对话框中选中【在块中显示夹点】复选框，之后即可选择边界进行编辑，如图 8-47 所示。

图 8-47 选中【在块中显示夹点】复选框

提示

使用夹点方式编辑填充图案时，如果编辑后填充边界仍然保持封闭，那么其关联性将继续保持；如果编辑后填充边界不再封闭，那么其关联性将消失，填充区域将不会自动改变。

8.4.4 分解填充图案

填充的图案是一种特殊的块，无论图案的形状多么复杂，都可以作为一个单独的对象。使用 EXPLODE(或 X)命令可以分解填充的图案，将一个填充图案分解后，填充的图案将分解成一组组成图案的线条。用户可以对其中的部分线条进行选择并编辑。

提示

由于分解后的图案不再是单一的对象，而是一组组成图案的线条，因而分解后的图案不再具有关联性，因此无法使用 HATCHEDIT 命令对其进行编辑。

8.5　实例演练

本节将练习填充法兰盘剖视图和吊灯图形，综合练习本章讲解的知识点，加深掌握图案填充和渐变色填充的具体应用。

8.5.1　填充法兰盘剖视图

本例将结合前面所学的图案填充命令，通过设置图案填充的区域、设置填充图案及参数对如图 8-48 所示的法兰盘图形进行图案填充，完成后的效果如图 8-49 所示。

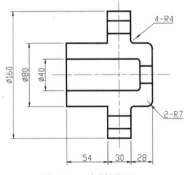

图 8-48　素材图形

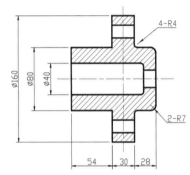

图 8-49　填充后的法兰盘剖视图

填充本例图形的具体操作步骤如下。

(1) 打开【法兰盘剖视图.dwg】素材图形。

(2) 选择【绘图】|【图案填充】命令，打开【图案填充创建】功能区。展开【图案】面板，选择其中的 ANSI31 图案，如图 8-50 所示。

(3) 单击【边界】面板中的【拾取点】按钮 进入绘图区，然后指定要填充的区域，如图 8-51 所示。

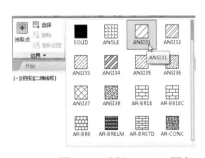

图 8-50　选择 ANSI31 图案

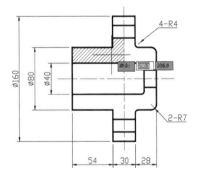

图 8-51　指定填充区域

(4) 在【特性】面板中设置填充比例值为 1.5，如图 8-52 所示。

(5) 单击【关闭】面板中的【关闭图案填充创建】按钮，完成图形的图案填充，效果如图 8-53 所示。

计算机基础与实训教材系列

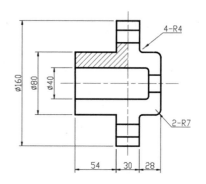

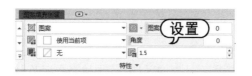

图 8-52　设置填充比例　　　　　　　　　图 8-53　填充效果

(6) 用户也可以通过【图案填充和渐变色】对话框对图形进行填充。执行 HATCH(或 H)命令，输入 T 并按空格键进行确定。打开【图案填充和渐变色】对话框，设置图案为 ANSI31，比例为 1.5，如图 8-54 所示。

(7) 单击对话框中的【添加:拾取点】按钮，依次在剖视图的其他位置指定填充区域，然后按空格键进行确定，完成本例的制作，得到的填充效果如图 8-55 所示。

图 8-54　设置图案填充参数

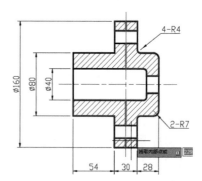

图 8-55　填充效果

8.5.2　填充灯具

本例将结合前面所学的渐变色填充命令，通过【渐变色】命令，设置填充渐变色的参数，对如图 8-56 所示的灯具图形进行渐变色填充，完成后的效果如图 8-57 所示。

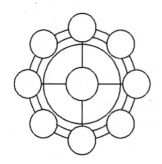

图 8-56　吊灯素材图形

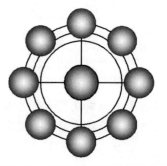

图 8-57　填充渐变色后的吊灯效果

填充本例图形的具体操作步骤如下。

(1) 打开【吊灯.dwg】素材图形。

(2) 执行【渐变色(GRADIENT)】命令，打开【图案填充和渐变色】对话框，选中【单色】单选按钮，然后单击下方的 按钮，如图 8-58 所示。

(3) 在打开的【选择颜色】对话框中选择红色并单击【确定】按钮，如图 8-59 所示。

图 8-58　选中【单色】单选按钮

图 8-59　设置颜色

(4) 返回【图案填充和渐变色】对话框，选择径向渐变样式，然后单击【添加：拾取点】按钮 ，如图 8-60 所示。

(5) 进入绘图区，在灯具中间的圆内指定填充渐变的区域，如图 8-61 所示，然后按空格键进行确定。

(6) 使用同样的方法依次填充图形中的其他圆，完成本例图形的填充。

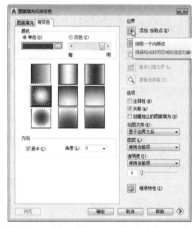

图 8-60　单击【添加：拾取点】按钮

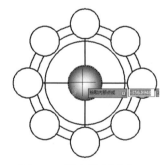

图 8-61　指定填充区域

8.6　习题

1. 进行图案填充时，如果因为比例不合适而不能正确显示，应使用什么办法进行调整？

2. 在对图形进行图案填充时，应该如何自定义图案？

计算机基础与实训教材系列

3. 应用所学的图案填充知识，打开【盘盖剖视图.dwg】素材图形，在如图 8-62 所示的盘盖剖视图的基础上进行图案填充，最终效果如图 8-63 所示。

> **提示**
>
> 填充该图形时，可以使用【图案填充】命令对图形进行填充，设置填充图案为 ANSI31，填充比例为 0.5。

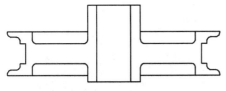

图 8-62　盘盖剖视图素材

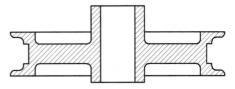

图 8-63　填充后的盘盖剖视图效果

4. 应用所学的图案填充知识，打开【浴缸.dwg】素材图形，在如图 8-64 所示的浴缸图形的基础上进行渐变色填充，最终效果如图 8-65 所示。

> **提示**
>
> 填充该图形时，可以使用【渐变色】命令对图形进行填充，设置填充颜色为【单色】。

图 8-64　浴缸素材图形

图 8-65　填充渐变色后的效果

第 9 章

创建文字与表格

在应用 AutoCAD 进行工程绘图的过程中，常常需要对图形进行文字标注说明，如建筑结构的说明、建筑体的空间标注，以及机械的加工要求、零部件的名称等。本章将详细讲解文字注释与表格的创建等相关知识。

 本章重点

- ◉ 创建文字
- ◉ 创建表格

- ◉ 编辑文字

 二维码教学视频

【例 9-1】书写【技术要求】　　　　【例 9-2】创建段落文字

【例 9-3】绘制装修材料表格　　　　【实例演练】创建技术要求说明文字

【实例演练】创建产品明细表

9.1 创建文字

在创建文字注释的操作中，包括创建多行文字和单行文字。当输入文字对象时，将使用默认的文字样式。用户也可以在创建文字之前，对文字样式进行设置。

9.1.1 设置文字样式

每一个 AutoCAD 文字都拥有其相应的文字样式。文字样式是用来控制文字基本形状的一组设置，包括文字的字体、字形和文字的大小。

执行【文字样式】命令有以下 3 种常用方法。

▽ 选择【格式】|【文字样式】命令。

▽ 在【默认】功能区中展开【注释】面板，单击【文字样式】按钮，如图 9-1 所示。

▽ 执行 DDSTYLE 命令。

【动手练】新建并设置文字样式。

(1) 执行【文字样式(DDSTYLE)】命令，打开【文字样式】对话框。

(2) 单击【文字样式】对话框中的【新建】按钮，打开【新建文字样式】对话框，在【样式名】文本框中输入新建文字样式的名称，如图 9-2 所示。

图 9-1　单击【文字样式】按钮　　　　　　图 9-2　输入文字样式的名称

> **提示**
>
> 在【样式名】文本框中所输入的新建文字样式的名称，不能与已经存在的样式名称相同。

(3) 单击【确定】按钮，即可创建新的文字样式。在样式名称列表框中将显示新建的文字样式，单击【字体名】下拉按钮，在弹出的下拉列表中选择文字的字体，如图 9-3 所示。

(4) 在【大小】选项组中的【高度】文本框中输入文字的高度，如图 9-4 所示。在【效果】选项组中可以修改字体的效果、宽度因子、倾斜角度等，然后单击【应用】按钮。

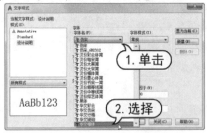

图 9-3　设置文字字体　　　　　　　　　图 9-4　设置文字高度

计算机基础与实训教材系列

【文字样式】对话框中主要选项的含义如下。

▽ 置为当前：将选择的文字样式设置为当前样式，在创建文字时，将使用该样式。

▽ 新建：创建新的文字样式。

▽ 删除：将选择的文字样式删除，但不能删除默认的 Standard 样式和正在使用的样式。

▽ 字体名：列出所有已注册的中文字体和其他语言的字体名。

▽ 字体样式：在该列表中可以选择其他的字体样式。

▽ 高度：根据输入的值设置文字高度。如果输入 0.0，则每次用该样式创建文字时，其文字高度将保持系统设置的默认高度不变。如果输入大于 0.0 的高度值，则为该样式所设置的固定文字高度。

▽ 颠倒：选中此复选框，在使用该文字样式标注文字时，文字将被垂直翻转，效果如图 9-5 所示。

▽ 宽度因子：在【宽度因子】文本框中可以输入文字宽度与高度的比例值。系统在标注文字时，会以该文字样式的高度值与宽度因子相乘来确定文字的高度。当宽度因子为 1 时，文字的高度与宽度相等；当宽度因子小于 1 时，文字将变得细长；当宽度因子大于 1 时，文字将变得粗短。

▽ 反向：选中此复选框，可以将文字水平翻转，使其呈镜像显示，如图 9-6 所示。

<table>
<tr><td>AaBb123（颠倒）</td><td>AaBb123（反向）</td></tr>
<tr><td>图 9-5　颠倒文字</td><td>图 9-6　反向文字</td></tr>
</table>

▽ 垂直：选中此复选框，标注文字将沿竖直方向显示，如图 9-7 所示。该选项只有当字体支持双重定向时才可用，并且不能用于 TrueType 类型的字体。

▽ 倾斜角度：在【倾斜角度】文本框中输入的数值将作为文字旋转的角度，效果如图 9-8 所示。设置此数值为 0 时，文字将处于水平方向。文字的旋转方向为顺时针方向，也就是说当输入一个正值时，文字将会向右方倾斜。

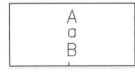

图 9-7　文字垂直排列

图 9-8　倾斜文字

9.1.2　书写单行文字

在 AutoCAD 中，单行文字主要用于制作不需要使用多种字体的简短内容，可以对单行文字进行样式、大小、旋转、对正等设置。

执行【单行文字】命令有以下 3 种常用方法。

▽ 选择【绘图】|【文字】|【单行文字】命令。

计算机基础与实训教材系列

▽ 单击【注释】面板中的【文字】下拉按钮，在下拉
列表中选择【单行文字】工具A，如图9-9所示。

▽ 执行 TEXT(或 DT)命令。

执行 TEXT(或 DT)命令，系统将提示【指定文字的
起点或[对正(J)/样式(S)]: 】，其中【对正(J)】选项用于设
置标注文本的对齐方式；【样式(S)】选项用于设置标注文
本的样式。

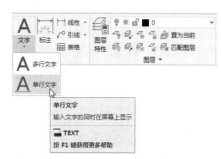
图9-9 选择【单行文字】工具

选择【对正(J)】选项后，系统将提示：【[左(L)/居中
(C)/右(R)/对齐(A)/中间(M)/布满(F)/左上(TL)/中上(TC)/
右上(TR)/左中(ML)/正中(MC)/右中(MR)/左下(BL)/中下
(BC)/右下(BR)]: 】，其中主要选项的含义如下。

▽ 居中(C)：从基线的水平中心对齐文字，此基线是由用户给出的点指定的。

▽ 对齐(A)：通过指定基线端点来指定文字的高度和方向。

▽ 中间(M)：文字在基线的水平中点和指定高度的垂直中点上对齐。

【例 9-1】 书写【技术要求】 ▶视频

(1) 执行 TEXT(或 DT)命令，在绘图区单击鼠标确定输入文字的起点，如图 9-10 所示。

(2) 当系统提示【指定高度◇:】时，输入文字的高度为 20 并按空格键进行确定，如图 9-11 所示。

图9-10 指定文字的起点

图9-11 输入文字的高度

(3) 当系统提示【指定文字的旋转角度◇:】时，输入文字的旋转角度为 0 并按空格键进行确
定，如图 9-12 所示，此时将出现闪烁的光标，如图 9-13 所示。

图9-12 指定文字的旋转角度

图9-13 出现闪烁的光标

(4) 输入单行文字内容"技术要求"，如图 9-14 所示。

(5) 连续两次按下 Enter 键，或在文字区域外单击，即可完成文字的创建，如图 9-15 所示。

图9-14 输入单行文字内容

图9-15 创建单行文字

9.1.3　书写多行文字

在 AutoCAD 中，多行文字由沿垂直方向任意数目的文字行或段落构成，可以指定文字行或段落的水平宽度，主要用于制作一些复杂的说明性文字。

执行【多行文字】命令有以下 3 种常用方法。

▽ 选择【绘图】|【文字】|【多行文字】命令。

▽ 单击【注释】面板中的【多行文字】按钮A。

▽ 执行 MTEXT(或 T)命令。

执行【多行文字(T)】命令，然后进行拖动在绘图区指定一个文字区域，系统将弹出设置文字格式的【文字编辑器】功能区，如图 9-16 所示。

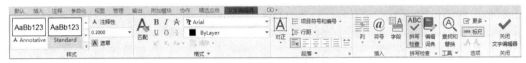

图 9-16　【文字编辑器】功能区

在【文字编辑器】功能区中，主要选项的含义如下。

▽ 样式列表：用于设置当前使用的文本样式，可以从下拉列表中选取一种已设置好的文本样式作为当前样式。

▽ 文字高度：用于设置当前使用的文字高度。可以在下拉列表中选取一种合适的高度，也可以直接输入数值。

▽ 字体：在该下拉列表中可以选择当前使用的字体类型。

▽ **B**、*I*、Ā、U̲、Ō：用于设置标注文本是否加粗、倾斜、加下画线、加上画线。反复单击这些按钮，可以在打开与关闭相应功能之间进行切换。

▽ ■ByLayer 颜色：在下拉列表中可以选择当前使用的文字颜色。

▽ A多行文字对正：显示【多行文字对正】列表选项，有 9 个对正选项可用，如图 9-17 所示。

▽ 分别为默认、左对齐、居中、右对齐、对正和分散对齐：用于设置当前段落或选定段落的默认、左、中或右文字边界的对正和对齐方式。包含在行的末尾输入的空格，并且这些空格会影响行的对正。

▽ 项目符号和编号：显示【项目符号和编号】菜单，显示用于创建列表的选项。

▽ 行距：显示建议的行距选项，用于在当前段落或选定段落中设置行距。

▽ 【查找和替换】按钮：单击该按钮，将打开【查找和替换】对话框，在该对话框中可以进行查找和替换文本的操作。

▽ 标尺：单击该按钮，将在文字编辑框顶部显示标尺，如图 9-18 所示。拖动标尺末尾的箭头可快速更改多行文字对象的宽度。

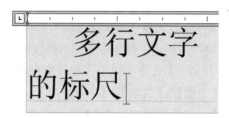

图 9-17　对正列表　　　　　　　　　图 9-18　显示标尺

▽　**A** 放弃：单击该按钮用于撤销上一步操作。

▽　**A** 重做：单击该按钮用于恢复上一步操作。

提示

　　使用 MTXET 命令创建的文本，无论是多少行文本，都将作为一个实体对待，可以对它进行整体选择和编辑；而使用 TEXT 命令输入多行文字时，每一行文本都是一个独立的实体，只能单独对每行文本进行选择和编辑。

【例 9-2】 创建段落文字 视频

　　(1) 执行 MTEXT(或 MT)命令，在绘图区指定文字区域的第一个角点，如图 9-19 所示，然后进行拖动指定对角点，确定创建文字的区域，如图 9-20 所示。

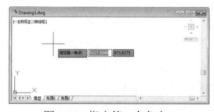

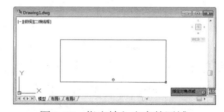

图 9-19　指定第一个角点　　　　　　　图 9-20　指定输入文字的区域

　　(2) 在【文字编辑器】功能区中设置文字的高度、字体和颜色等参数，如图 9-21 所示。

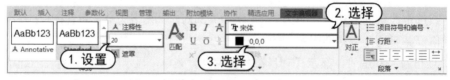

图 9-21　设置文字参数

　　(3) 在文字输入窗口中输入文字内容，如图 9-22 所示，然后单击【文字编辑器】功能区中的【关闭文字编辑器】按钮，完成多行文字的创建。

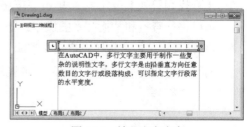

图 9-22　输入文字内容

9.1.4　书写特殊字符

在文本标注的过程中，有时需要输入一些控制码和专用字符，AutoCAD 根据用户的需要提供了一些特殊字符的输入方法。AutoCAD 提供的特殊字符内容如表 9-1 所示。

表 9-1　特殊字符

特 殊 字 符	输 入 方 式	字 符 说 明
±	%%p	公差符号
⁻	%%o	上画线
＿	%%u	下画线
%	%%%	百分比符号
Φ	%%c	直径符号
°	%%d	度

9.2　编辑文字

用户在书写文字内容时，难免会出现一些错误，或者后期对文字的参数进行修改时，都需要对文字进行编辑操作。

9.2.1　编辑文字内容

选择【修改】|【对象】|【文字】命令，或者执行 DDEDIT(或 ED)命令，可以增加或替换字符，以实现修改文本内容的目的。

【动手练】修改文字内容。

(1) 创建一个内容为"机械"的单行文字。

(2) 执行 DDEDIT 命令，选择要编辑的文字"机械"，如图 9-23 所示。

(3) 在激活文字内容"机械"后，拖动光标选取"机械"文字，如图 9-24 所示。

图 9-23　选择对象　　　　　　　　图 9-24　选取文字

(4) 输入新的文字内容"法兰盘"，如图 9-25 所示。

(5) 连续两次按下 Enter 键进行确定，完成文字的修改，效果如图 9-26 所示。

计算机基础与实训教材系列

图 9-25　修改文字内容

图 9-26　修改后的效果

9.2.2　编辑文字特性

使用【多行文字】命令创建的文字对象，可以通过执行 DDEDIT(或 ED)命令，在打开的【文字编辑器】功能区中修改文字的特性。DDEDIT 命令不能修改单行文字的特性，单行文字的特性需要在【特性】选项板中进行修改。

打开【特性】选项板可以使用以下两种方法。

▽　选择【修改】|【特性】命令。

▽　执行 PROPERTIES(或 PR)命令。

【动手练】将【技术要求】单行文字旋转 15°，将高度设置为 50。

(1) 使用【单行文字(DT)】命令创建【技术要求】文字内容，设置文字的高度为 30，如图 9-27 所示。

(2) 执行 PROPERTIES(或 PR)命令，打开【特性】选项板，选择创建的文字，在该选项板中将显示文字的特性，如图 9-28 所示。

图 9-27　创建文字

图 9-28　【特性】选项板

(3) 在【特性】选项板中设置文字的旋转角度为 15°，文字高度为 50，如图 9-29 所示。修改后的文字效果如图 9-30 所示。

图 9-29　设置文字特性

图 9-30　修改后的效果

9.2.3 查找和替换文字

在 AutoCAD 中可以对文字内容进行查找和替换操作。执行【查找】命令有如下两种常用方法。

▽ 选择【编辑】|【查找】命令。

▽ 执行 FIND 命令。

【动手练】替换文字。

(1) 使用【多行文字(MT)】命令，创建一段如图 9-31 所示的文字内容。

(2) 执行 FIND 命令，打开【查找和替换】对话框，在【查找内容】文本框中输入"机械"文字，然后在【替换为】文本框中输入"建筑"文字，如图 9-32 所示。

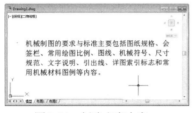

图 9-31 创建文字内容

图 9-32 输入查找与替换的内容

(3) 单击【查找】按钮，将找到图形中的第一个文字对象，并在窗口正中间显示该文字，如图 9-33 所示。

(4) 单击【全部替换】按钮，可以将"机械"文字全部替换为"建筑"文字，单击【完成】按钮，结束查找和替换操作，效果如图 9-34 所示。

图 9-33 查找对象

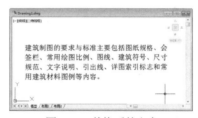

图 9-34 替换后的文字

提示

在【查找和替换】对话框中单击【更多】按钮，可以展示更多选项内容，用户可以根据需要应用【区分大小写】【使用通配符】和【半/全角】等选项。

9.3 创建表格

表格是在行和列中包含数据的复合对象，可用于绘制图纸中的标题栏和装配图明细栏。用户可以通过空的表格或表格样式创建表格对象。

计算机基础与实训教材系列

9.3.1 表格样式

在创建表格之前可以先根据需要来设置表格的样式,执行【表格样式】命令的常用方法有如下 3 种。

▽ 选择【格式】|【表格样式】命令。

▽ 单击【注释】面板中的【表格样式】按钮 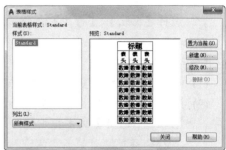 。

▽ 执行 TABLESTYLE 命令。

执行【表格样式(TABLESTYLE)】命令,打开【表格样式】对话框。在该对话框中可以修改当前表格样式,也可以新建和删除表格样式,如图 9-35 所示。

图 11-35 【表格样式】对话框

【表格样式】对话框中主要选项的含义如下。

▽ 当前表格样式:显示应用于所创建表格的表格样式的名称,Standard 为默认的表格样式。

▽ 样式:显示表格样式列表,当前样式被亮显。

▽ 置为当前:将【样式】列表中选定的表格样式设置为当前样式,所有新表格都将使用此表格样式创建。

▽ 新建:单击该按钮,将打开【创建新的表格样式】对话框,从中可以定义新的表格样式。

▽ 修改:单击该按钮,将打开【修改表格样式】对话框,从中可以修改表格样式。

▽ 删除:单击该按钮,将删除【样式】列表中选定的表格样式,但不能删除图形中正在使用的样式。

【动手练】新建表格样式。

(1) 执行【表格样式(TABLESTYLE)】命令,打开【表格样式】对话框,单击【新建】按钮。

(2) 在打开的【创建新的表格样式】对话框中输入新的表格样式名称"虎钳装配明细",然后单击【继续】按钮,如图 9-36 所示。

(3) 此时将打开【新建表格样式】对话框,该对话框用于设置新表格样式的参数,如图 9-37 所示。设置好新样式的参数后,单击【确定】按钮,即可创建新的表格样式。

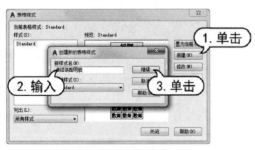

图 9-36 新建表格样式

图 9-37 设置表格样式

9.3.2 插入表格

用户可以通过空表格或表格样式插入表格对象。完成表格的插入后,用户可以单击该表格上的任意网格线选中该表格，然后通过【特性】选项板或夹点编辑修改该表格对象。

执行【表格】命令通常有以下 3 种常用方法。

▽ 选择【绘图】|【表格】命令。

▽ 单击【注释】面板中的【表格】按钮▦。

▽ 执行 TABLE 命令。

执行【表格(TABLE)】命令，打开【插入表格】对话框，可以在此设置插入表格的参数，如图 9-38 所示。

【插入表格】对话框中主要选项的含义如下。

▽ 表格样式：选择表格样式。通过单击下拉列表旁边的按钮，用户可以创建新的表格样式。

▽ 从空表格开始：创建可以手动填充数据的空表格。

▽ 自数据链接：通过外部电子表格中的数据创建表格。

图 9-38 【插入表格】对话框

▽ 指定插入点：指定表格左上角的位置。可以使用定点设备，也可以在命令提示下输入坐标值。

▽ 指定窗口：指定表格的大小和位置。

▽ 列数：选中【指定窗口】单选按钮并指定列宽时，【自动】选项将被选定，且列数由表格的宽度控制。

▽ 列宽：指定列的宽度。

▽ 数据行数：选中【指定窗口】单选按钮并指定行高时，【自动】选项将被选定，且行数由表格的高度控制。带有标题行和表头行的表格样式最少应有三行。最小行高为一个文字行。如果已指定包含起始表格的表格样式，则可以选择要添加到此起始表格的其他数据行的数量。

▽ 行高：按照行数指定行高。文字行高基于文字高度和单元边距，这两项均在表格样式中设置。

▽ 第一行单元样式：指定表格中第一行的单元样式。在默认情况下，将使用标题单元样式。

▽ 第二行单元样式：指定表格中第二行的单元样式。在默认情况下，将使用表头单元样式。

▽ 所有其他行单元样式：指定表格中所有其他行的单元样式。默认情况下，将使用数据单元样式。

【例 9-3】 绘制装修材料表格 📹 视频

(1) 选择【绘图】|【表格】命令，打开【插入表格】对话框，设置列数为 2，数据行数为 3，然后单击【确定】按钮，如图 9-39 所示。

(2) 在绘图区指定插入表格的位置，即可插入一个表格，如图 9-40 所示。

 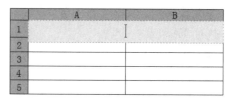

图 9-39　设置表格参数　　　　　　　　　图 9-40　插入表格

提示

在【插入表格】对话框中虽设置的数据行数为 3，但是第一行和第二行分别为标题和表头对象。因此，加上 3 行数据行，插入的表格拥有 5 行对象。

(3) 输入标题内容"基层材料"，然后在表格以外的区域进行单击，完成插入表格的操作，效果如图 9-41 所示。

(4) 单击表格中的单元格将其选中，如图 9-42 所示。

 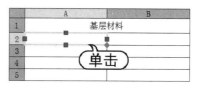

图 9-41　输入标题内容　　　　　　　　　图 9-42　选中单元格

(5) 双击单元格可以在其中输入文字"水泥"，如图 9-43 所示。然后在表格以外的地方单击，即可结束表格文字的输入操作。

(6) 继续在其他单元格中输入其他相应的文字，完成后的表格效果如图 9-44 所示。

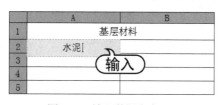

基层材料	
水泥	10 包
河沙	3 吨
腻子	10 包
乳胶漆	2 桶

图 9-43　输入数据内容　　　　　　　　　图 9-44　创建表格

9.3.3　编辑表格

创建好表格后，还可以对表格进行编辑，包括编辑表格中的数据、编辑表格和单元格。例如，在表格中插入行和列，或将相邻的单元格进行合并等。

1. 编辑表格文字

使用表格功能，可以快速完成如标题栏和明细表等表格类图形的绘制，完成表格操作后，可以对表格内容进行编辑。执行编辑表格文字命令，选择要编辑的文字，可以修改文字的内容，还可以在打开的【文字编辑器】功能区中设置文字的对正方式。

用户可以使用如下两种常用方法对表格文字进行编辑。

▽　双击要进行编辑的表格文字，使其呈可编辑状态。

▽　执行 TABLEDIT 命令，选择要编辑的表格文字。

2. 编辑表格和单元格

在【表格单元】功能区中可以对表格进行编辑操作。插入表格后，选择表格中的任意单元格，可打开如图 9-45 所示的【表格单元】功能区。单击相应的按钮可完成表格的编辑。例如，通过拖动表格右下方的调节按钮，可以调节表格的宽度和高度；选中多个相邻的单元格，单击【合并单元】按钮，可以合并所选择的单元格。

图 9-45　【表格单元】功能区

【表格单元】功能区中主要选项的作用如下。

▽　行：单击 按钮，将在当前单元格上方插入一行单元格；单击 按钮，将在当前单元格下方插入一行单元格；单击 按钮，将删除当前单元格所在的行。

▽　列：单击 按钮，将在当前单元格左侧插入一列单元格；单击 按钮，将在当前单元格右侧插入一列单元格；单击 按钮，将删除当前单元格所在的列。

▽　合并单元：当选择了多个连续的单元格时，单击 按钮，在弹出的下拉列表中选择相应的合并方式，可以对所选择的单元格进行全部合并。

▽　取消合并单元：选择合并后的单元格，单击 按钮可取消合并的单元格。

▽　公式：单击该按钮，在弹出的下拉列表中可以选择一种运算方式对所选单元格中的数据进行运算。

9.4　实例演练

本节将练习创建技术要求说明文字和产品明细表，综合练习本章讲解的知识点，加深掌握文字与表格的创建和编辑的具体应用。

9.4.1　创建技术要求说明文字

本例将结合前面所学的文字知识，通过设置文字样式，使用【多行文字】命令在如图 9-46 所示的零件图中书写技术要求说明文字内容，完成后的效果如图 9-47 所示。

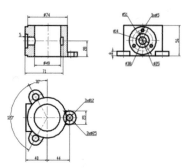

图 9-46 打开素材图形

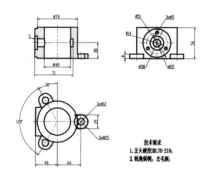

图 9-47 创建技术要求说明文字

创建本例技术要求说明文字的具体操作步骤如下。

(1) 打开【壳体三视图.dwg】素材图形。

(2) 选择【格式】|【文字样式】命令，打开【文字样式】对话框。单击【新建】按钮，如图 9-48 所示。

(3) 在打开的【新建文字样式】对话框中输入"技术要求"并单击【确定】按钮，如图 9-49 所示。

图 9-48 单击【新建】按钮

图 9-49 新建文字样式

(4) 返回【文字样式】对话框，在【字体】选项组的【字体名】下拉列表中选择【仿宋】选项，在【大小】选项组的【高度】文本框中输入 8.0，然后单击【应用】按钮，如图 9-50 所示。再关闭【文字样式】对话框。

(5) 执行【T(多行文字)】命令，在绘图区中拾取一点，指定多行文字的起点，如图 9-51 所示。

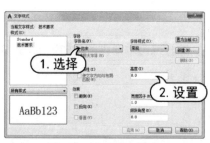

图 9-50 设置文字样式

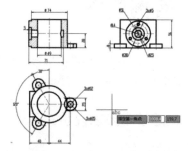

图 9-51 指定多行文字的起点

(6) 根据系统提示向右下方拖动十字光标，指定文字区域的对角点，如图 9-52 所示。

(7) 在文字编辑框中书写技术要求的文字内容，如图 9-53 所示。

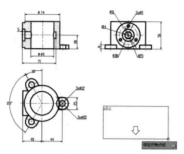

图 9-52 指定多行文字的对角点   图 9-53 输入文字内容

(8) 选择【技术要求】标题内容，单击【文字编辑器】功能区中的【居中】按钮，将标题文字居中显示，如图 9-54 所示。

(9) 在文字编辑框中选择【技术要求】文字，再单击【文字编辑器】功能区中的【段落】按钮，打开【段落】对话框。在【左缩进】选项组的【悬挂】文本框中输入8，如图9-55所示。

(10) 返回【文字编辑器】功能区，单击【关闭】按钮，结束多行文字的创建，完成壳体三视图技术要求的书写操作。

图 9-54 将标题居中显示   图 9-55 设置左缩进

9.4.2 创建产品明细表

本例将结合前面所学的表格知识，创建变压器产品明细表，完成后的效果如图 9-56 所示。首先设置表格的样式，然后插入表格，最后设置表格的文字内容。

变压器产品明细表			
编号	名称	型号	说明
1	矿用隔爆整干式变压器	KBSG-100/6	
2	矿用隔爆整干式变压器	KBSG-100/10	
3	矿用隔爆整干式变压器	KBSG-200/6	
4	矿用隔爆整干式变压器	KBSG-200/10	
5	矿用隔爆整干式变压器	KBSG-315/6	
6	矿用隔爆整干式变压器	KBSG-315/10	
7	矿用隔爆整干式变压器	KBSG-400/6	
8	矿用隔爆整干式变压器	KBSG-400/10	
9	矿用隔爆整干式变压器	KBSG-630/6	
10	矿用隔爆整干式变压器	KBSG-630/10	

图 9-56 变压器产品明细表

创建本例产品明细表的具体操作步骤如下。

(1) 选择【格式】|【表格样式】命令，打开【表格样式】对话框，单击【新建】按钮，如图

9-57 所示。

(2) 在打开的【创建新的表格样式】对话框中输入新样式名"变压器"，然后单击【继续】按钮，如图 9-58 所示。

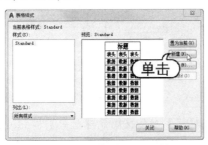

图 9-57　【表格样式】对话框

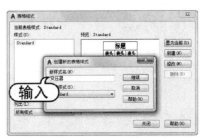

图 9-58　输入新样式名

(3) 打开【新建表格样式:变压器】对话框，在【单元样式】下拉列表中选择【标题】选项，如图 9-59 所示。

(4) 单击【常规】选项卡，在【对齐】选项后的下拉列表中选择【正中】选项，如图 9-60 所示。

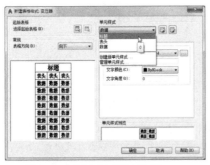

图 9-59　选择【标题】选项

图 9-60　设置标题对齐方式

(5) 单击【文字】选项卡，在【文字高度】文本框中输入 6，如图 9-61 所示。

(6) 单击【边框】选项卡，在【线宽】选项后的下拉列表框中选择【0.30mm】选项，并单击【所有边框】按钮，如图 9-62 所示。

图 9-61　设置标题文字高度

图 9-62　设置标题边框

(7) 在【单元样式】下拉列表中选择【表头】选项，并打开【文字】选项卡，在【文字高度】文本框中输入 5，如图 9-63 所示。

(8) 打开【边框】选项卡，在【线宽】选项后的下拉列表框中选择【0.25mm】选项，并单击【所有边框】按钮，如图 9-64 所示。

图 9-63 设置表头文字高度

图 9-64 设置表头边框

(9) 在【单元样式】下拉列表中选择【数据】选项，并打开【文字】选项卡，在【文字高度】文本框中输入 4，如图 9-65 所示。

(10) 打开【边框】选项卡，在【线宽】选项后的下拉列表中选择【0.09mm】，单击【所有边框】按钮，如图 9-66 所示。然后单击【确定】按钮，返回【表格样式】对话框。

(11) 在【表格样式】对话框中单击【关闭】按钮，结束表格样式的创建。

图 9-65 设置数据文字高度

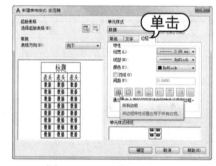

图 9-66 设置数据边框

(12) 选择【绘图】|【表格】命令，打开【插入表格】对话框。设置【列数】为 4，【列宽】为 28，【数据行数】为 10，【行高】为 1，其他参数的设置如图 9-67 所示。

(13) 单击【确定】按钮，在绘图区中拾取一点，指定表格的插入点，如图 9-68 所示。

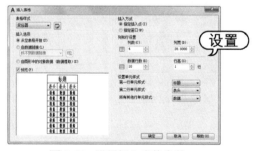

图 9-67 设置插入表格参数

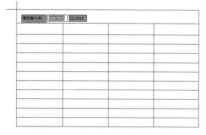

图 9-68 指定表格的插入位置

(14) 在标题栏中输入"变压器产品明细表"，如图 9-69 所示。

(15) 按键盘上的方向键将光标切换到其余要输入文字的单元格，如图 9-70 所示。

(16) 在各个单元格中输入相应的文字，然后单击【文字编辑器】功能区中的【关闭文字编辑器】按钮，完成变压器产品明细表的绘制。

图 9-69　输入标题文字

图 9-70　切换单元格

9.5　习题

1. 使用【多行文字】命令和【单行文字】命令创建的文本内容有什么区别？

2. 如何调整表格行、列的宽度？

3. 为什么设置的表格行数为 6，而在绘图区中插入的表格却有 8 行？

4. 应用所学的文字知识，打开【图纸框.dwg】素材图形，在该图纸框基础上书写施工说明文字，最终效果如图 9-71 所示。

5. 应用所学的表格知识，通过设置表格样式、插入表格和输入表格文字操作，创建如图 9-72 所示的窗户统计表。

> 提示
>
> 先使用【表格样式】命令对表格的样式进行设置，然后使用【表格】命令插入表格，再在各个表格中输入表格文字。

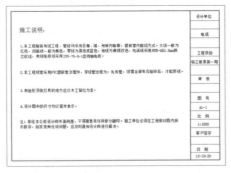

图 9-71　创建说明文字

窗户统计表				
编号	宽度	高度	数量	安装位置
SGC0909	900	900	2	洗衣房
SGC0915	900	1500	6	卫生间
SGC1221	1200	2100	2	门厅
SGC1509	1500	900	2	仓库
SGC1515	1500	1500	4	书房、厨房
SGC1815	1800	1500	6	卧室
SGC2021	3000	2100	2	客厅

图 9-72　窗户统计表

第 10 章

尺寸标注

尺寸标注是制图中非常重要的一个环节，通过尺寸标注，能准确地反映物体的形状、大小和相互关系，它是识别图形和现场施工的主要依据。对图形进行具体的尺寸标注，才能让用户全面掌握图形需要表达的内容。本章将详细讲解尺寸标注的相关知识和方法。

本章重点

- 使用标注样式
- 图形标注技巧
- 创建引线标注

- 标注图形
- 编辑标注

二维码教学视频

【例 10-1】标注衣柜尺寸
【例 10-3】标注螺栓的倒角尺寸
【例 10-5】创建形位公差
【实例演练】标注建筑平面图

【例 10-2】标注法兰套剖视图
【例 10-4】标注圆头螺钉的倒角尺寸

【实例演练】标注零件图

10.1 使用标注样式

尺寸标注样式决定着尺寸各组成部分的外观形式。在没有改变尺寸标注样式时，当前尺寸标注样式将作为预设的标注样式。系统预设标注样式为 Standard，有时可以根据实际情况重新创建并设置尺寸标注样式。

10.1.1 标注的组成

一般情况下，尺寸标注由尺寸线、尺寸界线、尺寸箭头、尺寸文本和圆心标记组成，如图 10-1 所示。

▽ 尺寸线：在图纸中使用尺寸来标注距离或角度。在预设状态下，尺寸线位于两条尺寸界线之间，尺寸线的两端有两个箭头，尺寸文本沿着尺寸线显示。

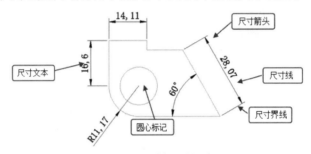

图 10-1　尺寸标注的组成

▽ 尺寸界线：这是由测量点引出的延伸线。通常尺寸界线用于直线型及角度型尺寸的标注。在预设状态下，尺寸界线与尺寸线是互相垂直的，用户也可以将其调整为自己所需的角度。AutoCAD 可以将尺寸界线隐藏起来。

▽ 尺寸箭头：尺寸箭头位于尺寸线与尺寸界线相交处，表示尺寸线的终止端。在不同的情况下使用不同样式的箭头符号来表示。

▽ 尺寸文本：尺寸文本用来标明图纸中的距离或角度等数值及说明文字。标注时可以使用 AutoCAD 中自动给出的尺寸文本，也可以输入新的文本。

▽ 圆心标记：其通常用来标示圆或圆弧的中心。

10.1.2 创建标注样式

AutoCAD 默认的标注格式是 Standard，用户可以根据有关规定及所标注图形的具体要求，使用【标注样式】命令新建标注样式。

执行【标注样式】命令有以下 3 种常用方法。

▽ 选择【格式】|【标注样式】命令。

▽ 展开【注释】面板，单击【标注样式】按钮 ⚖。

▽ 执行 DIMSTYLE(或 D)命令。

执行【标注样式(D)】命令后，打开【标注样式管理器】对话框，如图 10-2 所示。在该对话框中可以新建一种标注样式，还可以对原有的标注样式进行修改。

【标注样式管理器】对话框中主要选项的作用如下。

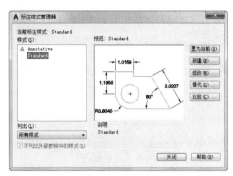

▽ 置为当前：单击该按钮，可以将选定的标注样式设置为当前标注样式。

▽ 新建：单击该按钮，将打开【创建新标注样式】对话框，用户可以在该对话框中创建新的标注样式。

▽ 修改：单击该按钮，将打开【修改当前样式】对话框，用户可以在该对话框中修改标注样式。

图 10-2 【标注样式管理器】对话框

▽ 替代：单击该按钮，将打开【替代当前样式】对话框，用户可以在该对话框中设置标注样式的临时替代样式。

【动手练】创建标注样式。

(1) 新建一个 acadiso 模板图形文档。

(2) 执行 DIMSTYLE(或 D)命令，打开【标注样式管理器】对话框，单击【新建】按钮，在打开的【创建新标注样式】对话框中输入新样式名【建筑】，如图 10-3 所示。

(3) 在【基础样式】下拉列表中选择【ISO-25】选项，然后单击【继续】按钮，如图10-4所示。

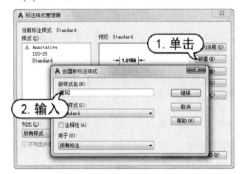

图 10-3 输入新样式名

图 10-4 选择基础样式

提示

在【基础样式】下拉列表中选择一种基础样式，可以在该样式的基础上进行修改，从而创建新样式。

(4) 在打开的【新建标注样式:建筑】对话框中设置样式效果，如图 10-5 所示。

(5) 单击【确定】按钮，即可新建一个【建筑】标注样式，该样式将显示在【标注样式管理器】对话框中，如图 10-6 所示。

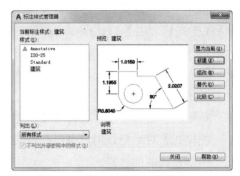

图 10-5　设置标注样式　　　　　图 10-6　新建的建筑标注样式

10.1.3　设置标注样式

在创建新标注样式的过程中，在打开的【新建标注样式】对话框中可以设置新的尺寸标注样式，设置的内容包括线、符号和箭头、文字、调整、主单位、换算单位以及公差等。

> 🔖 **提示**
>
> 在【标注样式管理器】对话框中选择要修改的样式，单击【修改】按钮，可以在【修改标注样式】对话框中修改尺寸标注样式，其参数与【新建标注样式】对话框中的相同。

1. 设置标注尺寸线

在【线】选项卡中，可以设置尺寸线和尺寸界线的颜色、线型、线宽以及尺寸界线超出尺寸线的距离、起点偏移量的距离等内容。其中【尺寸线】选项组中主要选项的含义如下。

▽　颜色：单击【颜色】列表框右侧的下拉按钮▽，可以在打开的【颜色】下拉列表中选择尺寸线的颜色。

▽　线型：在【线型】下拉列表中，可以选择尺寸线的线型样式。

▽　线宽：在【线宽】下拉列表中，可以选择尺寸线的线宽。

▽　超出标记：当使用箭头倾斜、建筑标记、积分标记或无箭头标记时，使用该文本框可以设置尺寸线超出尺寸界线的长度。如图 10-7 所示的是没有超出标记的样式，如图 10-8 所示的是超出标记长度为 3 个单位的样式。

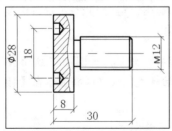

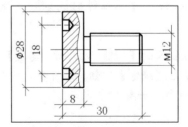

图 10-7　没有超出标记的样式　　　　　图 10-8　超出标记的样式

▽　基线间距：设置在进行基线标注时尺寸线之间的距离。

计算机基础与实训教材系列

▽ 隐藏：用于控制第 1 条和第 2 条尺寸线的隐藏状态。如图 10-9 所示的是隐藏尺寸线 1 的样式，如图 10-10 所示的是隐藏所有尺寸线的样式。

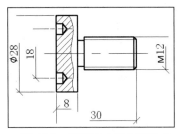

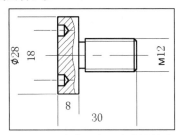

图 10-9　隐藏尺寸线 1 的样式　　　　　　图 10-10　隐藏所有尺寸线的样式

在【尺寸界线】选项组中可以设置尺寸界线的颜色、线型和线宽等，也可以隐藏某条尺寸线，其中主要选项的含义如下。

▽ 颜色：在该下拉列表中，可以选择尺寸界线的颜色。

▽ 尺寸界线 1 的线型：可以在相应下拉列表中选择第 1 条尺寸界线的线型。

▽ 尺寸界线 2 的线型：可以在相应下拉列表中选择第 2 条尺寸界线的线型。

▽ 线宽：在该下拉列表中，可以选择尺寸界线的线宽。

▽ 超出尺寸线：用于设置尺寸界线超出尺寸线的长度。如图 10-11 所示是超出尺寸线长度为 2 个单位的样式，如图 10-12 所示是超出尺寸线长度为 5 个单位的样式。

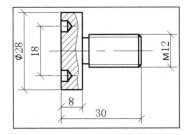

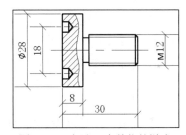

图 10-11　超出 2 个单位的样式　　　　　图 10-12　超出 5 个单位的样式

▽ 起点偏移量：用于设置标注点到尺寸界线起点的偏移距离。如图 10-13 所示是起点偏移量为 2 个单位的样式，如图 10-14 所示是起点偏移量为 5 个单位的样式。

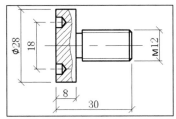

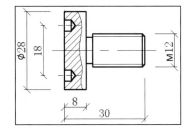

图 10-13　起点偏移量为 2 个单位的样式　　　图 10-14　起点偏移量为 5 个单位的样式

▽ 固定长度的尺寸界线：选中该复选框后，可以在下方的【长度】文本框中设置尺寸界线的固定长度。

▽ 隐藏：用于控制第一条和第二条尺寸界线的隐藏状态。如图 10-15 所示是隐藏尺寸界
线 1 的样式，如图 10-16 所示是隐藏所有尺寸界线的样式。

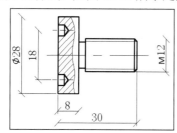 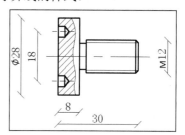

图 10-15　隐藏尺寸界线 1 的样式　　　　　图 10-16　隐藏所有尺寸界线的样式

2. 设置标注符号和箭头

选择【符号和箭头】选项卡，可以设置符号和箭头的样式与大小、圆心标记的大小、弧长符
号以及半径与线性折弯标注等，如图 10-17 所示。

【符号和箭头】选项卡中主要选项的含义如下。

▽ 第一个：在该下拉列表中，可以选择第一条尺寸线的箭头样式。在改变第一个箭头的
样式时，第二个箭头将自动变成与第一个箭头相匹配的箭头样式。

▽ 第二个：在该下拉列表中，可以选择第二条尺寸线的箭头。

▽ 引线：在该下拉列表中，可以选择引线的箭头样式。

▽ 箭头大小：用于设置箭头的大小。

▽ 【圆心标记】：该选项组用于控制直径标注和半径标注的圆心标记以及中心线的外观。

▽ 【折断标注】：该选项组用于控制折断标注的间距宽度。

3. 设置标注文字

选择【文字】选项卡，可以设置文字的外观、位置和对齐方式，如图 10-18 所示。

 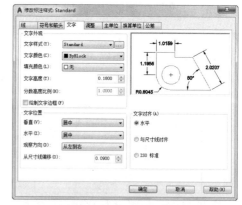

图 10-17　【符号和箭头】选项卡　　　　　图 10-18　【文字】选项卡

【文字外观】选项组中主要选项的含义如下。

▽ 文字样式：在该下拉列表中，可以选择标注文字的样式。单击右侧的 ... 按钮，将打开
【文字样式】对话框，可以在该对话框中设置文字样式。

▽ 文字颜色：在该下拉列表中，可以选择标注文字的颜色。

▽ 填充颜色：在该下拉列表中，可以选择标注文字的背景颜色。

▽ 文字高度：用于设置标注文字的高度。

▽ 分数高度比例：用于设置相对于标注文字的分数比例，只有当选择了【主单位】选项卡中的【分数】作为【单位格式】时，此选项才可用。

【文字位置】选项组用于控制标注文字的位置，其中主要选项的含义如下。

▽ 垂直：在该下拉列表中，可以选择标注文字相对于尺寸线的垂直位置，如图 10-19 所示。

▽ 水平：在该下拉列表中，可以选择标注文字相对于尺寸线和尺寸界线的水平位置，如图 10-20 所示。

图 10-19　选择垂直位置　　　　　　图 10-20　设置水平位置

▽ 从尺寸线偏移：用于设置标注文字与尺寸线的距离。如图 10-21 所示的是文字从尺寸线偏移 1 个单位的样式，如图 10-22 所示的是文字从尺寸线偏移 4 个单位的样式。

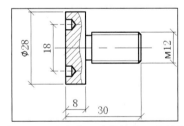

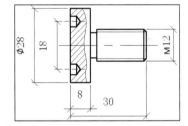

图 10-21　文字从尺寸线偏移 1 个单位　　　图 10-22　文字从尺寸线偏移 4 个单位

提示

在对图形进行尺寸标注时，要注意设置一定的文字偏移距离，这样能够更清楚地显示文字内容。

【文字对齐】选项组用于控制标注文字放在尺寸界线外边或里边时的方向是保持水平还是与尺寸界线平行，其中各选项的含义如下。

▽ 水平：水平放置文字。

▽ 与尺寸线对齐：文字与尺寸线对齐。

▽ ISO 标准：当文字在尺寸界线内时，文字与尺寸线对齐；当文字在尺寸界线外时，文字水平排列。

4. 调整尺寸样式

选择【调整】选项卡，可以在该选项卡中设置尺寸的尺寸线与箭头的位置、尺寸线与文字的位置、标注特征比例以及优化等内容，如图 10-23 所示。

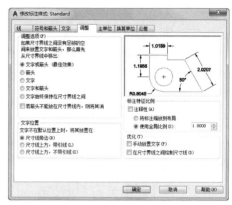

图 10-23　【调整】选项卡

【调整选项】选项组中各选项的含义如下。

▽　文字或箭头(最佳效果)：选中该单选按钮，将按照最佳布局移动文字或箭头，包括当尺寸界线间的距离足够放置文字和箭头时、当尺寸界线间的距离仅够容纳文字时、当尺寸界线间的距离仅够容纳箭头时和当尺寸界线间的距离既不够放文字又不够放箭头时 4 种布局情况，其中各种布局情况的含义如下。

⊙　当尺寸界线间的距离足够放置文字和箭头时，文字和箭头都将放在尺寸界线内，效果如图 10-24 所示。

⊙　当尺寸界线间的距离仅够容纳文字时，则将文字放在尺寸界线内，而将箭头放在尺寸界线外，效果如图 10-25 所示。

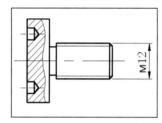

图 10-24　足够放置文字和箭头的效果

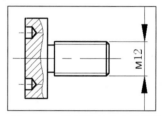

图 10-25　仅够容纳文字的效果

⊙　当尺寸界线间的距离仅够容纳箭头时，则将箭头放在尺寸界线内，而将文字放在尺寸界线外，效果如图 10-26 所示。

⊙　当尺寸界线间的距离既不够放文字又不够放箭头时，文字和箭头将全部放在尺寸界线外，效果如图 10-27 所示。

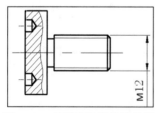

图 10-26　仅够容纳箭头的效果

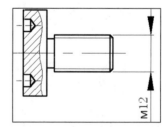

图 10-27　文字或箭头都不够放的效果

▽　箭头：当尺寸界线间的距离仅够放下箭头时，将箭头放在尺寸界线内，而文字放在尺寸界线外。

▽　文字：当尺寸界线间的距离仅能容纳文字时，将文字放在尺寸界线内，而箭头放在尺寸界线外。

▽ 文字和箭头：当尺寸界线间的距离不足以放下文字和箭头时，文字和箭头都放在尺寸界线外。

▽ 文字始终保持在尺寸界线之间：始终将文字放在尺寸界线之间。

▽ 若箭头不能放在尺寸界线内，则将其消除：当尺寸界线内没有足够空间时，将自动隐藏箭头。

【文字位置】选项组用于设置特殊尺寸文本的摆放位置。当标注文字不能按【调整选项】选项组中选项所规定的位置摆放时，可以通过以下选项来确定其位置。

▽ 尺寸线旁边：选中该单选按钮，可以将标注文字放在尺寸线旁边。

▽ 尺寸线上方，带引线：选中该单选按钮，可以将标注文字放在尺寸线上方，并加上引线。

▽ 尺寸线上方，不带引线：选中该单选按钮，可以将标注文字放在尺寸线上方，但不加引线。

5. 设置尺寸主单位

选择【主单位】选项卡，在该选项卡中可以设置线性标注和角度标注。线性标注包括单位格式、精度、舍入、测量单位比例和消零等内容。角度标注包括单位格式、精度和消零，如图 10-28 所示。

【主单位】选项卡中常用选项的含义如下。

▽ 单位格式：在该下拉列表中，可以选择标注的单位格式，如图 10-29 所示。

▽ 精度：在该下拉列表中，可以选择标注文字的小数位数，如图 10-30 所示。

图 10-28 【主单位】选项卡

图 10-29 选择单位格式

图 10-30 选择小数位数

> **提示**
>
> 在设置标注样式时，应根据行业标准设置小数的位数。在没有特定要求的情况下，可以将主单位的精度设置在一位小数内。这样有利于用户在标注中更清楚地查看数字内容。

10.2 标注图形

在 AutoCAD 制图中，针对不同的图形，可以使用不同的标注命令，其中包括线性标注、对齐标注、基线标注、连续标注、半径标注、角度标注和折弯标注等。

10.2.1 线性标注

使用线性标注可以标注长度类型的尺寸，用于标注垂直、水平和旋转的线性尺寸。线性标注可以水平、垂直或对齐放置。创建线性标注时，可以修改文字内容、文字角度或尺寸线的角度。

执行【线性】标注命令有以下 3 种常用方法。

▽ 选择【标注】|【线性】命令。

▽ 单击【标注】面板中的【线性】按钮┤—。

▽ 执行 DIMLINEAR(或 DLI)命令。

执行 DIMLINEAR(或 DLI)命令，系统将提示信息【指定第一条尺寸界线原点或<选择对象>:】，选择对象后系统将提示信息【指定尺寸线位置或[多行文字(M)/文字(T)/角度(A)/水平(H)/垂直(V)/旋转(R)]:】，该提示中各选项的含义如下。

▽ 多行文字(M)：用于改变多行标注文字，或者给多行标注文字添加前缀、后缀。

▽ 文字(T)：用于改变当前标注文字，或者给标注文字添加前缀、后缀。

▽ 角度(A)：用于修改标注文字的角度。

▽ 水平(H)：用于创建水平线性标注。

▽ 垂直(V)：用于创建垂直线性标注。

▽ 旋转(R)：用于创建旋转线性标注。

【动手练】使用【线性】命令标注矩形的长度。

(1) 绘制一个长度为 500 的矩形作为标注对象。

(2) 执行 DIMLINEAR(或 DLI)命令，在标注的对象上选择第一个原点，如图 10-31 所示。

(3) 继续指定标注对象的第二个原点，如图 10-32 所示。

图 10-31　选择第一个原点

图 10-32　指定第二个原点

(4) 拖动并指定尺寸标注线的位置，如图 10-33 所示，然后单击，即可完成线性标注，如图 10-34 所示。

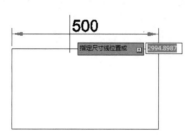

图 10-33　指定尺寸标注线的位置

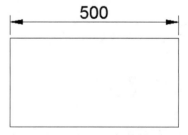

图 10-34　完成线性标注

10.2.2　对齐标注

对齐标注是线性标注的一种形式，尺寸线始终与标注对象保持平行。若标注的对象是圆弧，则对齐尺寸标注的尺寸线与圆弧的两个端点所连接的弦保持平行。

执行【对齐】标注命令有以下 3 种常用方法。

▽　选择【标注】|【对齐】命令。

▽　单击【标注】面板中的标注下拉按钮▾，在下拉列表中单击【已对齐】按钮↖。

▽　执行 DIMALIGNED(或 DAL)命令。

【动手练】使用【对齐】命令标注三角形的斜边长度。

(1) 绘制一个三角形作为标注的对象。

(2) 执行 DIMALIGNED(或 DAL)命令，指定第一条尺寸界线的原点，如图 10-35 所示。

(3) 当系统提示【指定第二条尺寸界线原点:】时，继续指定第二条尺寸界线的原点，如图 10-36 所示。

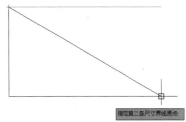

图 10-35　指定第一个原点　　　　　　图 10-36　指定第二个原点

(4) 当系统提示【指定尺寸线位置或】时，指定尺寸标注线的位置，如图 10-37 所示。单击结束标注操作，效果如图 10-38 所示。

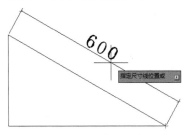

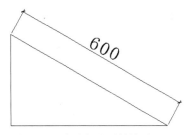

图 10-37　指定尺寸标注线的位置　　　　图 10-38　完成标注后的效果

10.2.3　半径标注

使用【半径】命令可以根据圆和圆弧的半径大小、标注样式的选项设置以及光标的位置来绘制不同类型的半径标注。标注样式控制圆心标记和中心线。当尺寸线画在圆弧或圆内部时，AutoCAD 不绘制圆心标记或中心线。

执行【半径】标注命令有以下 3 种常用方法。

▽　选择【标注】|【半径】命令。

▽　单击【标注】面板中的标注下拉按钮▾，在下拉列表中单击【半径】按钮◎。

▽　执行 DIMRADIUS(或 DRA)命令。

计算机基础与实训教材系列

【动手练】使用【半径】命令标注圆弧的半径。

(1) 绘制一个圆弧作为标注对象。

(2) 执行 DIMRADIUS(或 DRA)命令，选择绘制的圆弧作为半径标注对象。

(3) 指定尺寸标注线的位置，如图 10-39 所示，系统将根据测量值自动标注圆弧的半径，效果如图 10-40 所示。

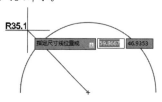

图 10-39　指定尺寸标注线的位置

图 10-40　半径标注效果

> **提示**
>
> 设置尺寸样式时，可设置一个只用于半径尺寸标注的附属格式，以满足半径尺寸标注的要求。

10.2.4　直径标注

直径标注用于标注圆或圆弧的直径，直径标注由一条具有指向圆或圆弧的箭头的直径尺寸线组成。

执行【直径】标注命令有以下 3 种常用方法。

▽　选择【标注】|【直径】命令。

▽　单击【标注】面板中的标注下拉按钮▾，在下拉列表中单击【直径】按钮⊘。

▽　执行 DIMDIAMETER(或 DDI)命令。

【动手练】使用【直径】命令标注圆的直径。

(1) 绘制一个圆作为标注对象。

(2) 执行【直径(DDI)】命令，选择绘制的圆作为直径标注对象。

(3) 指定尺寸标注线的位置，如图 10-41 所示，系统将根据测量值自动标注圆的直径，效果如图 10-42 所示。

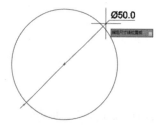

图 10-41　指定尺寸标注线的位置

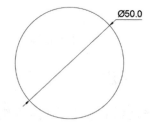

图 10-42　直径标注效果

10.2.5　角度标注

使用【角度】命令可以准确地标注对象之间的夹角或圆弧的弧度，效果如图 10-43 和图 10-44 所示。

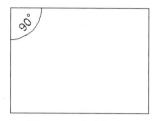

图 10-43　角度标注

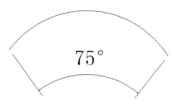

图 10-44　圆弧的夹角

执行【角度】标注命令有以下 3 种常用方法。

▽　选择【标注】|【角度】命令。

▽　单击【标注】面板中的标注下拉按钮▾，在下拉列表中单击【角度】按钮△。

▽　执行 DIMANGULAR(或 DAN)命令。

【动手练】使用【角度】命令标注三角形的夹角。

(1) 绘制一个三角形作为标注对象。

(2) 执行【角度(DAN)】命令，选择标注角度图形的第一条边，如图 10-45 所示。

(3) 根据提示选择标注角度图形的第二条边，如图 10-46 所示。

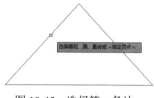

图 10-45　选择第一条边

图 10-46　选择第二条边

(4) 指定标注弧线的位置，如图 10-47 所示，标注夹角角度的效果如图 10-48 所示。

图 10-47　指定标注弧线的位置

图 10-48　角度标注效果

【动手练】使用【角度】命令标注圆弧的弧度。

(1) 绘制一段圆弧作为标注对象。

(2) 执行【角度(DAN)】命令，选择绘制的圆弧作为标注对象。

(3) 指定标注圆弧的位置，如图 10-49 所示，系统将根据测量值自动标注圆弧的弧度，效果如图 10-50 所示。

图 10-49　指定标注圆弧的位置

图 10-50　弧度标注效果

10.2.6 弧长标注

弧长标注用于测量圆弧或多段线圆弧上的距离。弧长标注的尺寸界线可以是正交或径向。在标注文字的上方或前面将显示圆弧符号。

执行【弧长】标注命令有以下 3 种常用方法。

▽ 选择【标注】|【弧长】命令。

▽ 单击【标注】面板中的标注下拉按钮▼，在下拉列表中单击【弧长】按钮 ⌒。

▽ 执行 DIMARC(或 DAR)命令。

【动手练】使用【弧长】命令标注圆弧的弧长。

(1) 绘制一段圆弧作为标注对象。

(2) 执行 DIMARC(或 DAR)命令，选择绘制的圆弧作为标注的对象。

(3) 当系统提示【指定弧长标注位置或 [多行文字(M)/文字(T)/角度(A)/部分(P)/引线(L)]:】时，指定弧长标注位置，如图 10-51 所示。

(4) 单击结束弧长标注操作，效果如图 10-52 所示。

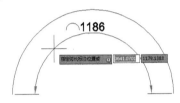

图 10-51 指定弧长标注位置

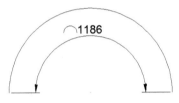

图 10-52 弧长标注效果

10.2.7 圆心标注

使用【圆心标记】命令可以标注圆或圆弧的圆心点，执行【圆心标记】命令有以下两种常用方法。

▽ 选择【标注】|【圆心标记】命令。

▽ 执行 DIMCENTER(或 DCE)命令。

执行【圆心标记(DCE)】命令后，系统将提示信息【选择圆或圆弧:】，然后选择要标注的圆或圆弧，即可标注出圆或圆弧的圆心，如图 10-53 和图 10-54 所示。

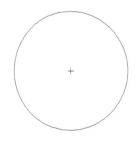

图 10-53 标注圆的圆心

图 10-54 标注圆弧的圆心

10.2.8 折弯标注

使用【折弯】命令可以创建折弯半径标注。当圆弧的中心位置位于布局外，并且无法在其实际位置显示时，可以使用折弯半径标注来标注。

执行【折弯】标注命令有以下 3 种常用方法。

▽ 选择【标注】|【折弯】命令。

▽ 单击【标注】面板中的标注下拉按钮▼，在下拉列表中单击【已折弯】按钮ᗒ。

▽ 执行 DIMJOGGED (或 DJO)命令。

【动手练】对圆弧进行折弯标注。

(1) 绘制一段圆弧作为标注对象，如图 10-55 所示。

(2) 执行【折弯(DIMJOGGED)】命令，然后选择圆弧，如图 10-56 所示。

图 10-55 绘制圆弧　　　　　　　　　　图 10-56 选择标注对象

(3) 将十字光标向左下方移动，然后在绘图区中拾取一点，指定图示中心位置，如图 10-57 所示。

(4) 将十字光标向左上方移动，并在绘图区中拾取一点，指定尺寸线位置，如图 10-58 所示。

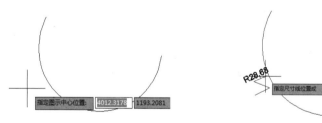

图 10-57 指定图示中心位置　　　　　　图 10-58 指定尺寸线位置

(5) 移动十字光标到合适的点，然后单击，指定折弯位置，如图 10-59 所示，所创建的折弯半径标注如图 10-60 所示。

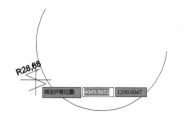
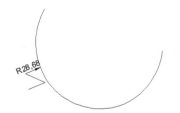

图 10-59 指定折弯位置　　　　　　　　图 10-60 标注折弯半径

10.3 图形标注技巧

在标注图形的操作中，AutoCAD 提供了一些标注技巧，应用这些技巧可以更容易地标注特殊图形，并提高标注的速度。下面具体介绍这些标注的使用。

10.3.1 连续标注

连续标注用于标注在同一方向上连续的线性或角度尺寸。执行【连续】命令，可以从上一个或选定标注的第二条尺寸界线处创建线性、角度或坐标的连续标注。

执行【连续】标注命令有以下 3 种常用方法。

▽　选择【标注】|【连续】命令。

▽　在功能区中选择【注释】选项卡，然后单击【标注】面板中的【连续】按钮卅。

▽　执行 DIMCONTINUE(或 DCO)命令。

【例 10-1】 标注衣柜尺寸 📀 视频

(1) 打开【衣柜立面.dwg】图形文件。

(2) 执行【线性(DLI)】命令，然后对衣柜左方的柜体宽度进行线性标注，如图 10-61 所示。

(3) 执行【连续(DCO)】命令，在系统提示下指定连续标注的第二条尺寸界线，如图 10-62 所示。

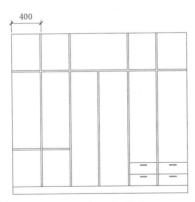

图 10-61　线性标注对象

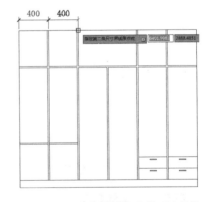

图 10-62　指定连续标注的尺寸界线

> 💊 **提示**
>
> 在进行连续标注图形之前，需要对图形进行一次标注操作，以确定连续标注的起始点，否则无法进行连续标注。

(4) 继续向右指定连续标注的第二条尺寸界线，如图 10-63 所示。

(5) 根据系统提示依次指定连续标注的第二条尺寸界线，并对衣柜上方的柜体尺寸进行标注，效果如图 10-64 所示。

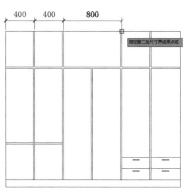

图 10-63　指定连续标注的尺寸界线

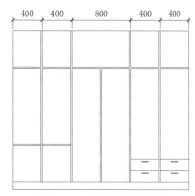

图 10-64　连续标注的效果

10.3.2　基线标注

【基线标注】命令用于标注图形中有一个共同基准的线性或角度尺寸。基线标注是以某一点、线、面作为基准，其他尺寸按照该基准进行定位。因此，在使用【基线】标注之前，需要对图形进行一次标注操作，以确定基线标注的基准点，否则无法进行基线标注。

执行【基线标注】命令有以下 3 种常用方法。

▽　选择【标注】|【基线】命令。

▽　在功能区中选择【注释】选项卡，然后在【标注】面板中单击【连续】下拉按钮，在弹出的下拉列表中单击【基线】按钮┡。

▽　执行 DIMBASELINE(或 DBA)命令。

【例 10-2】　标注法兰套剖视图 ◉视频

(1) 打开【法兰套剖视图.dwg】素材图形文件，如图 10-65 所示。

(2) 执行 DIMASTYLE(D)命令，打开【标注样式管理器】对话框，然后单击【修改】按钮，如图 10-66 所示。

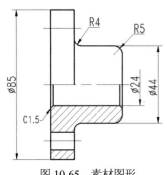

图 10-65　素材图形

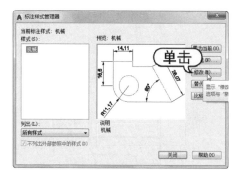

图 10-66　单击【修改】按钮

(3) 在打开的【修改标注样式:机械】对话框中选择【线】选项卡，设置【基线间距】值为7.5，然后单击【确定】按钮，如图 10-67 所示。

(4) 执行【线性】标注命令，在图形上方进行一次线性标注，如图 10-68 所示。

(5) 执行 DIMBASELINE(或 DBA)命令，当系统提示【指定第二条尺寸界线原点或 [放弃(U)/

计算机基础与实训教材系列

213

选择(S)]:】时，输入 s 并按空格键进行确定。启用【选择(S)】选项，如图 10-69 所示。

(6) 当系统提示【选择基准标注:】时，在前面创建的线性标注左方单击，选择该标注作为基准标注，如图 10-70 所示。

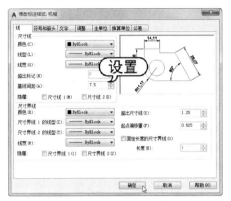

图 10-67　修改基线间距

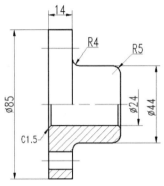

图 10-68　进行线性标注

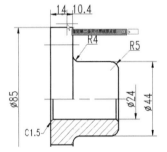

图 10-69　输入 s 并按空格键进行确定

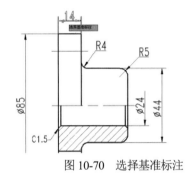

图 10-70　选择基准标注

(7) 当系统再次提示【指定第二条尺寸界线原点或[放弃(U)/选择(S)]:】时，指定基准标注第二条尺寸界线的原点，如图 10-71 所示。

(8) 按空格键进行确定，完成基线标注操作，效果如图 10-72 所示。

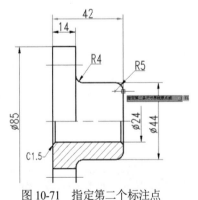

图 10-71　指定第二个标注点

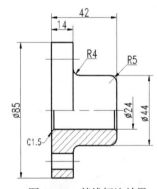

图 10-72　基线标注效果

🔍 提示

　　在进行基线标注时，如果基线标注间的距离太近，将无法正常显示标注的内容。用户可以在【修改标注样式】对话框的【线】选项卡中重新设置基线间距，以调整各个基线标注间的距离。

10.3.3　快速标注

快速标注用于快速创建标注,其中包含了创建基线标注、连续标注、半径标注和直径标注等。执行【快速标注】命令有以下 3 种常用方法。

▽ 选择【标注】|【快速标注】命令。

▽ 在功能区中选择【注释】选项卡,然后单击【标注】面板中的【快速】按钮。

▽ 执行 QDIM 命令。

执行【快速标注(QDIM)】命令,系统将提示【选择要标注的几何图形:】,在此提示下选择标注图样,系统将提示【指定尺寸线位置或[连续/并列/基线/坐标/半径/直径/基准点/编辑]<>:】,该提示中各选项的含义如下。

▽ 连续:用于创建连续标注。

▽ 并列:用于创建并列标注。

▽ 基线:用于创建基线标注。

▽ 坐标:以某一基点为准,标注其他端点相对于基点的相对坐标。

▽ 半径:用于创建半径标注。

▽ 直径:用于创建直径标注。

▽ 基准点:确定用【基线】和【坐标】方式标注时的基点。

▽ 编辑:启动尺寸标注的编辑命令,用于增加或减少尺寸标注中尺寸界线的端点数。

【动手练】使用【快速标注】命令标注图形。

(1) 参照如图 10-73 所示的效果绘制将要进行快速标注的图形。

(2) 执行【快速标注(QDIM)】命令,然后使用窗口选择方式选择所有的图形,效果如图 10-74 所示。

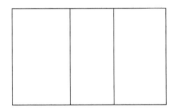

图 10-73　绘制标注对象

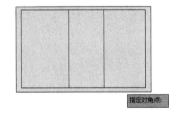

图 10-74　选择标注对象

(3) 根据系统提示指定尺寸线位置,如图 10-75 所示,即可对选择的所有图形进行快速标注,效果如图 10-76 所示。

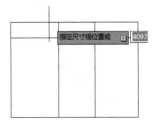

图 10-75　指定尺寸线位置

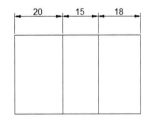

图 10-76　快速标注效果

10.4 编辑标注

当创建尺寸标注后，如果需要对其进行修改，可以使用标注样式对所有标注进行修改，也可以单独修改图形中的部分标注对象。

10.4.1 修改标注样式

在进行尺寸标注的过程中，可以先设置好尺寸标注的样式，也可以在创建好标注后，对标注的样式进行修改，以适合标注的图形。

【动手练】修改标注的样式。

(1) 选择【标注】|【样式】命令，在打开的【标注样式管理器】对话框中选中需要修改的样式，然后单击【修改】按钮，如图 10-77 所示。

(2) 此时将打开【修改标注样式:机械】对话框，在该对话框中即可根据需要对标注的各部分样式进行修改，修改好标注样式后，单击【确定】按钮即可，如图 10-78 所示。

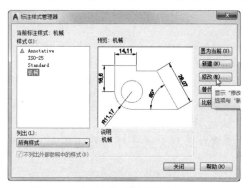

图 10-77 【标注样式管理器】对话框

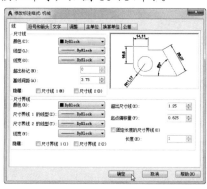

图 10-78 【修改标注样式:机械】对话框

10.4.2 编辑尺寸界线

使用 DIMEDIT 命令可以修改一个或多个标注对象上的文字标注和尺寸界线。执行 DIMEDIT 命令后，系统将提示【输入标注编辑类型 [默认(H)/新建(N)/旋转(R)/倾斜(O)]<默认>:】，其中各选项的含义如下。

▽ 默认(H)：将标注文字移回默认位置。

▽ 新建(N)：使用【多行文字编辑框】编辑标注文字。

▽ 旋转(R)：旋转标注文字。

▽ 倾斜(O)：调整线性标注尺寸界线的倾斜角度。

【动手练】将标注中的尺寸界线倾斜 30°。

(1) 打开【浴缸.dwg】图形，然后使用【线性】命令对图形进行标注，如图 10-79 所示。

(2) 执行 DIMEDIT 命令，在弹出的菜单中选择【倾斜】选项，如图 10-80 所示，然后选择所创建的线性标注并按 Enter 键进行确定。

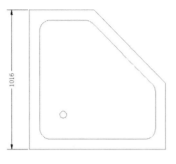

图 10-79　标注图形

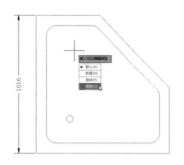

图 10-80　选择【倾斜】选项

(3) 根据系统提示输入倾斜的角度为 30 并按 Enter 键进行确定，如图 10-81 所示，倾斜尺寸界线后的效果如图 10-82 所示。

图 10-81　输入倾斜角度

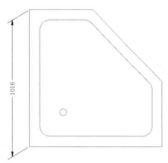

图 10-82　倾斜效果

10.4.3　编辑标注文字

使用 DIMTEDIT 命令可以移动和旋转标注文字。执行 DIMTEDIT 命令，选择要编辑的标注后，系统将提示信息【指定标注文字的新位置或[左对齐(L)/右对齐(R)/居中(C)/默认(H)/角度(A)]:】，其中各选项的含义如下。

▽　左对齐(L)：沿尺寸线左对齐标注文字。

▽　右对齐(R)：沿尺寸线右对齐标注文字。

▽　居中(C)：将标注文字放在尺寸线的中间。

▽　默认(H)：将标注文字移回默认位置。

▽　角度(A)：修改标注文字的角度。

【动手练】将标注中的文字旋转 30°。

(1) 打开【浴缸.dwg】图形，然后使用【线性】命令对图形进行标注，如图 10-83 所示。

(2) 执行 DIMTEDIT 命令，选择创建的线性标注并按 Enter 键进行确定。然后输入字母 a并按 Enter 键进行确定，执行旋转文字命令，如图 10-84 所示。

(3) 当系统提示【指定标注文字的角度:】时，输入旋转的角度为 30 并按 Enter 键进行确定，如图 10-85 所示。旋转标注文字后的效果如图 10-86 所示。

计算机基础与实训教材系列

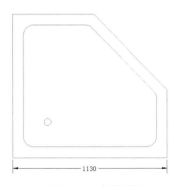

图 10-83 标注图形

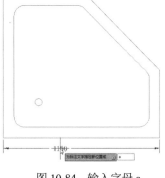

图 10-84 输入字母 a

图 10-85 输入旋转角度

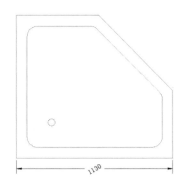

图 10-86 旋转文字后的效果

10.4.4 折弯线性

执行【折弯线性】命令，可以在线性标注或对齐标注中添加或删除折弯线。执行【折弯线性】命令的常用方法有以下 3 种。

▽ 选择【标注】|【折弯线性】命令。

▽ 单击【标注】面板中的【折弯线性】按钮 ⋏。

▽ 执行 DIMJOGLINE(或 DJL)命令。

【动手练】折弯标注中的尺寸线。

(1) 打开【栏杆.dwg】图形文件，如图 10-87 所示。

(2) 执行 DIMJOGLINE 命令(或 DJL)，选择其中的线性标注，如图 10-88 所示。

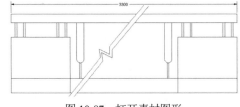

图 10-87 打开素材图形

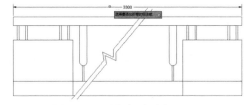

图 10-88 选择标注对象

(3) 根据系统提示在线性标注中指定折弯的位置，如图 10-89 所示，所创建的折弯线性效果如图 10-90 所示。

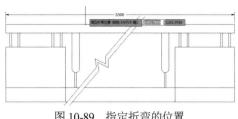

图 10-89　指定折弯的位置

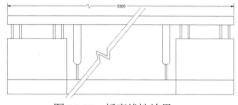

图 10-90　折弯线性效果

10.4.5　打断标注

使用【标注打断】命令可以将标注对象以某一对象为参照点或以指定点打断，执行【标注打断】命令的常用方法有以下 3 种。

▽　选择【标注】|【标注打断】命令。

▽　单击【标注】面板中的【打断】按钮 。

▽　执行 DIMBREAK 命令。

执行 DIMBREAK 命令，选择要打断的一个或多个标注对象，然后按空格键进行确定，系统将提示【选择要打断标注的对象或[自动(A)/恢复(R)/手动(M)]<>:】。用户可以根据提示设置打断标注的方式。

▽　选择要打断标注的对象：直接选择要打断标注的对象，并按下空格键进行确定。

▽　自动(A)：自动将打断标注放置在与选定标注相交的对象的所有交点处。修改标注或相交对象时，会自动更新使用此选项创建的所有打断标注。

▽　恢复(R)：从选定的标注中删除所有打断标注。

▽　手动(M)：使用手动方式为打断位置指定标注或尺寸界线上的两点。如果修改标注或相交对象，则不会更新使用此选项创建的任何打断标注。使用此选项，一次仅可以放置一个手动打断标注。

【动手练】打断标注中的尺寸线。

(1) 打开【螺栓.dwg】图形文件，如图 10-91 所示。

(2) 执行 DIMBREAK 命令，然后选择图形左侧的线性标注，如图 10-92 所示。

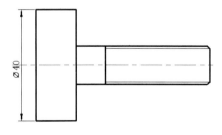

图 10-91　打开图形文件

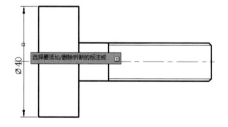

图 10-92　选择标注

(3) 根据系统提示选择点画线作为要打断标注的对象，如图 10-93 所示，系统即可自动在点画线的位置打断标注，如图 10-94 所示。

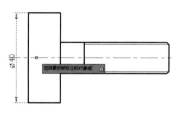

图 10-93 选择打断标注的对象

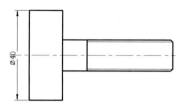

图 10-94 打断标注

10.4.6 调整标注间距

执行【标注间距】命令，可以调整线性标注或角度标注之间的距离。该命令仅适用于平行的线性标注或共用一个顶点的角度标注。

执行【标注间距】命令的常用方法有以下 3 种。

▽ 选择【标注】|【标注间距】命令。

▽ 单击【标注】面板中的【调整间距】按钮 。

▽ 执行 DIMSPACE 命令。

【动手练】修改两个标注之间的距离。

(1) 打开【法兰盘.dwg】图形文件。

(2) 执行 DIMSPACE 命令，然后选择图形左侧的线性标注，如图 10-95 所示。

(3) 选择下一个与选择标注相邻的线性标注，如图 10-96 所示。

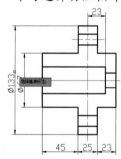

图 10-95 选择线性标注

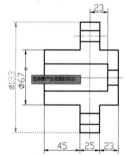

图 10-96 选择另一个标注

(4) 在弹出的列表选项中选择【自动(A)】选项，如图 10-97 所示，系统即可自动调整两个标注之间的距离，效果如图 10-98 所示。

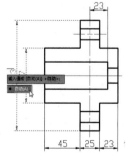

图 10-97 选择【自动(A)】选项

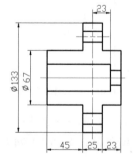

图 10-98 调整标注间距

10.5　创建引线标注

在 AutoCAD 中，引线是由样条曲线或直线段连着箭头组成的对象，通常由一条水平线将文字和特征控制框连接到引线上。绘制图形时，通常可以使用引线功能来标注图形特殊部分的尺寸或进行文字注释。

10.5.1　绘制多重引线

执行【多重引线】命令，可以创建连接注释与几何特征的引线，对图形进行标注。执行【多重引线】命令的常用方法有以下 3 种。

▽　选择【标注】|【多重引线】命令。

▽　单击【引线】面板中的【多重引线】按钮 。

▽　执行 MLEADER 命令。

【例 10-3】 标注螺栓的倒角尺寸

(1) 打开【螺栓.dwg】图形文件。

(2) 执行 MLEADER 命令，当系统提示【指定引线箭头的位置或[引线基线优先(L)/内容优先(C)/选项(O)] <选项>:】时，在图形中指定引线箭头的位置，如图 10-99 所示。

(3) 当系统提示【指定引线基线的位置: 】时，在图形中指定引线基线的位置，如图 10-100 所示。

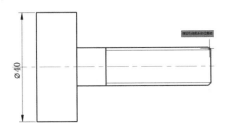

图 10-99　指定引线箭头的位置

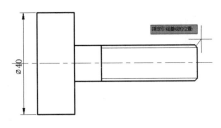

图 10-100　指定引线基线的位置

(4) 在指定引线基线的位置后，系统将要求用户输入引线的文字内容，此时可以输入标注文字，如图 10-101 所示。

(5) 在弹出的【文字编辑器】功能区中单击【关闭】按钮，完成多重引线的标注，效果如图 10-102 所示。

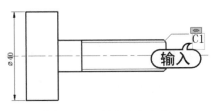

图 10-101　输入文字内容

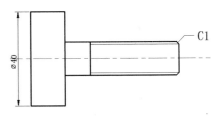

图 10-102　多重引线标注效果

提示

在标注图形时，如果不方便进行倒角或圆角的尺寸标注时，可以使用引线标注方式来标注对象的倒角或圆角。C 表示倒角标注的尺寸，R 表示圆角标注的尺寸。

10.5.2　绘制快速引线

使用 QLEADER(或 QL)命令可以快速创建引线和引线注释。执行 QLEADER(或 QL)命令后，可以通过输入 s 并按空格键进行确定，打开【引线设置】对话框，以便用户设置适合绘图需要的引线点数和注释类型。

【例 10-4】 标注圆头螺钉的倒角尺寸　📹视频

(1) 打开【圆头螺钉.dwg】图形文件，如图 10-103 所示。

(2) 执行【快速引线(QL)】命令，然后输入 s 并按空格键进行确定，如图 10-104 所示。

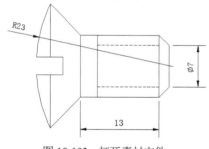

图 10-103　打开素材文件

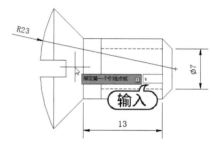

图 10-104　输入 s 并按空格键进行确定

(3) 在打开的【引线设置】对话框中选中【多行文字】单选按钮，设置注释类型为【多行文字】，如图 10-105 所示。

(4) 选择【引线和箭头】选项卡，设置点数为 3，箭头样式为【实心闭合】，设置第一段的角度为【任意角度】，设置第二段的角度为【水平】并单击【确定】按钮，如图 10-106 所示。

图 10-105　设置注释类型

图 10-106　设置引线和箭头

(5) 当系统继续提示【指定第一个引线点或[设置(S)]:】时，在图形中指定引线的第一个点，如图 10-107 所示。

(6) 当系统提示【指定下一点:】时，向右上方移动鼠标，指定引线的下一个点，如图 10-108 所示。

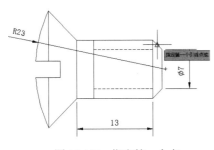

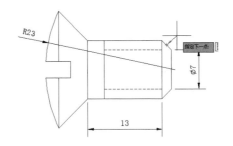

图 10-107　指定第一个点　　　　　　　　　　图 10-108　指定下一个点

(7) 当系统提示【指定下一点:】时，向右方移动鼠标，指定引线的下一个点，如图 10-109 所示。

(8) 当系统提示【输入注释文字的第一行<多行文字(M)>:】时，输入快速引线的文字内容 C2，如图 10-110 所示。

(9) 输入文字内容后，连续按两次Enter键完成快速引线的绘制，效果如图 10-111 所示。

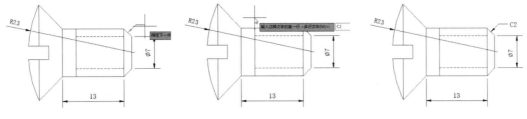

图 10-109　指定下一个点　　　　　图 10-110　输入文字内容　　　　图 10-111　创建快速引线后的效果

10.5.3　标注形位公差

在产品生产过程中，如果在加工零件时所产生的形状误差和位置误差过大，将会影响机器的质量。因此对要求较高的零件，必须根据实际需要，在图纸上标注出相应表面的形状误差和相应表面之间的位置误差的允许范围，即标出表面形状和位置公差，简称为形位公差。AutoCAD 使用特征控制框向图形中添加形位公差，如图 10-112 所示。

图 10-112　形位公差说明

AutoCAD 向用户提供了 14 种常用的形位公差符号，如表 10-1 所示。当然，用户也可以自定义工程符号，常用的方法是通过定义块来定义基准符号或粗糙度符号。

表 10-1　形位公差符号

符号	特征	类型	符号	特征	类型	符号	特征	类型
⊕	位置	位置	//	平行度	方向	⌭	圆柱度	形状
◎	同轴(同心)度	位置	⊥	垂直度	方向	⌓	平面度	形状

(续表)

符号	特征	类型	符号	特征	类型	符号	特征	类型
⹀	对称度	位置	∠	倾斜度	方向	○	圆度	形状
⌓	面轮廓度	轮廓	↗	圆跳动	跳动	—	直线度	形状
⌒	线轮廓度	轮廓	⩘	全跳动	跳动			

【例 10-5】 创建形位公差 📹视频

(1) 执行 QLEADER 命令，然后输入 s 并按空格键进行确定，打开【引线设置】对话框，在其中选中【公差】单选按钮，然后单击【确定】按钮，如图 10-113 所示。

(2) 根据命令提示绘制如图 10-114 所示的引线。

图 10-113　【引线设置】对话框

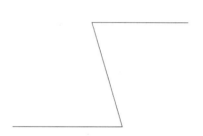

图 10-114　绘制引线

(3) 打开【形位公差】对话框，单击【符号】参数栏下的黑框，如图 10-115 所示。

(4) 在打开的【特征符号】对话框中选择符号⌖，如图 10-116 所示。

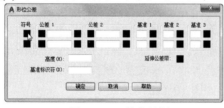

图 10-115　单击黑框

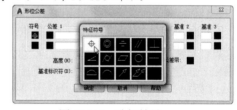

图 10-116　选择符号

(5) 单击【公差 1】参数栏中的第一个小黑框，其中将自动出现直径符号，如图 10-117 所示。

(6) 在【公差 1】参数栏中的白色文本框中输入公差值 0.02，如图 10-118 所示。

图 10-117　添加直径符号

图 10-118　输入公差值

(7) 单击【公差 1】参数栏中的第二个小黑框，打开【附加符号】对话框，从中选择附加符号，如图 10-119 所示。

(8) 单击【确定】按钮，完成形位公差标注，效果如图 10-120 所示。

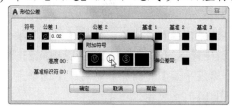

图 10-119　选择附加符号

图 10-120　形位公差标注效果

10.6　实例演练

本小节练习标注建筑平面图和零件图形，巩固所学的尺寸标注知识，如线性标注、半径标注、基线标注和连续标注等。

10.6.1　标注建筑平面图

本例将结合前面所学的标注内容，在如图 10-121 所示的建筑平面图中标注图形尺寸，要求完成后的效果如图 10-122 所示。对图形进行标注时应先设置好标注样式，再使用线性标注和连续标注对图形进行标注。

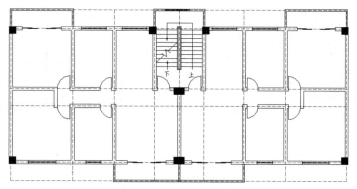

图 10-121　建筑平面图

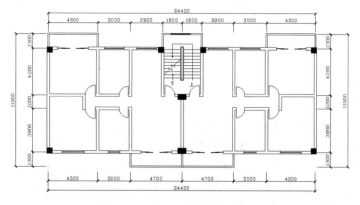

图 10-122　标注后的建筑平面图

计算机基础与实训教材系列

标注本例图形尺寸的具体操作步骤如下。

(1) 打开【建筑平面图.dwg】图形文件。

(2) 执行【标注样式(D)】命令，打开【标注样式管理器】对话框，单击【新建】按钮，打开【创建新标注样式】对话框，在【新样式名】文本框中输入【建筑平面】，如图 10-123 所示。

(3) 单击【继续】按钮，打开【新建标注样式:建筑平面】对话框，在【线】选项卡中设置超出尺寸线的值为 100，起点偏移量的值为 200，如图 10-124 所示。

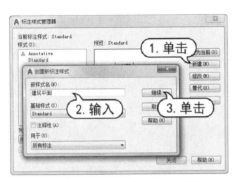

图 10-123　创建新标注样式

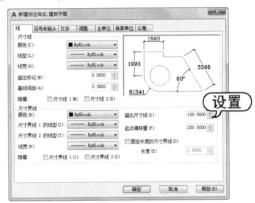

图 10-124　设置线参数

(4) 选择【符号和箭头】选项卡，设置箭头样式为【建筑标记】，设置箭头大小为 200，如图 10-125 所示。

(5) 选择【文字】选项卡，设置文字的高度为 300、文字的垂直对齐方式为【上】、【从尺寸线偏移】值为 100、文字对齐方式为【与尺寸线对齐】，如图 10-126 所示。

图 10-125　设置箭头参数

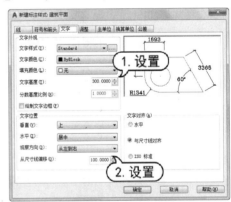

图 10-126　设置文字参数

(6) 选择【主单位】选项卡，从中设置【精度】值为 0，然后单击【确定】按钮，如图 10-127 所示。返回【标注样式管理器】对话框并关闭该对话框。

(7) 执行【线性标注(DLI)】命令，通过捕捉轴线的交点创建尺寸标注，如图 10-128 所示。

(8) 执行【连续标注(DCO)】命令，对图形进行连续标注，效果如图 10-129 所示。

(9) 执行【线性标注(DLI)】命令，在图形左方创建第二个尺寸标注，如图 10-130 所示。

(10) 使用【线性标注(DLI)】和【连续标注(DCO)】命令，标注图形的其他尺寸，关闭【轴线】图层，完成本例图形的标注。

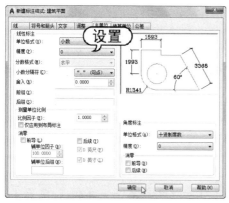

图 10-127　设置精度

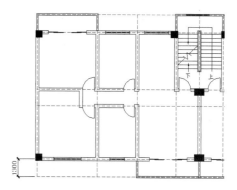

图 10-128　进行线性标注

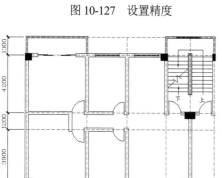

图 10-129　进行连续标注的效果

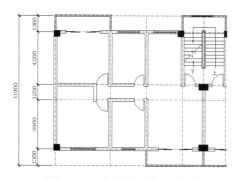

图 10-130　创建第二个尺寸标注

10.6.2　标注零件图

　　本例将结合前面所学的标注内容，在如图 10-131 所示的壳体零件图中标注图形的尺寸，完成后的效果如图 10-132 所示。在本例操作中，首先需要设置好标注样式，然后使用线性标注、直径标注和角度标注对图形进行标注。

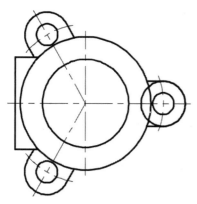

图 10-131　打开壳体素材图形

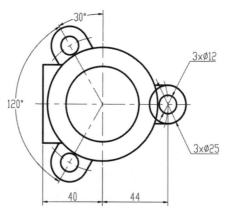

图 10-132　标注壳体尺寸

标注本例图形尺寸的具体操作步骤如下。

计算机基础与实训教材系列

(1) 打开【壳体.dwg】素材图形。

(2) 选择【格式】|【标注样式】命令，打开【标注样式管理器】对话框，单击【新建】按钮，如图 10-133 所示。

(3) 在打开的【创建新标注样式】对话框中输入新样式名，然后单击【继续】按钮，如图 10-134 所示。

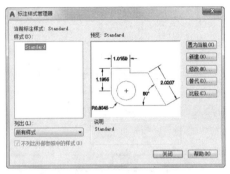
图 10-133 【标注样式管理器】对话框

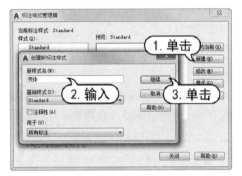
图 10-134 输入新样式名

(4) 在打开的【新建标注样式】对话框中选择【线】选项卡，设置【基线间距】选项为 7.5、【超出尺寸线】为 2.5、【起点偏移量】为 1，如图 10-135 所示。

(5) 选择【符号和箭头】选项卡，将【箭头大小】设置为 3，如图 10-136 所示。

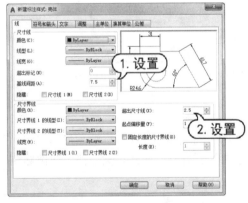
图 10-135 设置尺寸界线

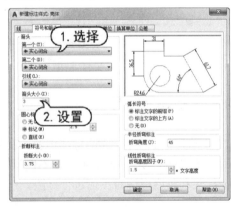
图 10-136 设置箭头大小

(6) 选择【文字】选项卡，设置【文字高度】为 5、【从尺寸线偏移】为 1。选中【ISO 标准】单选按钮，然后单击【确定】按钮，如图 10-137 所示。

(7) 返回【标注样式管理器】对话框。单击【新建】按钮，打开【创建新标注样式】对话框，在【用于】下拉列表中选择【角度标注】选项，如图 10-138 所示。

(8) 单击【继续】按钮，打开【新建标注样式】对话框。选择【文字】选项卡，然后在【文字对齐】选项组中选中【水平】单选按钮，如图 10-139 所示。

(9) 单击【确定】按钮，返回【标注样式管理器】对话框。再单击【关闭】按钮，如图 10-140 所示，关闭【标注样式管理器】对话框。

图 10-137　设置标注文字

图 10-138　创建角度标注样式

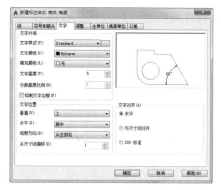

图 10-139　设置文字对齐方式

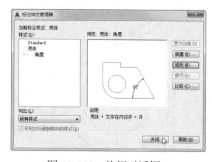

图 10-140　关闭对话框

(10) 执行 DLI(线性)命令，捕捉图形左下方的线段交点，指定第一条尺寸界线的原点，如图 10-141 所示。

(11) 向右移动光标捕捉中心线的端点，指定第二条尺寸界线的原点，如图 10-142 所示。

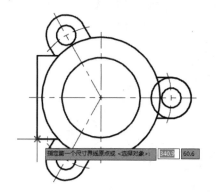

图 10-141　指定第一条尺寸界线原点

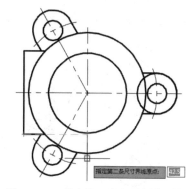

图 10-142　指定第二条尺寸界线原点

(12) 将光标向下移动，单击指定尺寸线位置，创建的线性标注如图 10-143 所示。

(13) 使用【线性】标注命令，标注图形的其他尺寸，效果如图 10-144 所示。

计算机基础与实训教材系列

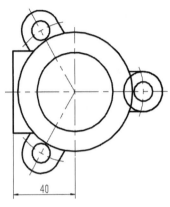
图 10-143　线性标注效果

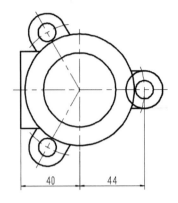
图 10-144　创建其他线性标注

(14) 执行 DDI(直径)命令，选择右侧图形中的大圆作为标注对象，如图 10-145 所示。然后指定尺寸线的位置，直径标注效果如图 10-146 所示。

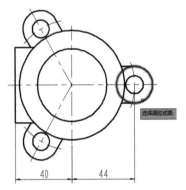
图 10-145　选择标注对象

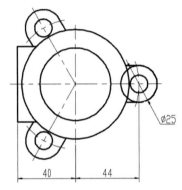
图 10-146　标注直径

(15) 执行 TEDIT(编辑文字)命令，选择直径标注文字，将标注文字激活，如图 10-147 所示。然后将标注文字修改为 3×ϕ25 并按空格键进行确定，效果如图 10-148 所示。

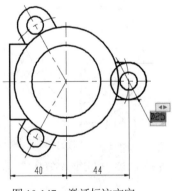
图 10-147　激活标注文字

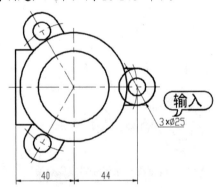
图 10-148　修改标注文字

(16) 使用同样的方法，对右侧图形中的小圆进行直径标注，并修改标注文字，效果如图 10-149 所示。

(17) 执行 DAN(角度)命令，选择标注角度图形的第一条边，如图 10-150 所示。

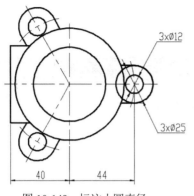

图 10-149 标注小圆直径

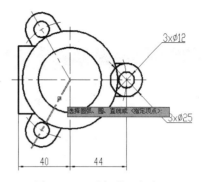

图 10-150 选择第一条边

(18) 根据提示选择标注角度图形的第二条边，如图 10-151 所示。

(19) 向左指定标注弧线的位置，得到的角度标注效果如图 10-152 所示。

(20) 重复执行 DAN（角度）命令，标注图形的其他角度，完成本例的制作。

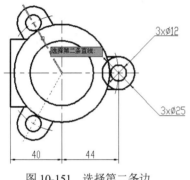

图 10-151 选择第二条边

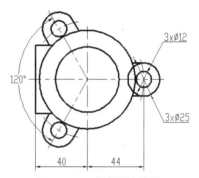

图 10-152 角度标注效果

10.7 习题

1. 在 AutoCAD 中，尺寸标注通常由哪几部分组成？

2. 在标注图形时，由于尺寸界线之间的距离太小，导致标注对象之间的文字不能清楚地显示，应如何调整？

3. 在进行连续标注图形时，为什么未提示选择连续标注，而是直接进行标注？

4. 在标注圆弧类图形时，可以让标注的直径标注尺寸线水平转折吗？

5. 打开【建筑剖面图.dwg】素材图形文件，使用所学的标注知识对该图形进行标注，效果如图 10-153 所示。

🖱 提示

先使用【标注样式】命令对尺寸标注的样式进行设置，然后使用【线性标注】和【连续标注】命令对建筑剖面图进行标注。

6. 打开【机械平面图.dwg】素材图形文件,使用所学的标注知识对该图形进行标注,效果如图 10-154 所示。

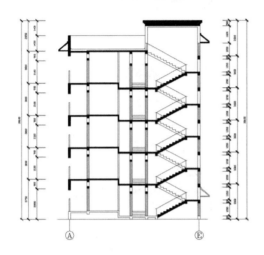

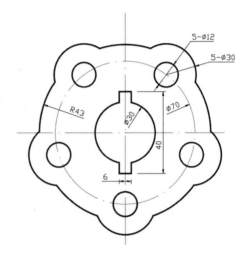

图 10-153　标注后的建筑剖面图　　　　　图 10-154　标注后的机械平面图

第11章

三维建模

使用 AutoCAD 提供的三维绘图和编辑功能，可以创建各种类型的三维模型，直观地显示出物体的实际形状。AutoCAD 提供了不同视角和显示图形的设置工具，可以在不同的用户坐标系和正交坐标系之间进行切换，从而方便地绘制和编辑三维实体。

本章重点

- 三维绘图基础
- 创建网格对象
- 渲染模型

- 绘制三维实体
- 编辑三维模型

二维码教学视频

【例 11-1】绘制瓶子模型
【例 11-3】为模型添加点光源
【例 11-5】渲染法兰盘模型
【实例演练】绘制支座模型

【例 11-2】绘制波浪平面
【例 11-4】添加抛光金属材质

【实例演练】绘制底座模型

11.1 三维绘图基础

在学习三维绘图之前，需要先了解三维空间的定义、三维坐标系，以及三维视图和视觉样式的控制。

11.1.1 三维概述

通常而言，三维是人为规定的互相交错的 3 个方向。通过三维坐标，看起来可以把整个世界任意一点的位置人为地确定下来。三维坐标轴包括 X 轴、Y 轴和 Z 轴。其中，X 表示左右空间，Y 表示上下空间，Z 表示前后空间，这样就形成了人的视觉立体感。

所谓的三维空间，是指人们所处的空间，可以理解为有前后、上下、左右位置。而物理上的三维一般是指空间的长、宽、高。三维是由二维组成的，二维即只存在两个方向的交错，将一个二维和一个一维叠合在一起就得到了三维。三维具有立体性，但通常说的前后、左右、上下都只是相对于观察的视点而言，没有绝对的前后、左右、上下位置。

11.1.2 三维坐标系

AutoCAD 的默认坐标系为世界坐标系，其坐标原点和方向是固定不变的。用户也可以根据自己的需要创建三维用户坐标系。三维坐标系主要包括三维笛卡尔坐标、球坐标和柱坐标这 3 种坐标形式。

1. 三维笛卡儿坐标

三维笛卡儿坐标是通过使用 X、Y 和 Z 坐标值来指定精确的位置。在屏幕底部状态栏上所显示的三维坐标值即为笛卡尔坐标系中的数值，它可以准确地反映当前十字光标的位置。

输入三维笛卡尔坐标值(X，Y，Z)类似于输入二维坐标值(X，Y)。在绘图和编辑过程中，世界坐标系的坐标原点和方向都不会改变。默认情况下，X 轴以水平向右为正方向，Y 轴以垂直向上为正方向，Z 轴以垂直屏幕向外为正方向，坐标原点在绘图区的左下角。如图 11-1 所示为二维坐标系，如图 11-2 所示为三维笛卡尔坐标系。

图 11-1　二维坐标系

图 11-2　三维笛卡儿坐标系

2. 三维球坐标

三维球坐标主要用于对模型进行定位贴图，用以确定三维空间中的点、线、面以及体的位置，它以坐标原点为参考点，由方位角、仰角和距离构成，如图 11-3 所示为球坐标系。

3. 三维柱坐标

三维柱坐标与三维球坐标的功能和用途相同，都是用于在对模型贴图时，定位贴纸在模型中的位置，如图 11-4 所示为柱坐标系。

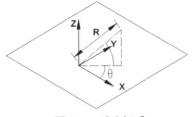

图 11-3 球坐标系

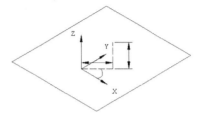

图 11-4 柱坐标系

三维柱坐标通过 XY 平面中与 UCS 原点之间的距离、XY 平面中与 X 轴的角度，以及 Z 值来描述精确的位置。柱坐标点的表示方式是(点在 XY 平面的投影距离<点在 XY 平面投影与 X 轴的夹角，与 Z 轴方向上的距离)。例如，柱坐标点(30<50，200)，表示该点在 XY 平面上的投影距离为 50、与 X 轴正方向的夹角为 30°、在 Z 轴上的投影与原点的距离为 200。

4. 用户坐标系

为了方便用户绘制图形，AutoCAD 提供了可变用户坐标系统 UCS。通过 UCS 命令，用户可以设置适合当前图形应用的坐标系统。一般情况下，用户坐标系统与世界坐标系统重合。而在进行一些复杂的实体造型时，用户可以根据具体需要设定自己的 UCS。

绘制三维图形时，在同一实体不同表面上绘图，可以将坐标系设置为当前绘图面的方向及位置。在 AutoCAD 中，使用 UCS 命令可以方便、准确、快捷地完成这项工作。

11.1.3 选择三维视图

在默认状态下，使用三维绘图命令绘制的三维图形都是俯视的平面图，用户可以根据系统提供的俯视、仰视、前视、后视、左视和右视 6 个正交视图和西南、西北、东南、东北 4 个等轴测视图分别从不同方位进行观察。

用户可以使用如下两种常用方法切换场景中的视图。

▽ 执行【视图】|【三维视图】命令，然后在子菜单中根据需要选择相应的视图命令，如图 11-5 所示。

▽ 切换到【三维建模】工作空间，单击【常用】|【视图】面板中的【三维导航】下拉按钮，然后在弹出的下拉列表中选择相应的视图选项，如图 11-6 所示。

图 11-5 选择视图命令

图 11-6 选择视图选项

由于【三维建模】工作空间更适合三维绘图的操作，因此本章将以【三维建模】工作空间为主进行讲解。

11.1.4 设置视觉样式

在等轴测视图中绘制三维模型时，默认状态下以线框方式进行显示。为了获得直观的视觉效果，可以更改视觉样式来改善显示效果。

执行【视图】|【视觉样式】命令，在子菜单中可以根据需要选择相应的视图样式。在视觉样式菜单中各种视觉样式的含义如下。

▽ 二维线框：显示用直线和曲线表示边界的对象，光栅和 OLE 对象、线型和线宽都是可见的，效果如图 11-7 所示。

▽ 线框：显示用直线和曲线表示边界对象的三维线框。线框效果与二维线框相似，只是在线框效果中将显示一个已着色的三维坐标。如果二维背景和三维背景颜色不同，那么线框与二维线框的背景颜色也不同，效果如图 11-8 所示。

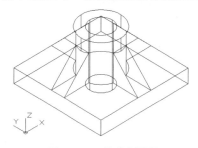

图 11-7 二维线框效果

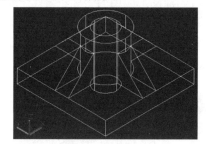

图 11-8 线框效果

▽ 消隐：显示用三维线框表示的对象并隐藏表示背面的直线，效果如图 11-9 所示。

▽ 真实：着色多边形平面间的对象，并使对象的边平滑化，将显示对象的材质，效果如图 11-10 所示。

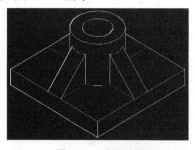

图 11-9 消隐效果

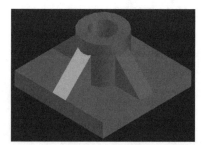

图 11-10 真实效果

▽ 概念：着色多边形平面间的对象，并使对象的边平滑化。着色使用冷色和暖色之间的过渡。效果缺乏真实感，但是可以方便地查看模型的细节，效果如图 11-11 所示。

▽ 着色：使用平滑着色显示对象，效果如图 11-12 所示。

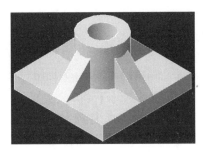

图 11-11　概念效果

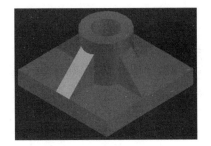

图 11-12　着色效果

▽　带边缘着色：使用平滑着色和可见边显示对象，效果如图 11-13 所示。

▽　灰度：使用平滑着色和单色灰度显示对象，效果如图 11-14 所示。

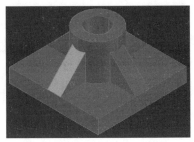

图 11-13　带边缘着色效果

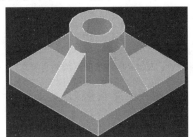

图 11-14　灰度效果

▽　勾画：使用线延伸和抖动边修改器显示手绘效果的对象，效果如图 11-15 所示。

▽　X 射线：以局部透明度显示对象，效果如图 11-16 所示。

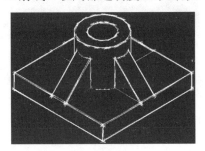

图 11-15　勾画效果

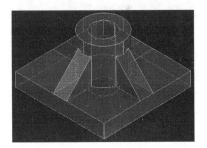

图 11-16　X 射线效果

11.2　绘制三维实体

通过 AutoCAD 提供的建模命令，可以绘制的实体包括多段体、长方体等三维基本体和由二维图形创建的拉伸实体、旋转实体等。

11.2.1　绘制三维基本体

在 AutoCAD 中可以绘制的基本体包括多段体、长方体、球体、圆柱体、圆锥体、圆环体、棱锥体和楔体，执行三维基本命令通常包括菜单命令、工具按钮和建模命令 3 种方法。下面以绘制多段体和长方体为例，介绍三维基本体的绘制方法。

【动手练】绘制多段体。

(1) 选择【视图】|【三维视图】|【西南等轴测】命令，切换到西南等轴测视图。

(2) 执行 POLYSOLID 命令，或选择【绘图】|【建模】|【多段体】命令，或单击【建模】面板中的【多段体】按钮，当系统提示【指定起点或[对象(O)/高度(H)/宽度(W)/对正(J)]:<对象>:】时，输入 h 并按空格键进行确定，选择【高度】选项，如图 11-17 所示。然后输入多段体的高度为 280，如图 11-18 所示。

图 11-17　输入 h 并按空格键进行确定

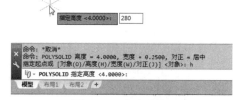

图 11-18　指定高度

(3) 当系统再次提示【指定起点或[对象(O)/高度(H)/宽度(W)/对正(J)]:<对象>:】时，输入 w 并按空格键进行确定，选择【宽度】选项，如图 11-19 所示。然后输入多段体的宽度为 24，如图 11-20 所示。

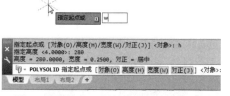

图 11-19　输入 w 并按空格键进行确定

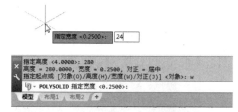

图 11-20　指定宽度

(4) 根据系统提示指定多段体的起点，然后进行拖动指定多段体的下一个点，并输入该多段体的长度并按空格键进行确定，如图 11-21 所示。

(5) 继续拖动，指定多段体的下一个点，并输入该多段体的长度并按空格键进行确定，如图 11-22 所示。

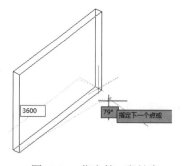

图 11-21　指定第一段长度

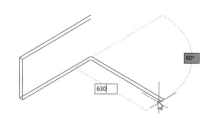

图 11-22　指定下一段长度

(6) 继续拖动，指定多段体的下一个点，输入多段体的长度，如图 11-23 所示，然后按下空格键进行确定，完成多段体的绘制，效果如图 11-24 所示。

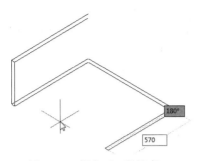

图 11-23　指定下一段长度

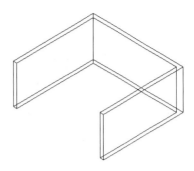

图 11-24　所创建的多段体

【动手练】绘制长方体。

(1) 选择【视图】|【三维视图】|【西南等轴测】命令，切换当前视图。

(2) 执行 BOX 命令，或选择【绘图】|【建模】|【长方体】命令，或单击【建模】面板中的【长方体】按钮🔲，系统提示【指定长方体的角点或[中心点(CE)]】时，单击指定长方体的起始角点坐标。

(3) 当系统提示【指定角点或[立方体(C)/长度(L)]】时，输入 1 并按空格键进行确定，选择【长度(L)】选项。

(4) 当系统提示【指定长度】时，进行拖动，指定绘制长方体的长度方向，然后输入长方体的长度值按空格键进行并确定，如图 11-25 所示。

(5) 继续拖动，指定长方体的宽度方向，然后输入宽度值并按空格键进行确定，如图 11-26 所示。

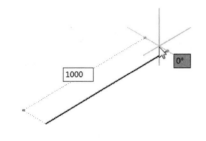

图 11-25　指定长度

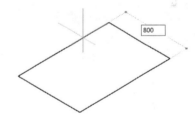

图 11-26　指定宽度

(6) 当系统提示【指定高度】时，进行拖动，指定长方体的高度方向，然后输入高度值并按空格键进行确定，如图 11-27 所示，即可完成长方体的创建，效果如图 11-28 所示。

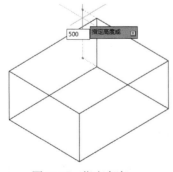

图 11-27　指定高度

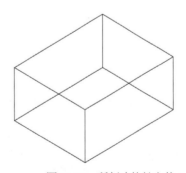

图 11-28　所创建的长方体

> **提示**
>
> 在三维绘图中，与实体显示相关的系统变量是 Isolines 和 Surftab。其中 Isolines 用于设置实体表面轮廓线的数量，而 Surftab 用于设置网格对象的密度。

11.2.2 绘制拉伸实体

使用【拉伸】命令可以沿指定路径拉伸对象或按指定高度值和倾斜角度拉伸对象，从而将二维图形拉伸为三维实体。

执行【拉伸】命令有以下 3 种常用方法。

▽ 选择【绘图】|【建模】|【拉伸】命令。

▽ 单击【建模】面板中的【拉伸】按钮 。

▽ 执行 EXTRUDE(或 EXT)命令。

使用【拉伸】命令创建三维实体时，命令提示中主要选项的含义如下。

▽ 指定拉伸高度：默认情况下，将沿对象的法线方向拉伸平面对象。如果输入正值，将沿对象所在坐标系的 Z 轴正方向拉伸对象；如果输入负值，将沿 Z 轴负方向拉伸对象。

▽ 方向(D)：通过指定的两点指定拉伸的长度和方向。

▽ 路径(P)：选择基于指定曲线对象的拉伸路径。路径将移动到轮廓的质心。然后沿选定路径拉伸选定对象的轮廓以创建实体或曲面。

▽ 倾斜角：使拉伸后的顶部与底部形成一定的角度。

> **提示**
>
> 三维实体表面以线框的形式来表示，线框密度由系统变量 Isolnes 控制。系统变量 Isolnes 的数值范围为 4~2047，数值越大，线框越密。

【动手练】绘制一个异形封闭二维图形，然后将其拉伸为实体。

(1) 使用【样条曲线(SPL)】命令绘制一个异形封闭二维图形，如图 11-29 所示。

(2) 执行 ISOLINES 命令，设置线框密度为 24。

(3) 选择【视图】|【三维视图】|【西南等轴测】命令，将视图转换为西南等轴测视图，图形效果如图 11-30 所示。

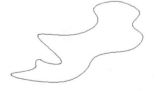

图 11-29　绘制异形封闭二维图形　　　　图 11-30　转换为西南等轴测视图

(4) 选择【绘图】|【建模】|【拉伸】命令，选择绘制的图形，系统提示【指定拉伸的高度或[方向(D)/路径(P)/倾斜角(T)]:】时，输入拉伸对象的高度值为 600，如图 11-31 所示。

(5) 按空格键进行确定，即可完成拉伸异形封闭二维图形的操作，效果如图 11-32 所示。

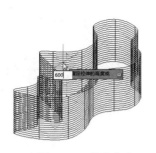
图 11-31　指定高度

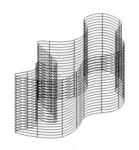
图 11-32　拉伸效果

11.2.3　绘制旋转实体

使用【旋转】命令可以通过绕轴旋转开放或闭合的平面曲线来创建新的实体或曲面，并且可以同时旋转多个对象。

执行【旋转】命令有以下 3 种常用方法。

▽　选择【绘图】|【建模】|【旋转】命令。

▽　单击【建模】面板中的【拉伸】下拉按钮，在下拉列表中单击【旋转】按钮🔲。

▽　执行 REVOLVE(或 REV)命令并按空格键进行确定。

【动手练】绘制两个二维图形，然后将其旋转为实体。

(1) 使用【直线】和【多段线(PL)】命令，绘制如图 11-33 所示的直线和封闭图形。

(2) 选择【绘图】|【建模】|【旋转】命令，选择封闭图形作为旋转对象，如图 11-34 所示。

图 11-33　绘制图形

图 11-34　选择旋转对象

(3) 系统提示【指定轴起点或根据以下选项之一定义轴[对象(O)/X/Y/Z]: 】时，指定旋转轴的起点，如图 11-35 所示。

(4) 系统提示【指定轴端点:】时，指定旋转轴的端点，如图 11-36 所示。

图 11-35　指定旋转轴的起点

图 11-36　指定旋转轴的端点

(5) 系统提示【指定旋转角度或 [起点角度(ST)]: 】时，指定旋转的角度为 360，如图 11-37 所示。完成对二维图形的旋转后，形成的实体效果如图 11-38 所示。

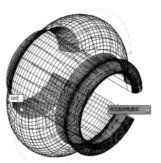

图 11-37　指定旋转的角度

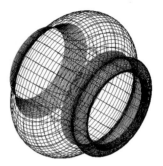

图 11-38　旋转实体的效果

11.2.4　绘制放样实体

使用【放样】命令可以通过对包含两条或两条以上横截面曲线的一组曲线进行放样来创建三维实体或曲面。其中横截面决定了放样生成实体或曲面的形状，它可以是开放的线或直线，也可以是闭合的图形，如圆、椭圆、多边形和矩形等。

执行【放样】命令有以下 3 种常用方法。

▽　选择【绘图】|【建模】|【放样】命令。

▽　单击【建模】面板中的【拉伸】下拉按钮，在下拉列表中单击【放样】按钮。

▽　执行 LOFT 命令。

【动手练】使用【放样】命令对二维图形进行放样。

(1) 使用【样条曲线(SPL)】命令绘制一条曲线，使用【圆(C)】命令绘制 3 个大小不等的圆，如图 11-39 所示。

(2) 选择【绘图】|【建模】|【放样】命令，根据提示依次选择作为放样横截面的 3 个圆，如图 11-40 所示。

图 11-39　绘制二维图形

图 11-40　选择图形

(3) 在弹出的菜单列表中选择【路径(P)】选项，如图 11-41 所示。然后选择曲线作为路径对象，即可完成二维图形的放样操作，最终的放样效果如图 11-42 所示。

图 11-41　选择选项

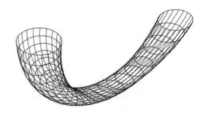

图 11-42　放样效果

11.2.5　绘制扫掠实体

使用【扫掠】命令可以通过沿指定路径延伸轮廓形状(被扫掠的对象)来创建实体或曲面。沿路径扫掠轮廓时，轮廓将被移动并与路径垂直对齐。开放轮廓可创建曲面，而闭合曲线可创建实体或曲面。

执行【扫掠】命令有以下 3 种常用方法。

▽　选择【绘图】|【建模】|【扫掠】命令。

▽　单击【建模】面板中的【拉伸】下拉按钮，在下拉列表中单击【扫掠】按钮🐌。

▽　执行 SWEEP 命令。

【动手练】使用【扫掠】命令对二维图形进行扫掠。

(1) 使用【矩形(REC)】命令和【样条曲线(SPL)】命令绘制如图 11-43 所示的二维图形。

(2) 执行 SWEEP 命令，选择矩形作为扫掠对象，如图 11-44 所示。

图 11-43　绘制二维图形

图 11-44　选择扫掠对象

(3) 根据系统提示输入 t 并按空格键进行确定，选择【扭曲(T)】选项，如图 11-45 所示。然后输入扭曲的角度为 30，并按空格键进行确定，如图 11-46 所示。

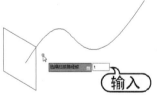

图 11-45　输入 t 并按空格键进行确定

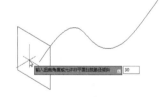

图 11-46　输入扭曲的角度

(4) 选择样条曲线作为扫掠的路径对象，如图 11-47 所示，即可完成扫掠的操作，效果如图 11-48 所示。

图 11-47　选择扫掠路径

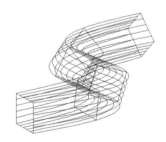

图 11-48　扫掠效果

计算机基础与实训教材系列

11.3 创建网格对象

在 AutoCAD 中，通过创建网格对象可以绘制更为复杂的三维模型，可以创建的网格对象包括旋转网格、平移网格、直纹网格和边界网格对象。

11.3.1 设置网格密度

在网格对象中，可以使用系统变量 SURFTAB1 和 SURFTAB2 分别控制旋转网格在 M、N 方向的网格密度，其中旋转轴定义为 M 方向，旋转轨迹定义为 N 方向。SURFTAB1 和 SURFTAB2 的预设值为 6，网格密度越大，生成的网格面越光滑。

【动手练】设置网格 1 和网格 2 的密度。

(1) 执行 SURFTAB1 命令，然后根据系统提示输入 SURFTAB1 的新值为 24，再按 Enter 键进行确定，如图 11-49 所示。

(2) 执行 SURFTAB2 命令，然后根据系统提示输入 SURFTAB2 的新值为 8，再按 Enter 键进行确定，如图 11-50 所示。

图 11-49 输入 SURFTAB1 的新值

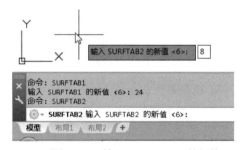

图 11-50 输入 SURFTAB2 的新值

(3) 设置 SURFTAB1 值为 24，设置 SURFTAB2 值为 8 后，创建的网格效果如图 11-51 所示。

(4) 如果设置 SURFTAB1 值为 6，设置 SURFTAB2 值为 6，则创建的网格效果如图 11-52 所示。

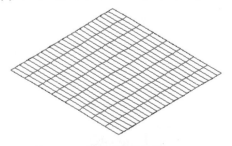

图 11-51 边界网格的效果 1

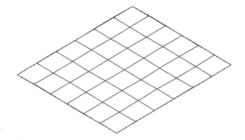

图 11-52 边界网格的效果 2

> 🐭 提示
>
> 使用修改 SURFTAB1 和 SURFTAB2 值的方法，只能改变后面绘制的网格对象的密度，而不能改变之前绘制的网格对象的密度。因此，应先设置好 SURFTAB1 和 SURFTAB2 的值，再绘制网格对象。

11.3.2 旋转网格

旋转网格是通过将路径曲线或轮廓(直线、圆、圆弧、椭圆、椭圆弧、闭合多段线、多边形、闭合样条曲线或圆环)绕指定的轴旋转构造一个近似于旋转网格的多边形网格。

在创建三维实体时，可以使用【旋转网格】命令将实体截面的外轮廓线围绕某一指定轴旋转一定的角度生成一个网格。被旋转的轮廓线可以是圆、圆弧、直线、二维多段线、三维多段线，但旋转轴只能是直线、二维多段线和三维多段线。如果旋转轴选取的是多段线，那么实际轴线为多段线两端点间的连线。

执行【旋转网格】命令有以下 3 种常用方法。

▽ 切换到【三维建模】工作空间，在功能区选择【网格】选项卡，单击【图元】面板中的【旋转网格】按钮⬥。

▽ 执行【绘图】|【建模】|【网格】|【旋转网格】命令。

▽ 执行 REVSURF 命令。

【例 11-1】 绘制瓶子模型 🎦 视频

(1) 在左视图中使用【多段线(PL)】命令和【直线(L)】命令，绘制如图 11-53 所示的封闭图形，该图形是由一条多段线和一条垂直直线组成的图形。

(2) 执行 SURFTAB1 命令，将网格密度值 1 设置为 24，然后执行 SURFTAB2 命令，将网格密度值 2 设置为 24。

(3) 切换到西南等轴测视图中，执行【绘图】|【建模】|【网格】|【旋转网格】命令，选择多段线作为要旋转的对象，如图 11-54 所示。

(4) 当系统提示【选择定义旋转轴的对象:】时，选择垂直直线作为旋转轴，如图 11-55 所示。

(5) 保持默认起点角度和包含角并按空格键进行确定，完成旋转网格的创建，效果如图 11-56 所示。

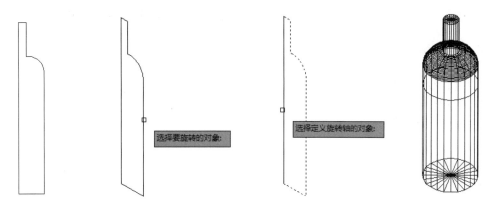

图 11-53 绘制图形 　　图 11-54 选择旋转对象 　　图 11-55 选择旋转轴 　　图 11-56 所创建的旋转网格

11.3.3 平移网格

使用【平移网格】命令可以创建以一条路径轨迹线沿着指定方向拉伸而成的网格。创建平移网格时，指定的方向将沿指定的轨迹曲线移动，拉伸向量线必须是直线、二维多段线或三维多段

计算机基础与实训教材系列

线，路径轨迹线可以是直线、圆弧、圆、二维多段线或三维多段线。若拉伸向量线选取多段线，则拉伸方向为两端点间的连线，且拉伸面的拉伸长度即为向量线长度。

执行【平移网格】命令有以下 3 种常用方法。

▽ 单击【图元】面板中的【平移网格】按钮🐚。

▽ 执行【绘图】|【建模】|【网格】|【平移网格】命令。

▽ 执行 TABSURF 命令。

【例 11-2】 绘制波浪平面 🎥视频

(1) 使用【样条曲线(SPL)】命令和【直线(L)】命令，绘制一条样条曲线和一条直线，效果如图 11-57 所示。

(2) 执行 TABSURF 命令，选择样条曲线作为轮廓曲线的对象，如图 11-58 所示。

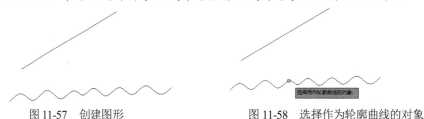

图 11-57　创建图形　　　　　　　　　　　　图 11-58　选择作为轮廓曲线的对象

(3) 系统提示【选择用作方向矢量的对象:】时，选择直线作为方向矢量的对象，如图 11-59 所示。所创建的平移网格效果如图 11-60 所示。

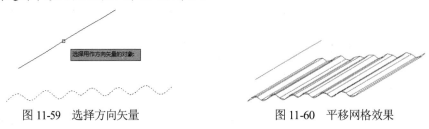

图 11-59　选择方向矢量　　　　　　　　　　　图 11-60　平移网格效果

11.3.4　直纹网格

使用【直纹网格】命令可以在两条曲线之间构造一个表示直纹网格的多边形网格。在创建直纹网格的过程中，所选择的对象用于定义直纹网格的边。

在创建直纹网格对象时，选择的对象可以是点、直线、样条曲线、圆、圆弧或多段线。如果有一个边界是闭合的，那么另一个边界必须也是闭合的。可以将一个点作为开放或闭合曲线的另一个边界，但是只能有一条边界曲线可以是一个点。

执行【直纹网格】命令有以下 3 种常用方法。

▽ 单击【图元】面板中的【直纹网格】按钮◿。

▽ 执行【绘图】|【建模】|【网格】|【直纹网格】命令。

▽ 执行 RULESURF 命令。

【动手练】绘制倾斜的圆台体。

(1) 切换到西南等轴测视图中，使用【圆(C)】命令，绘制两个大小不同且不在一位置的圆，如图 11-61 所示。

(2) 执行 RULESURF 命令，系统提示【选择第一条定义曲线:】时，选择上方的圆作为第一条定义曲线，如图 11-62 所示。

图 11-61　绘制圆　　　　　　　　　图 11-62　选择上方的圆作为第一条定义曲线

(3) 系统提示【选择第二条定义曲线:】时，选择下方的圆作为第二条定义曲线，如图 11-63 所示。创建的直纹网格效果如图 11-64 所示。

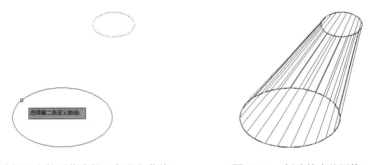

图 11-63　选择下方的圆作为第二条定义曲线　　　图 11-64　创建的直纹网格

11.3.5　边界网格

使用【边界网格】命令可以创建一个三维多边形网格，此多边形网格近似于一个由 4 条邻接边定义的曲面片网格。

执行【边界网格】命令有以下 3 种常用方法。

▽　单击【图元】面板中的【边界网格】按钮 。

▽　执行【绘图】|【建模】|【网格】|【边界网格】命令。

▽　执行 EDGESURF 命令。

【动手练】绘制边界网格对象。

(1) 切换到西南等轴测视图中，使用【样条曲线(SPL)】命令，绘制 4 条首尾相连的样条曲线组成封闭图形，如图 11-65 所示。

(2) 执行 EDGESURF 命令，依次选择图形中的 4 条样条曲线，即可创建边界网格对象，如图 11-66 所示。

提示

创建边界网格时，选择定义的网格片必须是 4 条邻接边。邻接边可以是直线、圆弧、样条曲线或开放的多段线。这些边必须在端点处相交以形成一个拓扑形式的矩形闭合路径。

计算机基础与实训教材系列

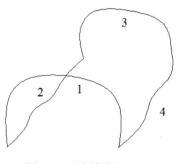

图 11-65　绘制图形

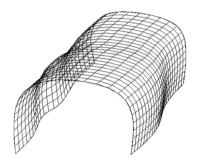

图 11-66　边界网格效果

11.4　编辑三维模型

在创建三维模型的过程中，可以对实体进行三维操作，如对模型进行三维移动、三维旋转、三维镜像和三维阵列等，从而快速创建出更多、更复杂的模型。

11.4.1　三维移动模型

执行【三维移动】命令，可以将实体按指定方向和距离在三维空间中进行移动，从而改变对象的位置，如图 11-67 和图 11-68 所示。

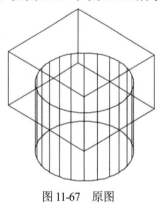

图 11-67　原图

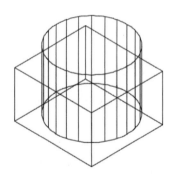

图 11-68　移动后的圆柱体

执行【三维移动】命令有以下 3 种常用方法。

▽　选择【修改】|【三维操作】|【三维移动】命令。

▽　在功能区中选择【常用】选项卡，单击【修改】面板中的【三维移动】按钮⊕。

▽　执行 3DMOVE 命令。

11.4.2　三维旋转模型

使用【三维旋转】命令，可以将实体绕指定轴在三维空间中进行一定方向的旋转，以改变实体对象的方向，如图 11-69 和图 11-70 所示。

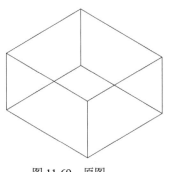

图 11-69　原图

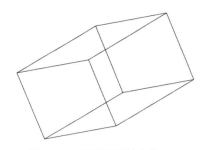

图 11-70　旋转后的长方体

执行【三维旋转】命令有以下 3 种常用方法。

▽　选择【修改】|【三维操作】|【三维旋转】命令。

▽　单击【修改】面板中的【三维旋转】按钮 ⊕。

▽　执行 3DROTATE 命令。

11.4.3　三维镜像模型

使用【三维镜像】命令,可以对三维实体按指定的三维平面进行镜像或镜像复制,如图 11-71 和图 11-72 所示。

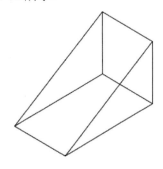

图 11-71　原图

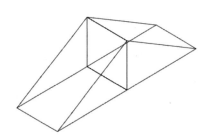

图 11-72　镜像复制效果

执行【三维镜像】命令有以下 3 种常用方法。

▽　选择【修改】|【三维操作】|【三维镜像】命令。

▽　单击【修改】面板中的【三维镜像】按钮 ％。

▽　执行 MIRROR3D 命令。

11.4.4　三维阵列模型

【三维阵列】命令与二维图形中的阵列相似,可以进行矩形阵列,也可以进行环形阵列。但在三维阵列命令中,进行阵列复制操作时多了层数的设置。在进行环形阵列操作时,其阵列中心并非由一个阵列中心点控制,而是由阵列中心的旋转轴确定的,矩形阵列和环形阵列效果如图 11-73 和图 11-74 所示。

计算机基础与实训教材系列

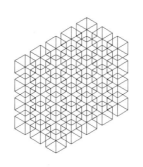

图 11-73　矩形阵列效果

图 11-74　环形阵列效果

执行【三维阵列】命令有以下 3 种常用方法。

▽　选择【修改】|【三维操作】|【三维阵列】命令。

▽　单击【修改】面板中的【矩形阵列】按钮器 或【环形阵列】按钮器。

▽　执行 3DARRAY 命令。

11.4.5　圆角边模型

使用【圆角边】命令可以为实体对象的边制作圆角，在创建圆角边的操作中，可以选择多条边。圆角的大小可以通过输入圆角半径值或单击并拖动圆角夹点来确定。

执行【圆角边】命令的常用方法有以下 3 种。

▽　选择【修改】|【实体编辑】|【圆角边】命令。

▽　在功能区中选择【实体】选项卡，单击【实体编辑】面板中的【圆角边】按钮。

▽　执行 FILLETEDGE 命令。

【动手练】对长方体的边进行圆角。

(1) 绘制一个长度为 80、宽度为 80、高度为 60 的长方体。

(2) 执行 FILLETEDGE 命令，选择长方体的一条边作为圆角边对象，如图 11-75 所示。

(3) 在弹出的菜单列表中选择【半径(R)】选项，如图 11-76 所示。

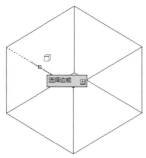

图 11-75　选择圆角边对象

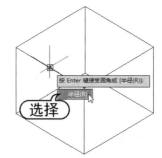

图 11-76　选择【半径(R)】选项

(4) 设置圆角半径的值为 15，如图 11-77 所示。然后按下空格键确定圆角边操作，效果如图 11-78 所示。

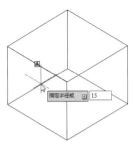

图 11-77　设置圆角半径

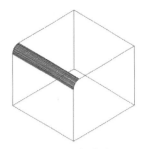

图 11-78　圆角边效果

11.4.6　倒角边模型

使用【倒角边】命令，可以为三维实体边和曲面边创建倒角。在创建倒角边的操作中，可以同时选择属于相同面的多条边。在设置倒角边的距离时，可以通过输入倒角距离值，或单击并拖动倒角夹点来确定。

执行【倒角边】命令的常用方法有以下 3 种。

▽　选择【修改】|【实体编辑】|【倒角边】命令。

▽　在功能区中选择【实体】选项卡，单击【实体编辑】面板中的【圆角边】下拉按钮，在弹出的下拉列表中单击【倒角边】按钮 ◇。

▽　执行 CHAMFEREDGE 命令。

执行 CHAMFEREDGE 命令，系统将提示【选择一条边或 [环(L)/距离(D)]:】，其中各选项的含义如下。

▽　选择一条边：选择要创建倒角的一条实体边或曲面边。

▽　环(L)：对一个面上的所有边创建倒角。对于任何边，有两种可能的循环。选择循环边后，系统将提示用户接受当前选择，或选择下一个循环。

▽　距离(D)：选择该项，可以设定倒角边的距离 1 和距离 2 的值，其默认值为 1。

【动手练】对长方体的边进行倒角。

(1) 绘制一个长度为 80、宽度为 80、高度为 60 的长方体。

(2) 选择【修改】|【实体编辑】|【倒角边】命令，然后选择长方体的一条边作为倒角边对象，如图 11-79 所示。

(3) 在系统提示【选择一条边或[环(L)/距离(D)]:】时，输入 d 并按空格键进行确定，选择【距离(D)】选项，如图 11-80 所示。

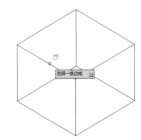

图 11-79　选择倒角边对象

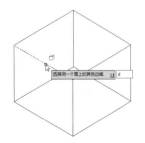

图 11-80　输入 d 并按空格键进行确定

(4) 根据系统提示输入【距离 1】的值为 15 并按空格键进行确定，如图 11-81 所示。

(5) 根据系统提示输入【距离 2】的值为 20 并按空格键进行确定，如图 11-82 所示。

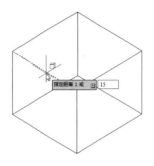
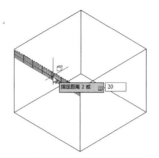

图 11-81　设置距离 1　　　　　　　图 11-82　设置距离 2

(6) 如图 11-83 所示，当系统提示【选择同一个面上的其他边或[环(L)/距离(D)]】时，连续两次按下空格键进行确定，完成倒角边的操作，效果如图 11-84 所示。

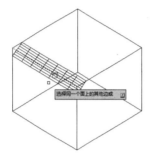
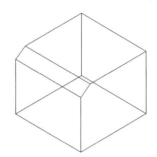

图 11-83　系统提示　　　　　　　图 11-84　倒角边效果

11.4.7　分解模型

创建的每一个实体都是一个整体，若要对创建的实体中的某一部分进行编辑操作，可以先将实体进行分解后再进行编辑。

执行【分解】命令有以下两种常用方法。

▽　选择【修改】|【分解】命令。

▽　执行 EXPLODE(或 X)命令。

执行上述任意命令后，实体中的平面将被转换为面域，曲面被转换为主体。用户还可以继续使用该命令，将面域和主体分解为组成它们的基本元素，如直线、圆和圆弧等图形。

11.4.8　实体布尔运算

对实体对象进行布尔运算，可以将多个实体合并在一起(即并集运算)，或是从某个实体中减去另一个实体(即差集运算)，还可以只保留相交的实体(即交集运算)。

计算机基础与实训教材系列

1. 并集运算模型

执行【并集】命令，可以将选定的两个或两个以上的实体合并成为一个新的整体。并集实体也可看作是由两个或多个现有实体的全部体积合并起来形成的。

执行【并集】命令的常用方法有以下 3 种。

▽　选择【修改】|【实体编辑】|【并集】命令。

▽　单击【实体编辑】面板中的【并集】按钮⑩。

▽　执行 UNION(或 UNI)命令。

【动手练】使用【并集】命令合并两个长方体。

(1) 绘制两个长方体作为并集对象，如图 11-85 所示。

(2) 执行 UNION 命令，选择绘制的两个长方体并按空格键进行确定，并集效果如图 11-86 所示。

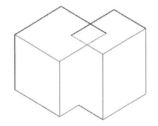
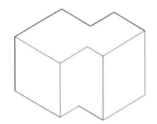

图 11-85　绘制长方体　　　　　　　　图 11-86　并集长方体

2. 差集运算模型

执行【差集】命令，可以将选定的组合实体相减得到一个差集整体。在绘图机械模型中，常用【差集】命令对实体进行开槽、钻孔等处理。

执行【差集】命令的常用方法有以下 3 种。

▽　选择【修改】|【实体编辑】|【差集】命令。

▽　单击【实体编辑】面板中的【差集】按钮⑩。

▽　执行 SUBTRACT(或 SU)命令。

【动手练】使用【差集】命令对长方体进行差集运算。

(1) 绘制两个相交的长方体，如图 11-87 所示。

(2) 执行 SUBTRACT 命令，然后选择大长方体作为被减对象，如图 11-88 所示。

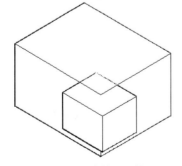
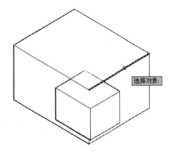

图 11-87　绘制长方体　　　　　　　　图 11-88　选择被减对象

计算机基础与实训教材系列

(3) 选择小长方体作为要减去的对象，如图 11-89 所示，然后按空格键进行确定，完成差集运算，效果如图 11-90 所示。

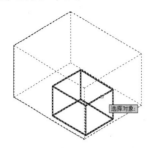
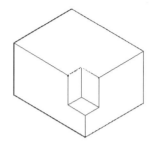

图 11-89　选择要减去的对象　　　　　　图 11-90　减去对象后的效果

3. 交集运算模型

执行【交集】命令，可以从两个或多个实体的交集中创建组合实体或面域，并删除交集外面的区域。

执行【交集】命令的常用方法有以下 3 种。

▽　选择【修改】|【实体编辑】|【交集】命令。

▽　单击【实体编辑】面板中的【交集】按钮◎。

▽　执行 INTERSECT(或 IN)命令。

【动手练】对模型进行交集运算。

(1) 绘制一个长方体和一个球体，如图 11-91 所示。

(2) 执行 INTERSECT 命令，选择长方体和球体并按空格键进行确定，即可完成两个模型的交集运算，效果如图 11-92 所示。

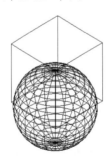

图 11-91　绘制模型　　　　　　图 11-92　交集运算效果

11.5　渲染模型

在 AutoCAD 中，可以为模型添加灯光和材质，并对其进行渲染，从而得到更形象的三维实体模型，渲染后的图像效果会变得更加逼真。

11.5.1 添加模型灯光

由于 AutoCAD 中存在默认的光源，因此在添加光源之前仍然可以看到物体，用户可以根据需要添加光源，同时可以将默认光源关闭。在 AutoCAD 中，可以添加的光源包括点光源、聚光灯、平行光和阳光等类型。

选择【视图】|【渲染】|【光源】命令，在弹出的子菜单中选择其中的命令，然后根据系统提示创建相应的光源。

【例 11-3】 为模型添加点光源 📀 视频

(1) 打开【法兰盘.dwg】模型，效果如图 11-93 所示。

(2) 选择【视图】|【渲染】|【光源】|【新建点光源】命令，根据系统提示关闭默认光源，如图 11-94 所示。

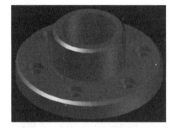

图 11-93 打开素材

图 11-94 关闭默认光源

(3) 根据系统提示指定创建光源的位置，如图 11-95 所示。

(4) 在弹出的菜单列表中选择【强度因子(I)】选项，如图 11-96 所示。

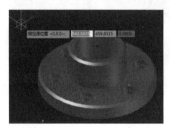

图 11-95 指定光源位置

图 11-96 选择选项

(5) 根据提示输入光源的强度为 10，如图 11-97 所示，按下空格键进行确定，然后退出命令。

(6) 对创建的光源进行复制，在左视图和俯视图中适当调整光源的位置，然后切换到西南等轴测视图中，效果如图 11-98 所示。

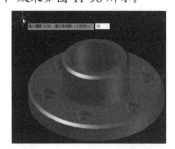

图 11-97 设置光源强度

图 11-98 添加光源后的效果

11.5.2 编辑模型材质

在 AutoCAD 中，用户不仅可以为模型添加光源，还可以为模型添加材质，使模型显得更加逼真。为模型添加材质是指为其指定三维模型的材料，如瓷砖、织物、玻璃和布纹等，在添加模型材质后，还可以对材质进行编辑。

1. 添加材质

选择【视图】|【渲染】|【材质浏览器】命令，或者执行 MATBROWSEROPEN(或 MAT)命令，在打开的【材质浏览器】选项板中可以选择需要的材质。

【例 11-4】 添加抛光金属材质 🎬视频

(1) 打开前面创建点光源后的法兰盘图形。

(2) 执行【材质浏览器(MAT)】命令，打开【材质浏览器】选项板，将材质列表中的【铜-抛光】材质拖到视图的法兰盘模型上，如图 11-99 所示。即可将指定的材质赋予模型，效果如图 11-100 所示。

图 11-99 为对象指定材质

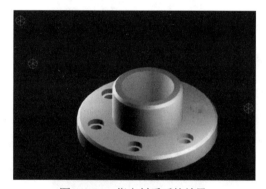

图 11-100 指定材质后的效果

2. 编辑材质

选择【视图】|【渲染】|【材质编辑器】命令，或者执行 MATEDITOROPEN 命令，在打开的【材质编辑器】选项板中可以编辑材质的属性。材质编辑器的配置将随选定材质类型的不同而有所变化。

【动手练】编辑材质的类型和参数。

(1) 选择【视图】|【渲染】|【材质编辑器】命令，打开【材质编辑器】选项板，单击面板下方的【创建或复制材质】下拉按钮 ⬛，在弹出的下拉列表中设置编辑的材质类型为【陶瓷】，如图 11-101 所示。

(2) 在【陶瓷】选项组中单击【类型】下拉按钮，在弹出的下拉列表中可以设置陶瓷的类型，如图 11-102 所示。

(3) 继续在其他的参数选项中进行设置，编辑材质的效果。

图 11-101 选择材质类型

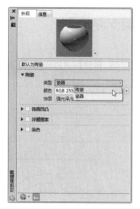

图 11-102 设置陶瓷的类型

11.5.3 进行模型渲染

执行 RENDER(渲染)命令，打开渲染窗口，即可对绘图区中的模型进行渲染，在此可以创建三维实体或曲面模型的真实照片图像或真实着色图像。

【例 11-5】 渲染法兰盘模型 🎬 视频

(1) 打开前面添加金属材质后的法兰盘图形。

(2) 选择【视图】|【渲染】|【高级渲染设置】命令，打开【渲染预设管理器】选项板，对【渲染大小】和【渲染精确性】参数进行设置，如图 11-103 所示。

(3) 单击【渲染】按钮，即可对绘图区中的法兰盘模型进行渲染，效果如图 11-104 所示。

(4) 在渲染窗口中单击【将渲染的图像保存到文件】按钮，在打开的【渲染输出文件】对话框中可以设置渲染图像的保存路径、名称和类型，单击【保存】按钮即可保存渲染图像，如图 11-105 所示。

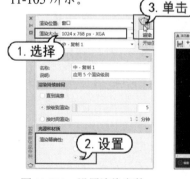

图 11-103 设置渲染参数

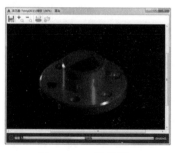

图 11-104 渲染窗口

图 11-105 保存渲染图像

11.6 实例演练

本小节练习绘制支座和底座模型，巩固所学的三维绘制知识，帮助用户掌握三维视图切换、三维模型的绘制和编辑等内容。

计算机基础与实训教材系列

257

11.6.1 绘制支座模型

本例将参考如图11-106所示的支座零件图，结合前面所学的三维绘图知识，绘制支座模型，完成后的效果如图11-107所示。

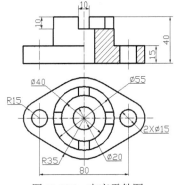

图 11-106　支座零件图

图 11-107　支座模型图

绘制本例模型图的具体操作步骤如下。

(1) 打开【支座零件图.dwg】图形文件，删除标注对象，如图 11-108 所示。

(2) 选择【视图】|【三维视图】|【西南等轴测】命令，将视图切换到西南等轴测视图，效果如图 11-109 所示。

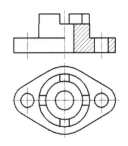

图 11-108　删除图形标注

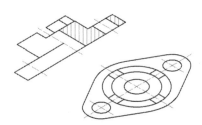

图 11-109　西南等轴测视图

(3) 执行【删除(E)】命令，将辅助线和剖视图删除，如图 11-110 所示。

(4) 执行【复制(CO)】命令，将编辑后的图形复制一次，如图 11-111 所示。

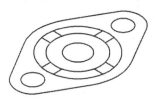

图 11-110　删除多余图形

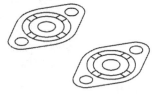

图 11-111　复制图形

(5) 执行【删除(E)】命令，参照如图 11-112 所示的效果，将上方多余图形删除。

(6) 执行【修剪(TR)】命令，对下方图形进行修剪，并删除多余图形，修改后的效果如图 11-113 所示。

(7) 选择【绘图】|【面域】命令，将上方外轮廓图形和下方图形转换为面域对象。

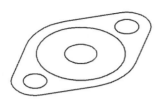

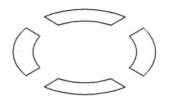

图 11-112　删除多余图形　　　　　图 11-113　修剪并删除图形

(8) 选择【绘图】|【建模】|【拉伸】命令，选择上方外轮廓和两边的小圆并按空格键进行确定，设置拉伸的高度为 15，如图 11-114 所示。拉伸后的效果如图 11-115 所示。

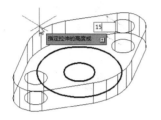

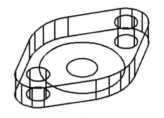

图 11-114　设置拉伸高度　　　　　图 11-115　拉伸后的图形效果

(9) 重复执行【拉伸】命令，对上方图形中的另外两个圆进行拉伸，设置拉伸高度为 30，效果如图 11-116 所示。

(10) 继续执行【拉伸】命令，对下方图形中的面域对象进行拉伸，设置拉伸高度为 40，效果如图 11-117 所示。

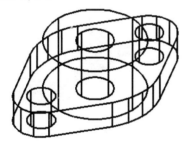

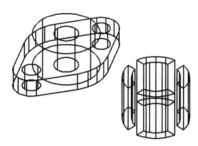

图 11-116　拉伸两个圆　　　　　　图 11-117　拉伸面域图形

(11) 执行【移动(M)】命令，选择拉伸后的面域实体，然后捕捉实体下方的圆心，指定移动基点，如图 11-118 所示。

(12) 将鼠标向左上方移动，捕捉左上方拉伸实体的底面圆心，指定移动的第二点，如图 11-119 所示。

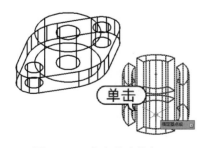

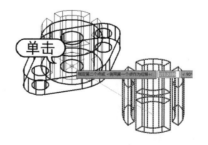

图 11-118　指定移动基点　　　　　图 11-119　指定移动的第二点

(13) 选择【修改】|【实体编辑】|【并集】命令，将拉伸高度为 15 的外轮廓实体、拉伸高度为 30 的大圆实体和拉伸高度为 40 的面域实体进行并集运算，效果如图 11-120 所示。

(14) 选择【修改】|【实体编辑】|【差集】命令，将拉伸高度为 15 的两个小圆实体和拉伸高度为 30 的小圆实体从并集运算的组合体中减去。

(15) 选择【视图】|【视觉样式】|【概念】命令，得到如图 11-121 所示的效果，完成本例模型的绘制。

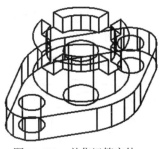
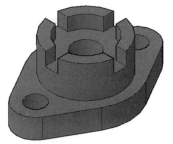

图 11-120　并集运算实体　　　　　　　　　图 11-121　实例效果

11.6.2　绘制底座模型

本实例练习绘制底座模型图，主要掌握【边界网格】【直纹网格】【圆锥体】和【并集】布尔运算的应用，实例效果如图 11-122 所示。

绘制本例模型图的具体操作步骤如下。

(1) 执行【图层(LA)】命令，在打开的【图层特性管理器】选项板中创建圆面、侧面、底面和顶面 4 个图层，将 0 图层设置为当前层，如图 11-123 所示。

(2) 执行 SURFTAB1 命令，将网格密度值 1 设置为 24。然后执行 SURFTAB2 命令，将网格密度值 2 设置为 24。

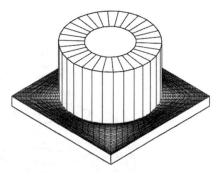

图 11-122　所绘制的底座模型

(3) 将当前视图切换为西南等轴测视图。执行 REC(矩形)命令，绘制一个长度为 100 的正方形，效果如图 11-124 所示。

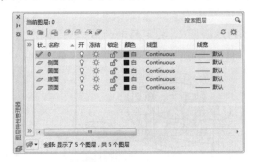
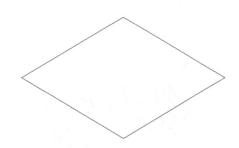

图 11-123　创建图层　　　　　　　　　　图 11-124　所绘制的正方形效果

(4) 执行【直线(L)】命令，以矩形的下方端点作为起点，然后指定下一点坐标为(@0,0,15)，如图 11-125 所示。绘制一条长度为 15 的线段，效果如图 11-126 所示。

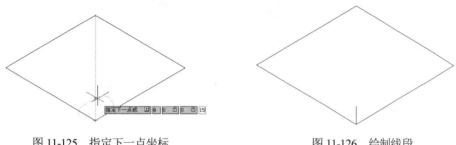

图 11-125 指定下一点坐标　　　　　　　　图 11-126 绘制线段

(5) 将【侧面】图层设置为当前层，执行【平移网格(TABSURF)】命令，选择矩形作为轮廓曲线对象，选择线段作为方向矢量对象，效果如图 11-127 所示。

(6) 将【侧面】图层隐藏起来，然后将【底面】图层设置为当前层。

(7) 执行【直线(L)】命令，通过捕捉矩形对角上的两个顶点绘制一条对角线，效果如图 11-128 所示。

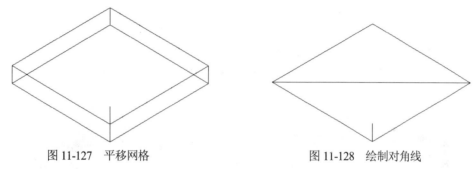

图 11-127 平移网格　　　　　　　　图 11-128 绘制对角线

(8) 执行【圆(C)】命令，以对角线的中点为圆心，绘制一个半径为 25 的圆，效果如图 11-129 所示。

(9) 执行【修剪(TR)】命令，分别对所绘制的圆和对角线进行修剪，效果如图 11-130 所示。

图 11-129 绘制圆　　　　　　　　图 11-130 修剪图形

(10) 执行【多段线(PL)】命令，通过矩形上方的三个顶点绘制一条多线段，使其与对角线、圆成为封闭的图形，效果如图 11-131 所示。

(11) 执行【边界网格(EDGSURF)】命令，分别以多段线、修剪后的圆和对角线作为边界，创建底座的底面模型，效果如图 11-132 所示。

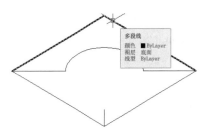

图 11-131 绘制多线段后的效果

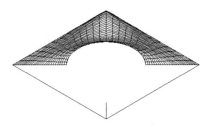

图 11-132 创建边界对象后的效果

(12) 执行【镜像(MI)】命令，指定矩形的两个对角点作为镜像轴，如图 11-133 所示。对刚创建的边界网格进行镜像复制，效果如图 11-134 所示。

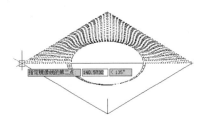

图 11-133 指定镜像轴

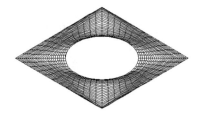

图 11-134 镜像复制图形后的效果

(13) 执行【移动(M)】命令，选择两个边界网格。指定基点后，设置第二个点的坐标为(0,0,-15)，如图 11-135 所示。将模型向下移动，移动的距离为 15，效果如图 11-136 所示。

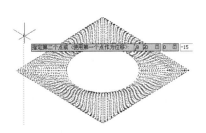

图 11-135 输入移动距离

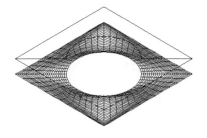

图 11-136 移动网格后的效果

(14) 隐藏【底面】图层，将【顶面】图层设置为当前层。

(15) 执行【直线(L)】命令，通过捕捉矩形的对角顶点绘制一条对角线。

(16) 执行【圆(C)】命令，以对角线的中点为圆心，绘制一个半径为 40 的圆，效果如图 11-137 所示。

(17) 执行【修剪(TR)】命令，对圆和对角线进行修剪，效果如图 11-138 所示。

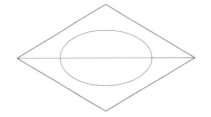

图 11-137 绘制图形后的效果

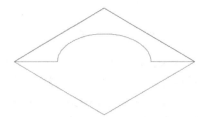

图 11-138 修剪图形后的效果

(18) 使用前面相同的方法，创建如图 11-139 所示的边界网格。

(19) 执行【镜像(MI)】命令，对边界网格进行镜像复制，将网格对象放入【底面】图层中，效果如图 11-140 所示。

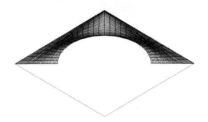

图 11-139 创建边界网格

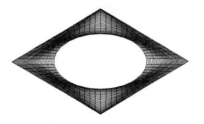

图 11-140 镜像复制图形后的效果

(20) 执行【圆(C)】命令，以绘图区中圆弧的圆心作为圆心，绘制半径分别为 25 和 40 的同心圆，效果如图 11-141 所示。

(21) 执行【移动(M)】命令，将绘制的同心圆向上移动，移动距离为 80。

(22) 执行【直纹网格(RULESURF)】命令，选择移动的同心圆并按空格键进行确定，将其创建为圆管顶面模型，效果如图 11-142 所示。

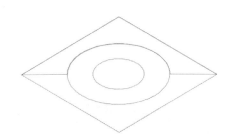

图 11-141 绘制同心圆

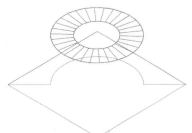

图 11-142 创建直纹网格

(23) 执行【圆锥体(CONE)】命令，以圆弧的圆心为圆锥底面的中心点，如图 11-143 所示。设置圆锥顶面半径和底面半径均为 25、高度为 80，创建圆柱面模型，如图 11-144 所示。

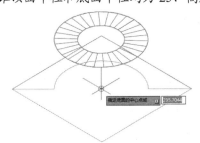

图 11-143 指定底面中心点

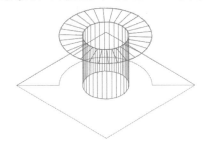

图 11-144 所创建的圆柱面

(24) 使用同样的方法创建一个半径为 40 的外圆柱面模型，效果如图 11-145 所示。

(25) 打开所有被关闭的图层，将相应图层中的对象显示出来，效果如图 11-146 所示。

(26) 选择【修改】|【实体编辑】|【并集】命令，对所有模型进行并集运算。然后选择【视图】|【消隐】命令，修改图形的视觉样式，完成本例模型的绘制。

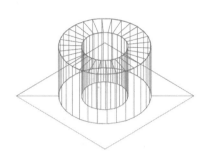

图 11-145　创建外圆柱面

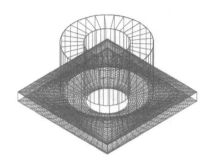

图 11-146　显示所有图层

11.7　习题

1. 在三维绘图中，控制实体显示的系统变量有哪些？

2. 在 AutoCAD 中，提供了哪几种观察模型的视图？

3. 在网格对象中，使用什么系统变量来控制网格的密度？

4. 在 AutoCAD 中，可以添加哪几种光源？

5. 参照如图 11-147 所示的工件模型图，使用【长方体】和【楔体】命令绘制该模型。

6. 打开【齿轮.dwg】平面图，使用【拉伸】命令，将平面图拉伸为三维实体，效果如图 11-148 所示。

> **提示**
>
> 在创建拉伸实体的过程中，要先将齿轮边缘的线条转换为多段线对象。外边缘齿轮的厚度为 60，内部模型的厚度为 20，并放在外边缘齿轮的中央。

图 11-147　工件模型图

图 11-148　创建齿轮实体

计算机基础与实训教材系列

第 12 章

图形的打印与输出

AutoCAD 制图的最终目的是将图形打印出来以便相关人员进行查看，或是将图形输出为其他需要的格式，以便使用其他软件对其进行编辑或传送给需要的工作人员。本章将讲解打印和输出图形的相关知识。

 本章重点

- ● 页面设置
- ● 输出图形

- ● 打印图形

 二维码教学视频

【实例演练】输出位图图形

【实例演练】打印图纸

12.1　页面设置

　　正确地设置页面参数,对确保最后打印出来的图形结果的正确性和规范性有着非常重要的作用。在页面设置管理器中,可以进行布局的控制,而在创建打印布局时,需要指定绘图仪并设置图纸尺寸和打印方向。

　　选择【文件】|【页面设置管理器】命令,打开【页面设置管理器】对话框,如图 12-1 所示。单击该对话框中的【新建】按钮,在打开的【新建页面设置】对话框中输入新页面设置名,如图 12-2 所示,然后单击【确定】按钮,即可新建一个页面设置,在其中可以进行页面参数的设置,如图 12-3 所示。

图 12-1　【页面设置管理器】对话框　　图 12-2　新建页面设置　　图 12-3　页面设置

> **提示**
>
> 页面设置中的参数与打印设置中的参数相同,各个选项的具体作用请参考打印设置中的内容。

12.2　打印图形

　　在打印图形时,可以先选择设置好的页面打印样式,然后直接对图形进行打印。如果之前没有进行页面设置,则需要先选择相应的打印机或绘图仪等打印设备,然后设置打印参数。在设置完这些内容后,可以进行打印预览,查看打印出来的效果。如果对预览效果满意,即可将图形打印出来。

　　执行【打印】命令主要有以下几种方式。

　　▽　选择【文件】|【打印】命令。

　　▽　在【快速访问】工具栏中单击【打印】按钮 🖶 。

　　▽　执行 PRINT 或 PLOT 命令。

12.2.1　选择打印设备

　　执行【打印(PLOT)】命令,打开【打印-模型】对话框。在【打印机／绘图仪】选项组的【名称】下拉列表中,AutoCAD 系统列出了已安装的打印机或 AutoCAD 内部打印机的设备名称。用户可以在该下拉列表框中选择需要的打印输出设备,如图 12-4 所示。

12.2.2　设置打印尺寸

在【图纸尺寸】下拉列表中可以选择不同的打印图纸，用户可以根据个人的需要设置图纸的打印尺寸，如图 12-5 所示。

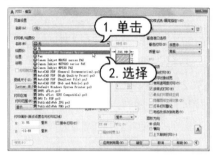　

图 12-4　选择打印设备　　　　　　　　　图 12-5　设置打印尺寸

12.2.3　设置打印比例

通常情况下，最终的工程图不可能按照 1:1 的比例绘出，图形输出到图纸上通常遵循一定的打印比例。所以，正确地设置图形打印比例，能使图形更加美观；设置合适的打印比例，可在出图时使图形更完整地显示出来。因此，在打印图形文件时，需要在【打印-模型】对话框中的【打印比例】区域中设置打印出图的比例，如图 12-6 所示。

12.2.4　设置打印范围

设置好打印参数后，在【打印范围】下拉列表中设置以何种方式选择打印图形的范围，如图 12-7 所示。如果选择【窗口】选项，单击列表框右方的【窗口】按钮，即可在绘图区指定打印的窗口范围，确定打印范围后将回到【打印-模型】对话框，单击【确定】按钮即可开始打印图形。

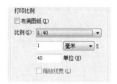　　　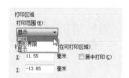

图 12-6　设置打印比例　　　　　图 12-7　选择打印范围的方式

12.3　输出图形

在 AutoCAD 中可以将图形文件输出为其他格式的文件，以便在其他软件中进行编辑处理。例如，要在 Photoshop 中进行编辑，可以将图形输出为.bmp 格式的文件；要在 CorelDRAW 中进行编辑，则可以将图形输出为.wmf 格式的文件。

执行【输出】命令有以下两种常用方法。

▽　选择【文件】|【输出】命令。

计算机基础与实训教材系列

▽　　输入 EXPORT 命令并按空格键进行确定。

执行【输出】命令，将打开如图 12-8 所示的【输出数据】对话框。在【保存于】下拉列表框中选择保存路径，在【文件名】下拉列表框中输入文件名，在【文件类型】下拉列表框中选择要输出的文件格式，如图 12-9 所示。单击【保存】按钮即可将图形输出为其他格式。

图 12-8　【输出数据】对话框

图 12-9　选择要输出的格式

在 AutoCAD 中，将图形输出的文件格式主要有以下几种。

▽　　.dwf：输出为 Autodesk Web 图形格式，便于在网上发布。

▽　　.wmf：输出为 Windows 图元文件格式。

▽　　.sat：输出为 ACIS 文件。

▽　　.stl：输出为实体对象立体画文件。

▽　　.eps：输出为封装的 PostScript 文件。

▽　　.dxx：输出为 DXX 属性的抽取文件。

▽　　.bmp：输出为位图文件，几乎可供所有的图像处理软件使用。

▽　　.dwg：输出为可供其他 AutoCAD 版本使用的图块文件。

▽　　.dgn：可以将图形输出为 MicroStation V8 DGN 格式的文件。

提示

设置输出文件的参数后，返回绘图区中一定要选择需要输出的图形后再按 Enter 键进行确定，否则输出的文件中将没有任何内容；如果先选择要输出的图形，再打开【输出数据】对话框，则返回绘图区后可以直接按 Enter 键进行确定。

12.4　实例演练

本小节练习对建筑平面图进行打印以及将柱塞泵模型图输出为.bmp 格式的图形文件，巩固本章所学的图形打印与输出的知识。

12.4.1　输出位图图形

本例将如图 12-10 所示的柱塞泵模型图输出为.bmp 位图格式的图形文件。通过本例的练习，可以掌握将 AutoCAD 图形文件输出为其他格式文件的操作方法。

输出本例图形的具体操作步骤如下。

(1) 打开【柱塞泵.dwg】图形文件。

(2) 选择【文件】|【输出】命令，打开【输出数据】对话框。设置保存位置及文件名，然后选择输出文件的格式为 BMP，如图 12-11 所示。

图 12-10　打开素材图形

图 12-11　设置输出参数

(3) 单击【保存】按钮，返回绘图区选择要输出的柱塞泵模型图形并按 Enter 键进行确定，如图 12-12 所示，即可将其输出为 BMP 格式的图形文件。

(4) 在指定的输出位置可以打开并查看输出的图形，如图 12-13 所示。

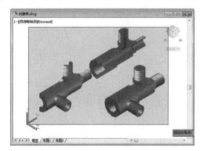

图 12-12　选择要输出的图形

图 12-13　查看输出的图形

12.4.2　打印图纸

本例将打印如图 12-14 所示的球轴承二视图，通过该例的练习，可以掌握对图形打印参数的设置及打印图形的方法。

打印本例图形的具体操作步骤如下。

(1) 打开【球轴承二视图.dwg】素材图形。

(2) 选择【文件】|【打印】命令，打开【打印-模型】对话框，在其中选择打印设备，并对图纸尺寸、打印比例和方向等进行设置，如图 12-15 所示。

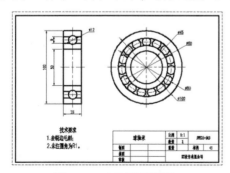

图 12-14　打开素材图形

图 12-15　设置打印参数

(3) 在【打印范围】下拉列表框中选择【窗口】选项，然后使用窗口选择方式选择要打印的图形，如图 12-16 所示。

(4) 返回【打印-模型】对话框，单击【预览】按钮，预览打印效果。在预览窗口中单击【打印】按钮🖶，开始对图形进行打印，如图 12-17 所示。

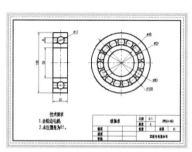

图 12-16　选择要打印的图形

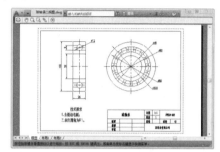

图 12-17　预览并打印图形

12.5　习题

1. 在一台计算机连接多台打印机的情况下，当打印图形时，如何指定需要的打印机进行打印？

2. 为什么在打印图形时，已选择了打印的范围，并设置了居中打印，而打印的图形仍然处于纸张的边缘处？

3. 请打开【大齿轮模型.dwg】图形文件，如图 12-18 所示。使用【输出】命令将图形输出为.wmf 格式的文件。

4. 请打开【箱盖零件图.dwg】图形文件，如图 12-19 所示。使用【打印】命令对图形进行打印，设置打印纸张为 A4、打印方向为【纵向】。

图 12-18　大齿轮模型图

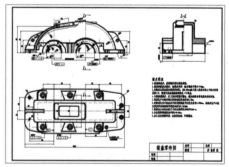

图 12-19　箱盖零件图

第13章

综合案例

虽然前面完成了 AutoCAD 软件技能的学习，但是对于初学者而言，将 AutoCAD 应用到实际案例中还比较陌生。本章将通过典型的综合案例来讲解本书所学知识的具体应用，帮助初学者逐步掌握 AutoCAD 在实际工作中的应用，并达到举一反三的效果，为以后的设计与制图工作打下良好的基础。

 本章重点

- ◉ 创建样板图形
- ◉ 绘制零件三视图

 二维码教学视频

【综合案例】创建样板图形 　　　　　【综合案例】绘制零件主视图
【综合案例】绘制零件俯视图 　　　　【综合案例】绘制零件剖视图
【综合案例】标注零件图

13.1 创建样板图形

1. 实例效果

为了在以后的工作中提高绘图的效率，可以创建一些常用的样板图形以便备用。本例将练习创建样板图形的操作，主要包括图纸大小的设置，图框线和标题栏的绘制等，这些对象是绘制一幅完整图形必备的内容，如图 13-1 所示。

2. 操作思路

在绘制本例的过程中，应遵守国家标准的有关规定，使用标准线型、设置适当图形界限。绘制本例图形的关键步骤如下。

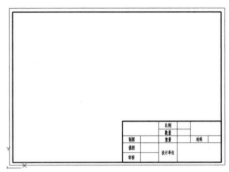

图 13-1 创建样板图形

(1) 设置图形的单位。

(2) 设置图纸大小(如 A3)，即设定图形界限不超过图纸的大小。

(3) 设定常用图层及参数。

(4) 设置文字样式和标注样式。

(5) 绘制图框线和标题栏。

3. 操作过程

根据对本例图形的绘制分析，可以将其分为 7 个主要部分进行绘制，操作过程依次为设置绘图环境、创建图层、设置文字样式、设置标注样式、绘制图框、绘制标题栏和保存样板图形。具体操作如下。

13.1.1 设置绘图环境

(1) 启动 AutoCAD，选择【格式】|【图形界限】命令，根据系统提示设置图纸左下角点坐标为(0，0)，右上角点坐标为(420，297)。

(2) 选择【格式】|【单位】命令，打开【图形单位】对话框，设置长度类型、精度和插入内容的单位，如图 13-2 所示。

(3) 选择【工具】|【绘图设置】命令，打开【草图设置】对话框。在【对象捕捉】选项卡中选择对象捕捉常用选项，如图 13-3 所示。

13.1.2 创建图层

(1) 执行【图层(LAYER)】命令，打开【图层特性管理器】选项板。单击【新建图层】按钮 ，创建一个新图层，将其命名为【轮廓线】，如图 13-4 所示。

(2) 单击【轮廓线】图层的线宽标记，打开【线宽】对话框。在该对话框中设置轮廓线的线宽值为 0.35mm 并单击【确定】按钮，如图 13-5 所示。

图 13-2　设置图形单位

图 13-3　设置对象捕捉

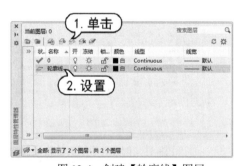

图 13-4　创建【轮廓线】图层

图 13-5　设置图层线宽

(3) 新建一个【中心线】图层，单击【中心线】图层的颜色标记，打开【选择颜色】对话框。选择【红】色作为此图层的颜色，如图 13-6 所示。

(4) 单击【中心线】图层的线型标记，打开【选择线型】对话框，单击【加载】按钮，如图 13-7 所示。

图 13-6　设置图层颜色

图 13-7　单击【加载】按钮

(5) 在打开的【加载或重载线型】对话框中选择 ACAD_ISO08W100 线型，单击【确定】按钮，如图 13-8 所示。

(6) 所加载的线型便显示在【选择线型】对话框中。选择所加载的 ACAD_ISO08W100 线型，单击【确定】按钮，如图 13-9 所示，即可将此线型赋予【中心线】图层。

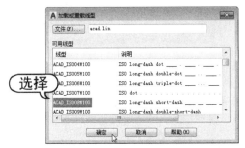

图 13-8　选择加载的线型　　　　　　　　图 13-9　设置【中心线】图层的线型

(7) 返回【图层特性管理器】选项板，将【中心线】图层的线宽改为默认值，如图 13-10 所示。

(8) 创建其他常用图层，并设置各个图层的特性，如图 13-11 所示。然后关闭【图层特性管理器】选项板。

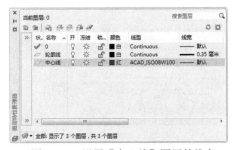
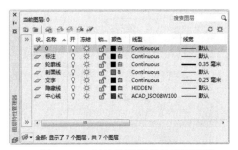

图 13-10　设置【中心线】图层的线宽　　　　　图 13-11　创建并设置其他常用图层

13.1.3　设置文字样式

(1) 执行【文字样式(DDstyle)】命令，打开【文字样式】对话框。单击【新建】按钮，新建一个名为【标题栏】的文字样式，如图 13-12 所示。

(2) 在【SHX 字体】下拉列表框中选择 txt.shx 字体，然后选中【使用大字体】复选框。在【大字体】下拉列表框中选择 gbcbig.shx 字体，设置文字高度为 8，如图 13-13 所示。

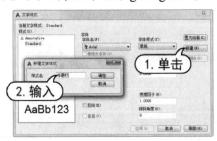

图 13-12　新建文字样式　　　　　　　　　图 13-13　设置文字样式

(3) 新建一个名为【零件名称】的文字样式，设置文字高度为 10，如图 13-14 所示。

(4) 新建一个名为【注释】和 一个名为【尺寸标注】的文字样式，设置文字高度都为 5，然后关闭【文字样式】对话框，如图 13-15 所示。

图 13-14 新建文字样式

图 13-15 新建文字样式

提示

AutoCAD 提供了 3 种符合国家标准的中文字体文件，即【gbenor.shx】【gbeitc.shx】和【gbcbig.shx】文件。其中【gbenor.shx】与【gbeitc.shx】用于标注直体和斜体字母和数字，【gbcbig.shx】用于标注中文字。用户也可采用长仿宋体，选择【仿宋_GB2312】字体，将【宽度因子】设为 0.7。

13.1.4 设置标注样式

(1) 执行【标注样式(D)】命令，打开【标注样式管理器】对话框。单击【修改】按钮，如图 13-16 所示。

(2) 在打开的【修改标注样式】对话框中设置【文字样式】为【尺寸标注】。在【文字对齐】选项组中选中【ISO 标准】单选按钮，然后单击【确定】按钮，如图 13-17 所示。

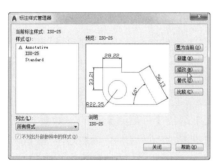

图 13-16 【标注样式管理器】对话框

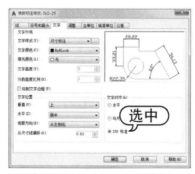

图 13-17 修改标注文字样式

13.1.5 绘制图框

(1) 执行【矩形(REC)】命令，设置矩形的第一个角点坐标为(25，10)，另一个角点坐标为(410，282)，绘制一个长度为 385、宽度为 272 的矩形，如图 13-18 所示。

(2) 选择【轮廓线】图层为当前层。执行【矩形(REC)】命令，设置矩形的第一个角点坐标为(30，15)，另一个角点坐标为(402，275)，绘制一个长度为 372、宽度为 260 的矩形，如图 13-19 所示。

提示

AutoCAD 中的图形界限不能直观地显示出来，所以在绘图时通常需要通过图框来确定绘图的范围。图框通常要小于图形界限，到图形界限边缘需要保留一定的距离。

图 13-18　绘制矩形框

图 13-19　绘制矩形框

13.1.6　绘制标题栏

(1) 选择图层 0 为当前层，选择【格式】|【表格样式】命令，打开【表格样式】对话框。单击【新建】按钮，新建一个名为【标题栏】的表格样式，如图 13-20 所示。

(2) 单击【继续】按钮，在打开的【新建表格样式】对话框中选择【常规】选项卡，在【对齐】下拉列表中选择【正中】选项，如图 13-21 所示。

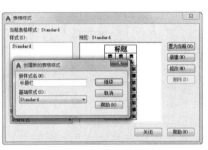

图 13-20　新建表格样式

图 13-21　设置表格常规样式

(3) 选择【文字】选项卡，在【文字样式】下拉列表中选择【标题栏】选项，如图 13-22 所示。

(4) 选择【边框】选项卡，在【线宽】下拉列表中选择 0.3mm 选项，然后单击【外边框】按钮，将设置的边框特性应用于外边框，单击【确定】按钮，如图 13-23 所示。

图 13-22　设置表格文字样式

图 13-23　设置表格边框样式

(5) 选择【绘图】|【表格】命令，打开【插入表格】对话框。在【表格样式】下拉列表框中选择【标题栏】表格样式，设置列数为 6、数据行数为 3。分别在【第一行单元样式】和【第二行单元样式】下拉列表框中选择【数据】选项，如图 13-24 所示。

（6）单击【确定】按钮，在绘图区指定插入表格的位置，即可创建一个指定列数和行数的表格，如图 13-25 所示。

图 13-24　设置表格参数

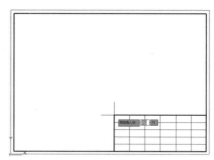

图 13-25　插入表格

（7）拖动选中表格中的前 2 行和前 2 列表格单元，如图 13-26 所示。

（8）在【表格单元】功能区中单击【合并单元】下拉按钮，然后选择【合并全部】选项，将选中的表格单元合并，如图 13-27 所示。

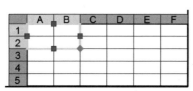

图 13-26　选中要合并的表格单元

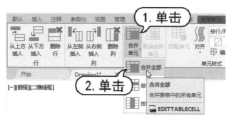

图 13-27　选择【合并全部】选项

（9）参照如图 13-28 所示的表格效果，对表格中的其他表格单元进行合并。

（10）参照如图 13-29 所示的效果，在表格各个单元中输入文字内容，完成表格的绘制。

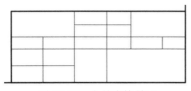

图 13-28　合并表格单元

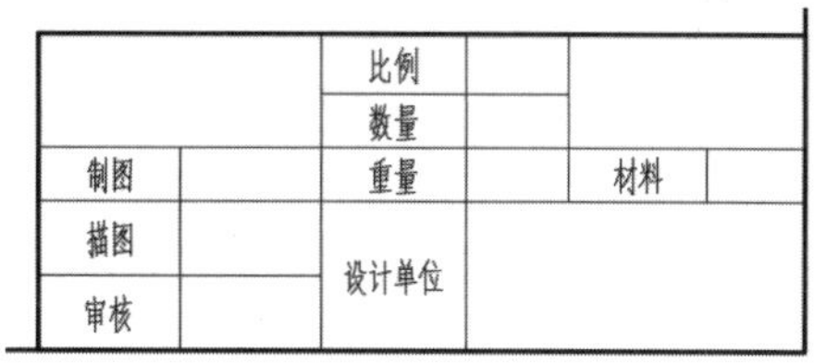

图 13-29　输入表格文字

13.1.7　保存样板图形

（1）选择【文件】|【另存为】命令，打开【图形另存为】对话框，单击【文件类型】下拉列表框，在弹出的下拉列表框中选择【AutoCAD 图形样板】文件类型，如图 13-30 所示。

（2）在【保存于】下拉列表中设置保存文件的路径，在【文件名】文本框中输入文件的名称，如图 13-31 所示。

（3）单击【保存】按钮对图形进行保存，然后在打开的【样板选项】对话框中进行确定，完成样板图形的保存。

计算机基础与实训教材系列

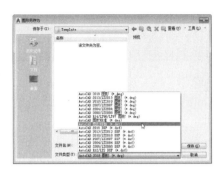
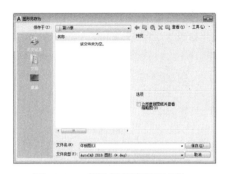

图 13-30　选择文件类型　　　　　　图 13-31　设置保存路径和名称

13.2 绘制零件三视图

1. 实例效果

本实例将学习绘制机械零件图的方法，掌握机械三视图和局部剖切面的绘制。打开【零件三视图.dwg】文件，查看本实例的最终效果，如图 13-32 所示。

2. 操作思路

在绘制本例的过程中，首先绘制机械零件的主视图，再绘制俯视图和剖视图，最后标注图形。绘制本例图形的关键步骤如下。

(1) 使用【直线】命令，绘制中心线。

(2) 使用【直线】【圆】【倒角】等命令，绘制主视图。

(3) 使用【直线】【偏移】【修剪】和【镜像】命令，绘制俯视图。

(4) 使用【半径】和【线性】命令，对图形进行标注。

(5) 使用【文字】命令，书写技术要求。

图 13-32　零件三视图最终效果

3. 操作过程

根据对本例图形的绘制分析，可以将其分为 4 个主要部分进行绘制，操作过程依次为绘制机械零件主视图、俯视图、剖视图和标注图形，具体操作如下。

13.2.1 绘制零件主视图

(1) 打开【图纸框.dwg】素材图形文件，如图 13-33 所示。

(2) 将【中心线】图层设置为当前图层。执行【直线(L)】命令，在图框内绘制两条长度适当且相互垂直的线段作为绘图中心线，如图 13-34 所示。

计算机基础与实训教材系列

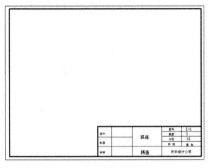

图 13-33 打开图形文件

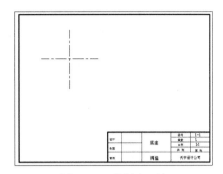

图 13-34 绘制中心线

(3) 将【轮廓线】图层设置为当前图层，执行【圆(C)】命令，以两条线段的交点为圆心，分别绘制半径为 17.5、31、40 的同心圆，如图 13-35 所示。

(4) 执行【直线(L)】命令，以水平中心线与大圆的交点为起点，向下绘制两条长度为 60 的线段，效果如图 13-36 所示。

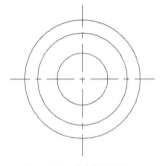

图 13-35 绘制同心圆

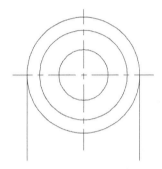

图 13-36 绘制线段

(5) 执行【偏移(O)】命令，将左右两条垂线段分别向两方偏移 46，效果如图 13-37 所示。

(6) 执行【直线(L)】命令，通过捕捉直线下方的端点，绘制一条水平线段，然后将水平线段向上偏移 22，效果如图 13-38 所示。

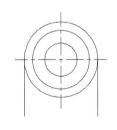

图 13-37 偏移线段

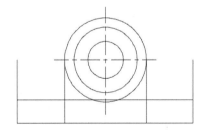

图 13-38 绘制和偏移线段

(7) 执行【修剪(TR)】命令，对图形中的线段进行修剪，效果如图 13-39 所示。

(8) 执行【偏移(O)】命令，将下方水平线向上偏移 8，将两端的垂直线向内偏移 41，效果如图 13-40 所示。

(9) 执行【修剪(TR)】命令，对图形下方的线段进行修剪，效果如图 13-41 所示。

(10) 执行【偏移(O)】命令，将左下方水平线向上偏移 17，将左下方垂直线向右依次偏移 13、5.5、13、5.5，效果如图 13-42 所示。

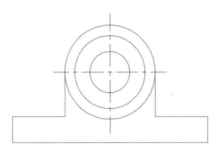

图 13-39　修剪线段

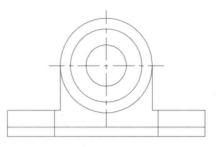

图 13-40　偏移线段

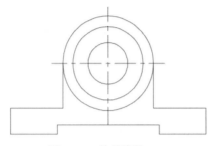

图 13-41　修剪线段

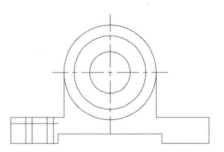

图 13-42　偏移线段

(11) 执行【修剪(TR)】命令，对左下方的线段进行修剪，效果如图 13-43 所示。

(12) 执行【圆角(F)】命令，设置圆角半径为 3，对图形中的部分线段夹角进行倒圆，效果如图 13-44 所示。

图 13-43　修剪线段

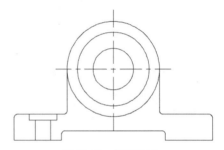

图 13-44　倒圆处理

(13) 将【中心线】图层设置为当前层。执行【直线(L)】命令，在图形左下方绘制一条中心线。然后执行【样条曲线(SPL)】命令，在图形左下方绘制一条样条曲线，绘制局部剖面图，如图 13-45 所示。

(14) 将【细实线】图层设置为当前层。执行【图案填充(H)】命令，对局部剖面图进行图案填充，设置图案图例为 ANSI31，效果如图 13-46 所示，完成主视图的绘制。

图 13-45　绘制样条曲线

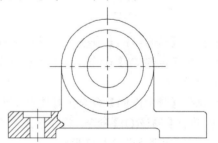

图 13-46　填充局部剖面图

13.2.2　绘制零件俯视图

(1) 执行【直线(L)】命令，通过捕捉主视图的直线端点，向下绘制多条垂直线段，然后在下方绘制一条水平线段，如图 13-47 所示。

(2) 执行【偏移(O)】命令，将下方水平线段向上偏移 64，然后使用【修剪(TR)】命令，对线段进行修剪，效果如图 13-48 所示。

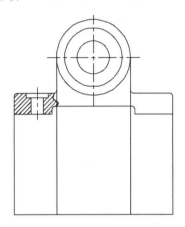

图 13-47　绘制垂直线段和水平线段

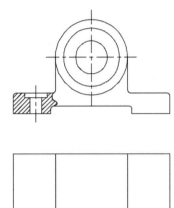

图 13-48　偏移并修剪线段

(3) 执行【偏移(O)】命令，将下方的水平线段向上偏移 30，然后将得到的线段放在【中心线】图层中，效果如图 13-49 所示。

(4) 按 F11 键开启【对象捕捉追踪】功能，然后执行【直线(L)】命令，通过捕捉主视图中的中心线端点，绘制两条垂直中心线，并适当调整水平中心线的长度，效果如图 13-50 所示。

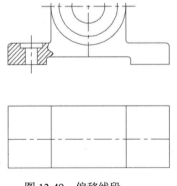

图 13-49　偏移线段

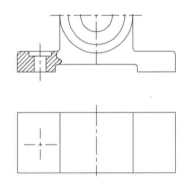

图 13-50　绘制中心线

(5) 执行【圆(C)】命令，然后以中心线的交点为圆心，绘制两个半径分别为 6.5 和 12 的同心圆，效果如图 13-51 所示。

(6) 执行【镜像(MI)】命令，以图形中间的中心线为对称轴，对左边的中心线和同心圆进行镜像复制，效果如图 13-52 所示。

(7) 执行【偏移(O)】命令，将上方的水平线段向下依次偏移 10 和 59，效果如图 13-53 所示。

(8) 执行【延伸(EX)】命令，以下方水平线段为边界，将中间的两条垂直线向下延伸，效果如图 13-54 所示。

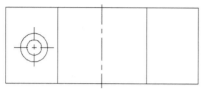

图 13-51　绘制同心圆

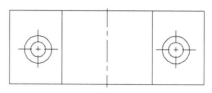

图 13-52　镜像复制图形

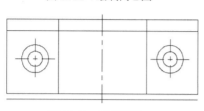

图 13-53　偏移线段

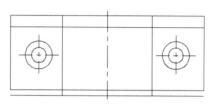

图 13-54　延伸线段

(9) 执行【修剪(TR)】命令,对图形中的线段进行修剪,效果如图 13-55 所示。

(10) 执行【圆角(F)】命令,设置圆角半径为 6,对图形中的部分直线夹角进行倒圆,完成俯视图的绘制,效果如图 13-56 所示。

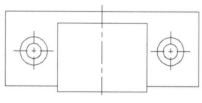

图 13-55　修剪线段

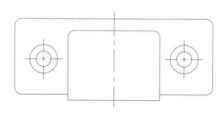

图 13-56　倒圆图形

13.2.3　绘制零件剖视图

(1) 执行【直线(L)】命令,通过捕捉主视图中圆与中心线的交点,向右绘制多条水平线和一条中心线,然后绘制一条垂直线,效果如图 13-57 所示。

(2) 执行【偏移(O)】命令,将垂直线向右依次偏移 8、60,效果如图 13-58 所示。

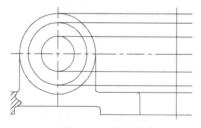

图 13-57　绘制线段

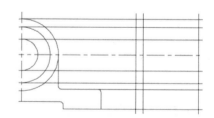

图 13-58　偏移线段

(3) 执行【修剪(TR)】命令,对图形中的线段进行修剪,效果如图 13-59 所示。

(4) 执行【偏移(O)】命令,将右方垂直线向左依次偏移 5、17,效果如图 13-60 所示。

(5) 执行【修剪(TR)】命令,对图形中的线段进行修剪,效果如图 13-61 所示。

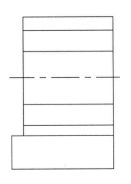

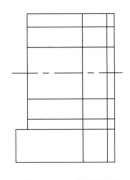

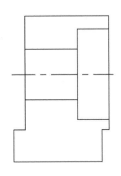

图 13-59　修剪图形　　　　图 13-60　偏移线段　　　　图 13-61　修剪图形

(6) 执行【圆角(F)】命令，设置圆角半径为 3，对图形中的部分直线夹角进行倒圆，效果如图 13-62 所示。

(7) 执行【图案填充(H)】命令，对图形进行图案填充，设置图案图例为 ANSI31，效果如图 13-63 所示，完成剖视图的绘制。

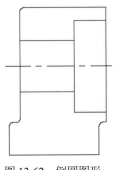

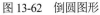

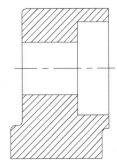

图 13-62　倒圆图形　　　　　　　　图 13-63　填充图案

13.2.4　标注零件图

(1) 将【尺寸】图层设置为当前图层。选择【标注】|【半径】命令，对俯视图中的圆角进行半径标注，效果如图 13-64 所示。

(2) 使用【线性(DLI)】命令，在三视图中进行线性标注，效果如图 13-65 所示。

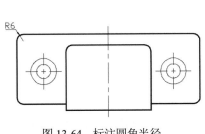

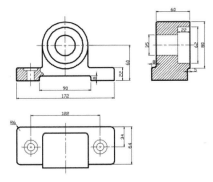

图 13-64　标注圆角半径　　　　　　图 13-65　标注图形尺寸

计算机基础与实训教材系列

(3) 执行【快速引线(QLE)】命令，在主视图左下方绘制一条引线，如图 13-66 所示。

(4) 执行【单行文字(DT)】命令，在引线上下方书写图形的直径，如图 13-67 所示。

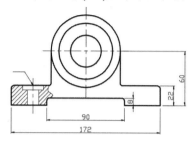

图 13-66　绘制一条引线

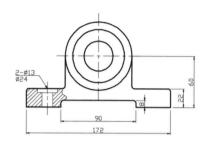

图 13-67　书写图形的直径

(5) 执行【文字(T)】命令，书写技术要求文字，在【文字编辑器】功能区中设置标题文字的大小为 12、正文文字的大小为 9.6，效果如图 13-68 所示，

(6) 关闭【文字编辑器】功能区，完成本例的绘制，最终效果如图 13-69 所示。

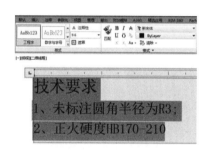

图 13-68　书写技术要求文字

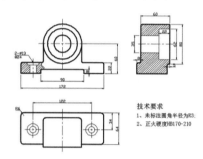

图 13-69　实例效果

> **提示**
> 机械零件主要分为轴套、盘盖、叉架和箱体 4 类零件。本例的底座属于箱体类机械零件。

13.3　习题

请打开【活动钳身三视图.dwg】图形文件，参照如图 13-70 所示的活动钳身三视图的尺寸和效果，绘制活动钳身的主视图、左视图和剖视图，并对图形进行尺寸标注和文字注释。

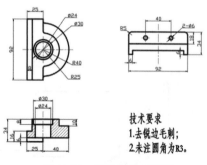

图 13-70　活动钳身三视图

本套教材涵盖了计算机各个应用领域，包括计算机硬件知识、操作系统、数据库、编程语言、文字录入和排版、办公软件、计算机网络、图形图像、三维动画、网页制作以及多媒体制作等。众多的图书品种可以满足各类院校相关课程设置的需要。已出版的图书书目如下表所示。

图 书 书 名	图 书 书 名
《中文版 Photoshop CC 2018 图像处理实用教程》	《中文版 Office 2016 实用教程》
《中文版 Animate CC 2018 动画制作实用教程》	《中文版 Word 2016 文档处理实用教程》
《中文版 Dreamweaver CC 2018 网页制作实用教程》	《中文版 Excel 2016 电子表格实用教程》
《中文版 Illustrator CC 2018 平面设计实用教程》	《中文版 PowerPoint 2016 幻灯片制作实用教程》
《中文版 InDesign CC 2018 实用教程》	《中文版 Access 2016 数据库应用实用教程》
《中文版 CorelDRAW X8 平面设计实用教程》	《中文版 Project 2016 项目管理实用教程》
《中文版 AutoCAD 2019 实用教程》	《中文版 AutoCAD 2018 实用教程》
《中文版 AutoCAD 2017 实用教程》	《中文版 AutoCAD 2016 实用教程》
《电脑入门实用教程(第三版)》	《电脑办公自动化实用教程(第三版)》
《计算机基础实用教程(第三版)》	《计算机组装与维护实用教程(第三版)》
《新编计算机基础教程(Windows 7+Office 2010 版)》	《中文版 After Effects CC 2017 影视特效实用教程》
《Excel 财务会计实战应用(第五版)》	《Excel 财务会计实战应用(第四版)》
《Photoshop CC 2018 基础教程》	《Access 2016 数据库应用基础教程》
《AutoCAD 2018 中文版基础教程》	《AutoCAD 2017 中文版基础教程》
《AutoCAD 2016 中文版基础教程》	《Excel 财务会计实战应用(第三版)》
《Photoshop CC 2015 基础教程》	《Office 2010 办公软件实用教程》
《Word+Excel+PowerPoint 2010 实用教程》	《AutoCAD 2015 中文版基础教程》
《Access 2013 数据库应用基础教程》	《Office 2013 办公软件实用教程》
《中文版 Photoshop CC 2015 图像处理实用教程》	《中文版 Office 2013 实用教程》
《中文版 Flash CC 2015 动画制作实用教程》	《中文版 Word 2013 文档处理实用教程》
《中文版 Dreamweaver CC 2015 网页制作实用教程》	《中文版 Excel 2013 电子表格实用教程》
《中文版 Illustrator CC 2015 平面设计实用教程》	《中文版 PowerPoint 2013 幻灯片制作实用教程》
《中文版 InDesign CC 2015 实用教程》	《中文版 Access 2013 数据库应用实用教程》
《中文版 CorelDRAW X7 平面设计实用教程》	《中文版 Project 2013 实用教程》
《电脑入门实用教程(第二版)》	《电脑办公自动化实用教程(第二版)》

(续表)

图 书 书 名	图 书 书 名
《计算机基础实用教程(第二版)》	《计算机组装与维护实用教程(第二版)》
《中文版 Photoshop CC 图像处理实用教程》	《中文版 Office 2010 实用教程》
《中文版 Flash CC 动画制作实用教程》	《中文版 Word 2010 文档处理实用教程》
《中文版 Dreamweaver CC 网页制作实用教程》	《中文版 Excel 2010 电子表格实用教程》
《中文版 Illustrator CC 平面设计实用教程》	《中文版 PowerPoint 2010 幻灯片制作实用教程》
《中文版 InDesign CC 实用教程》	《中文版 Access 2010 数据库应用实用教程》
《中文版 CorelDRAW X6 平面设计实用教程》	《中文版 Project 2010 实用教程》
《中文版 AutoCAD 2015 实用教程》	《中文版 AutoCAD 2014 实用教程》
《中文版 Premiere Pro CC 视频编辑实例教程》	《电脑入门实用教程(Windows 7+Office 2010)》
《Oracle Database 12c 实用教程》	《ASP.NET 4.5 动态网站开发实用教程》
《AutoCAD 2014 中文版基础教程》	《Windows 8 实用教程》
《Mastercam X6 实用教程》	《C#程序设计实用教程》
《中文版 Photoshop CS6 图像处理实用教程》	《中文版 Office 2007 实用教程》
《中文版 Flash CS6 动画制作实用教程》	《中文版 Word 2007 文档处理实用教程》
《中文版 Dreamweaver CS6 网页制作实用教程》	《中文版 Excel 2007 电子表格实用教程》
《中文版 Illustrator CS6 平面设计实用教程》	《中文版 PowerPoint 2007 幻灯片制作实用教程》
《中文版 InDesign CS6 实用教程》	《中文版 Access 2007 数据库应用实用教程》
《中文版 Premiere Pro CS6 多媒体制作实用教程》	《中文版 Project 2007 实用教程》
《网页设计与制作(Dreamweaver+Flash+Photoshop)》	《AutoCAD 机械制图实用教程(2018 版)》
《Access 2010 数据库应用基础教程》	《计算机基础实用教程(Windows 7+Office 2010 版)》
《ASP.NET 4.0 动态网站开发实用教程》	《中文版 3ds Max 2012 三维动画创作实用教程》
《AutoCAD 机械制图实用教程(2012 版)》	《Windows 7 实用教程》
《多媒体技术及应用》	《Visual C# 2010 程序设计实用教程》
《AutoCAD 机械制图实用教程(2011 版)》	《AutoCAD 机械制图实用教程(2010 版)》